La utopía de Freud

Psicoanálisis y Física Cuántica.
Aportes a un nuevo paradigma

Miguel Vaquero Martín

La utopía de Freud
Psicoanálisis y Física Cuántica. Aportes a un nuevo paradigma
Miguel Vaquero Martín

Diseño e imagen de la cubierta: Hari OM Multimedia Design

Obra publicada por el sello Universo de Letras
www.universodeletras.com

Primera edición: 2025

ISBN: 9788410276833
ISBN eBook: 9788410277830

Índice

Prólogo

El Psicoanálisis nace con Sigmund Freud; médico, neurólogo. Él alertó sobre la profunda necesidad de que nuestros **líderes** fueran personas de **visión superior**, que pudieran **trasponer sus tendencias** pulsionales para alcanzar la **sublimación;** es decir, que la política incluya al Psicoanálisis.

En su intercambio epistolar de 1932, Einstein y Freud lograron explicar las características de los impulsos que nos llevan a la guerra. Actualmente, bajo la inercia de las mismas tendencias, los humanos estamos desencadenando una calamidad mayor: una inminente **catástrofe climática pondrá al hombre y a otras especies al borde de la extinción en las próximas décadas.** Este escenario apremiante enciende una alarma que reclama un esfuerzo por **sanar el alma humana, presa del principio del placer asesino.**

La comprensión de la **Física Cuántica** requiere el **descentramiento de la posición del sujeto observador,** de su condicionamiento sensoperceptivo mecanicista, para, de esa manera, interpretar la "**relatividad**" del apriorismo racionalista, con relación a las categorías de **tiempo** y **espacio.** La Teoría de la Relatividad, enuncia, que no hay una relación **directa-lineal** entre "la causa y el efecto", refutando así, la concepción **racionalista-mecanicista de la Física Clásica:** en que a todo hecho (a) le sucedía uno (b) de manera lineal y constante;

la **no-localidad** ha demostrado, que el efecto de un hecho presente, puede estar determinado de forma **energético-cuántica**, mediante el mecanismo de **"entrelazamiento"** con otro suceso distante, en el **"continuo" espacio-tiempo**.

Aprehender la propuesta Freudiana, también, supone el descentramiento del sujeto observador, del yo imaginario; el avance del proceso terapéutico requiere trascender la centralidad de las identificaciones del yo como cuerpo. De esta manera, la superación del egocentrismo, permite, a su vez comprender, que "lo normal", la **neurosis, es el negativo de la perversión**; es decir, **"la Represión"** sepulta **"lo Perverso"**, pero no lo elimina, queda integrado "caso-por-caso" en **"polaridades-cuánticas"**, cuyas manifestaciones, en un abanico de gradaciones, reafirman el principio hermético que enuncia: **"todos somos idénticos en distintas proporciones"**.

Sigmund Freud no pudo impedir que el psicoanálisis fuera desvirtuado por la política mercantilista. La práctica "psicoanalítica" de hoy contempla distintas variantes y algunas se acercan a las llamadas Psicologías del Yo o *Ego Psychology*. En principio, vamos a decir que el Psicoanálisis requiere de análisis (observar los elementos de la propia constitución psíquica y reunirlos en una síntesis abarcadora) y, en este punto, significa: haber podido ir **"más allá del yo"** en una terapia, superar el narcisismo en el tratamiento; lo que las **Psicologías del Ego** llaman —erróneamente— **autoestima**. La exploración de la personalidad y la síntesis, en una unidad coherente y abarcadora, requiere **renunciar** a una posición infantil (al yo narcisista) que, de ningún modo, es un sacrificio, aunque exige una **entrega** y una **deposición**. No se trata de tener poca autoestima; pero tampoco de tener mucha; se trata de aprender a amar, de dar amor, pues *"el que ama se hace humilde; aquellos que aman renuncian a una parte de su narcisismo"*.[1] No renunciar al narcisismo, es negarse a dejar la "armadura" que oculta el dolor, y de

---

[1] «Sigmund Freud. Sobre la más Generalizada Degradación de la Vida Amorosa (Contribuciones a la Psicología del Amor). (1912).

esta forma los traumas no pueden ser elaborados, **no puede haber análisis**.

Las personas que consultan con un psicoterapeuta, pocas veces buscan un cambio verdadero. Quieren que les alivien el sufrimiento o les den una receta de cómo controlar su vida y la de otros; pero, no quieren realizar un proceso de transformación profunda de su personalidad, porque ven en ello una pérdida. Lo que la gente no nota, es que la personalidad es una defensa contra el dolor; **persona es "máscara"** πρόσωπον. Si no se renuncia a una parte del narcisismo (a la máscara) se está negando el cambio y, de esta manera, no pueden superarse los conflictos que dificultan el arribo a las relaciones maduras y el advenimiento del amor.

El dogmatismo, "políticamente correcto", le impidió a Freud, publicar diversos artículos sobre fenómenos ocultos: el fundamental, referido a la telepatía, clave en la comprensión de **"lo siniestro transgeneracional".** Hoy intentamos superar la cosmovisión científica mecanicista e inscribir la práctica en el paradigma cuántico relativista fundado por Albert Einstein.

En "La Utopía de Freud", intentamos partir de los desarrollos freudianos y completamos "parte" del proceso faltante, de **"entrelazamiento" del Psicoanálisis y la Física Cuántica.** Tomamos conceptos de los discípulos de Freud, transitando los desarrollos posteriores y contemporáneos, para de esta manera poder articular los saberes que quedaron relegados, por ser considerados "antagónicos" a las "ciencias académicas", a causa del **propio "narcisismo de las diferencias".** La nueva física nació conjuntamente con el Psicoanálisis: en el momento en que Max Planck desarrolla los principios de la Mecánica Cuántica, Freud utiliza la misma terminología; y en su proyecto (P.P.N.)[2], habla de cargas energéticas o "quantum" de energía. Posteriormente, el Padre del Psicoanálisis hace un intercambio epistolar con Einstein, creador de la teoría de la "relatividad". Unos años más tarde, Wolfgang

---

[2] Proyecto de psicología para Neurólogos, libro "póstumo" de Sigmund Freud, redactado en el año 1895 y publicado en Londres en el año 1950.

Ernst Pauli (discípulo de Einstein) y Carl Gustav Jung (el delfín de Freud), entablan amistad y se entrelazan los "discursos", las ciencias.

La historia del Psicoanálisis se entretejió con intereses políticos y mezquindades; hubo expulsiones y disidencias. Hoy es **imperioso** realizar una relectura de Freud y una síntesis con los desarrollos posteriores, que **supere los antagonismos** y los reduccionismos. Por otra parte, en la actualidad existen innumerables escuelas "rivales" de psicología; también, se entra en disputa con la medicina, que tiene sus propios antagonismos internos y también con otras disciplinas o ciencias. La enfermedad es disociación (polarización) y desintegración, **"la cura es la integración"**.

Hay otra enfermedad y otro antagonismo, el epistemológico; se intenta aplicar un único método de validación para excluir a "la otra" esfera del conocimiento; así, el paradigma mecanicista o positivista, llama pseudociencia a todo aquello que no encaja dentro del denominado "método científico" (mecanicista positivista).

Lo único que interfiere con mí
aprendizaje es mi educación.

Albert Einstein.

El presente libro es un intento denodado por lograr una mejora sustancial en el tratamiento del padecimiento humano. "La Utopía de Freud" recoge algunos de los últimos desarrollos en el campo científico, tanto del paradigma oficial (Mecanicista) como del paradigma emergente (Cuántico relativista). La propuesta central es contribuir al progreso del paradigma científico, aportando un esquema de abordaje terapéutico para la "curación integral". La síntesis lograda incorpora elementos para comprender la actual crisis social y ambiental, integrando -además- los desarrollos de las llamadas terapias "alternativas". Decimos "llamadas alternativas" porque, tanto desde adentro como desde afuera del campo del saber, se autoexcluyen, y se las excluye de una práctica integral. Las terapias dominantes (más que nada el modelo médico-positivista) excluyen todas las formulaciones que no respondan a los intereses hegemónicos materialistas y mecanicistas, tildándolas de pseudociencias. Por otro lado, las terapias "alternativas" se plantean como opuestas a las oficiales y, por lo tanto, parciales; hecho que las hace autoexcluirse.

El llamado *paradigma holístico* es una **conceptualización integral** que une los desarrollos de las ciencias oficiales y las alternativas, pero estas prácticas están dispersas en la actualidad. Los médicos o psicólogos que las llevan adelante se llaman a sí mismos **holísticos**, cuando -en realidad- deberían llamarse **complementarios o integrales, viéndose como parte de una "ciencia integrada",** en la que una práctica no excluyera a la otra. Y a la inversa, el médico tradicional debería poder llamarse holístico, junto con los alternativos, porque ambos deberían tener una **visión integral de la salud** y no fragmentada.

Holístico es todo: lo uno y lo otro (integral). Una ciencia ampliada y unificada, no separada. Este es el **paradigma emergente, el "Cuántico-Relativista" u "Holístico".** La Física Cuántica demostró que el espacio vacío no existe y que todo está interconectado a nivel subatómico; el universo es holístico en ese aspecto. El paradigma que estamos dejando atrás es positivista, determinista, de "causalidad mecánica", por esto hoy, ante una lesión acudimos al médico ortodoxo, tomamos la medicación recetada; luego de la urgencia, podemos ir a un kinesiólogo y al médico chino a que nos practique acupuntura; también haremos terapia neural y podremos además "descodificar" la lesión; nada debería excluirse y el orden de jerarquía debería subordinarse a un "nivel de integración mayor", holístico-integral en el que todas las prácticas se complementen. **El método de integración holístico jerárquico** no admite el reinado de prácticas que puedan imponerse con paliativos y cómodos narcóticos, **exige subordinarse a la ética de mejorar el todo y no solamente una parte.** Hay prácticas con mucha aceptación, consensuadas y comercializadas por la medicina ortodoxa. Parecen muy efectivas a corto plazo y por ello se aplican masivamente. Sin embargo, al estar disociadas de otros saberes y procederes, la enfermedad avanza muda. Ejemplo de ello es que las muertes por cáncer siguen aumentando en lugar de disminuir, e igualmente se siguen "legitimando" monísticamente, tratamientos invasivos, negando incluso los preceptos hipocráticos que dieron origen a esa "esfera" de conocimiento.

"En vano quieres curar el cuerpo sin antes haber curado el alma".

Hipócrates.

Una **parábola,** cuyos rastros de origen parecieran difuminarse en Oriente, dejando visos de enseñanza perenne, nos devela que **la parcialidad impide, al sujeto autocentrado, comprender la realidad común.** El relato inmemorial cuenta que un grupo de ciegos es anoticiado de la presencia cercana de un extraño animal llamado elefante; por curiosidad, dijeron: "hay que inspeccionarlo y conocerlo, palpándolo", el primero tocó la trompa del paquidermo y dijo "es parecido a una serpiente gruesa"; el siguiente afirmó tocar una especie de abanico al referirse a su oreja; otro, al acceder a una de sus patas, mencionó que "el elefante es un pilar como el tronco de un árbol"; el ciego que pudo apoyarse en un costado dijo que es una especie de piedra gigante; al palpar su cola, el penúltimo la describió como una cuerda; el último, tocando un colmillo, describió al animal como una lanza. Los ciegos, a medida que escucharon las descripciones de sus semejantes, se fueron anoticiando de las **discrepancias sensoriales** y sospecharon que los demás intentaban engañarlos a fin de turbar su juicio perceptivo; el **desacuerdo** experimentado provocó una larga discusión y generó la **imposibilidad de escucharse mutuamente.** Luego de mucho sufrimiento, rindieron los **juicios rígidos** de las percepciones individuales inmediatas y comenzaron a colaborar recíprocamente para "ver" al elefante completo.

La parábola del elefante ilustra la incapacidad del juicio perceptivo individual para interpretar la complejidad de la realidad compartida. La enseñanza demuestra, que **las disciplinas científi-**

cas, religiones o ideologías identificadas con el saber fragmen-
tado y autorreferente, no pueden explicar fenómenos globales o
complejos, sin recurrir al abordaje sinérgico o multidisciplinar.
Apartarse del objeto percibido o inteligido, y de su entorno, permite la
interacción con áreas y experiencias sensoperceptivas compartidas. **La
mutualidad y la reciprocidad de los puntos de vista, otorgan una
comprensión objetiva de la realidad al transformar las representaciones individuales e integrarlas en la mirada compleja y abarcativa de la "verdad compartida"**. Se accede a la integración cuando
los juicios perceptivos individuales se modifican recíprocamente y
permiten apreciar correctamente la realidad. La verdad emerge de la
mutualidad interactiva y de la **transformación sinérgica, holística.**

Una comprensión integral de las ciencias y del proceso salud enfermedad no es sólo un desafío teórico y práctico; **requiere de la integración personal de las posiciones fragmentadas y parciales en
las que fuimos educados** (requiere de un análisis y una síntesis). Un
desarrollo a futuro **requiere de la integración del pasado y del presente y no de la negación sistemática del pasado.**

La **cosmovisión holística** es un puente a la **Psicología transpersonal integral.** Al proponerse como un sendero del medio, el camino
propuesto puede ser visto como políticamente incorrecto porque, al
correr el velo de los antagonismos fútiles en que se encuentran las distintas prácticas terapéuticas, invita a **"despolarizar" las polarizaciones que tanto suelen cautivar con falsas promesas de soluciones
parciales.**

El presente trabajo es, además, un **compendio de Psicología, Psicoanálisis y Psicología evolutiva.** Efectúa una síntesis de los principales desarrollos, tanto del Psicoanálisis institucionalizado como de los
psicoanalistas disidentes: **Jung, Rank, Ferenczi y Reich**, entre otros;
reúne los principales conceptos de las terapias "complementarias"
como la **Psicogenealogía, la "Bio-descodificación" y la Respiración Holotrópica**, entre otras. Tomando como modelo la **Psicología
integral de Ken Wilber**, integramos, en su esquema de las etapas

evolutivas de la conciencia, formulaciones actuales de las principales áreas del conocimiento.

Diluyendo las antinomias, tomamos conceptos de la medicina occidental y de la medicina oriental, de la filosofía en sentido amplio; y también de las **prácticas complementarias** (mal llamadas alternativas). En lo que hace a la especificidad del Psicoanálisis, incluiremos los últimos desarrollos del denominado: **Psicoanálisis transgeneracional** (que en su variante externa al campo psicoanalítico, se desarrolló como Psicogenealogía). El Psicoanálisis Transgeneracional ha demostrado la incidencia de la herencia traumática ("lo siniestro") en la causación de la sintomatología psicofísica, "civilizatoria".

> *"Lo que llamamos herencia es, posiblemente, la transferencia a la descendencia, de la mayor parte de esta tarea penosa, que consiste en liquidar los traumatismos".*

> Sandor Ferenczi.

Nuestra mente mecanicista ve partes inconexas y compite por **mejorar la fracción propia. El pasaje al paradigma cuántico relativista** permitirá integrar lo desintegrado (el principio de no separabilidad demostró que **nada está separado**). La enfermedad es la desintegración, la pulsión de muerte, la guerra; la cura es la integración: **a aquello que Tánatos separa y desune, la amalgama del Eros lo une.**

Introducción

Nuestra cultura se ha encargado de narcotizar la experiencia del yo, en lugar de buscar la cura. La transformación del alma humana es dolorosa; llevar adelante un proceso terapéutico profundo, o querer explicarlo, **siempre** es **"políticamente incorrecto"**. *"Pensar es difícil, por eso la gente prefiere juzgar"*: bueno, malo, placentero, displacentero; las multitudes se comportan como un niño de tres o cuatro años; en ellos el funcionamiento mental se determina por un ***"yo de placer purificado"***, como describiera Freud. El funcionamiento psíquico del yo de placer purificado, expulsa todo lo displacentero e incorpora todo lo placentero. En un niño es comprensible; pero en un adulto, es señal de patología narcisista.

> *Las masas no aman la renuncia pulsional, el hombre prefiere ignorar a saber.*

> Sigmund Freud.

El pensamiento científico ortodoxo, **"las masas científicas"**, al igual que las masas religiosas, se comporta **expulsando de sí todo lo que le resulta displacentero**, porque fuerza sus esquemas referenciales y los obliga a pensar y a reflexionar. En las masas sucede que ***"todos piensan igual y nadie piensa mucho"***[3]. Cuando un

---

[3]   Walter Lippmann.

religioso considera que un pensamiento es oscuro o demoníaco, trata de desplazarlo, expulsarlo o exorcizarlo. **El científico ortodoxo, cuando se encuentra con un conocimiento que lo invita a ampliar su propio "campo de saber"**, teniendo que revisar los fundamentos de su proceder, **se comporta como el religioso y tilda a la nueva asignatura de "pseudociencia"** (una disciplina a la que considera inferior). Lo hace a modo de defensa porque, paradójicamente, lo atemoriza, al cuestionar y poner en peligro "su ciencia". Ambos mecanismos de defensa son pertenecientes a la fase omnipotente animista, de manera tal, **la religión y la ciencia ortodoxa son pensamientos narcisistas omnipotentes**, porque pretenden transgredir, negar u omitir, los mecanismos o leyes de funcionamiento universal descubiertos por otras ciencias, para hacer valer solo sus propios principios dogmáticos.

El científico dogmático pretende universalizar su posición, y, de esta manera, arrogarse la capacidad de saberlo y controlarlo todo, es un pensamiento omnipotente. Diría Freud: *"es una caricatura de una religión"*, porque exagera los rasgos. En el caso de la ciencia ortodoxa, **la omnipotencia del científico reemplaza a la del antiguo dios padre.** Parafraseando a Julia Kristeva [4]: si Dios ha muerto, el médico bien puede reemplazarlo.

> *La ciencia exacta derrota a la religión estrecha, y la ciencia ampliada derrota a la ciencia exacta.*
>
> Ken Wilber.

Para Wilber, primer teórico y arqueólogo de la Psicología Integral, el esquema de pensamiento superador al que debería poder arribarse es llamado **"transracional"**, opuesto al pre-racional (**mágico, animista**) y superador del **racionalismo-mecanicismo. El pensamiento complejo y holístico, "integral", requiere la superación del**

---

[4] Al comienzo era el amor. Psicoanálisis y fe. Kristeva Julia.

racionalismo y permite alcanzar la cosmovisión transracional y global.

Las cosas podrían ordenarse de la siguiente manera:

1. Lo pre-racional, el pensamiento primitivo, mágico, autocentrado y omnipotente.
2. Lo racional, el pensamiento formal abstracto que se tornó hegemónico.
3. La superación de los límites impuestos por el racionalismo, "lo transracional".

La tradición polarizada ubica a lo irracional como opuesto a la razón, confundiéndolo con la locura, pero las funciones irracionales también son necesarias para la construcción de la inteligencia, un ejemplo son los números irracionales. Así, lo **irracional** puede ser ubicado dentro de lo **transracional**, superador del racionalismo (no anterior). La visión transracional no implica un retorno al animismo (pre-racional) como suelen "incriminar" para "discriminar" los racionalistas "polarizados". Lo **pre-racional** es el lugar en donde se instalan los que no arriban al juicio maduro, en la superchería mágica, y piensan que todo lo no racional (animista-omnipotente) es transracional (superlativo); Freud llamó a esa forma que adquiere el pensamiento mágico animista: "el **lodo negro** del ocultismo". Por otro lado, la racionalidad que se presenta como "pura", es decir, "polarizada", sin misterio ni fallas, es el pensamiento desconectado de la sensopercepción y de la emotividad, que suele eclipsarnos, cuando esgrime una aparente "normalidad" equilibrada, políticamente correcta; y sin embargo, como canto de sirena, en el fondo, oculta la psicopatía (insensibilidad, sadismo-manipulador solapado).

Los saberes oficializados tienden a perpetuarse y rigidizar una forma de pensar y actuar, ostentando el poder y marginando a la disidencia, considerándola folclórica o pseudociencia. La tercera década del milenio se inicia con una crisis medioambiental y humana sin precedentes; los tiempos reclaman la renuncia de las posiciones narcisistas y la deposición de las lealtades a los saberes institucionalizados. **La Tierra, para salvarse y seguir siendo habitable, necesita personas que puedan amar y aportar soluciones creativas. El que ama comprende holísticamente y aporta medidas integrales**. No hay salvación parcial de grupos o naciones, no hay salvación individual, sólo la "**confraternidad global**" puede salvarnos de la extinción.

Volviendo al Psicoanálisis, que ya lleva más de 120 años de historia, vemos que surge como método de la práctica freudiana y por un "cuestionamiento a la ciencia médica". En primer término, las "parálisis histéricas", parálisis orgánicas (que eran consideradas enfermedades físicas), comenzaron a ser curadas con hipnosis por Jean-Martin Charcot (1825-1893) en la clínica Pitié-Salpêtrière, develando de esta forma que eran un "síntoma de conversión" y por ende, cuestionaban al "paradigma mecanicista" de la medicina. En ese paradigma newtoniano-cartesiano, Freud va a introducir una ruptura o discontinuidad, una "revolución", curando a la histeria con "**la palabra**"; método que resultó más efectivo que la **hipnosis**, ya que la segunda arrojaba una cura pasajera. Una revolución paradigmática implica avances y retrocesos, como lo tuvo la obra freudiana.

Hoy en día, algunos psicoanalistas "freudianos" continúan debatiendo ciertas problemáticas como si no hubiera pasado el tiempo. Otros, se perciben como superadores de la obra freudiana, a la cual consideran un legado perimido, en una cabal muestra de omnipotencia narcisista. Decirse freudiano implica no haber ido más allá de Freud; es decir: no haber ido más allá del Padre del Psicoanálisis; negar su actualidad implica una negación de los efectos de su práctica y denota una vanidad omnipotente, consecuencia de la falta de análisis propio. Estas posiciones, ya sean cuestionadoras o dogmáticas, estancan al cuerpo teórico del Psicoanálisis que debe seguir evolucionando.

En esta evolución, no sólo el Psicoanálisis como teoría, sino también otras disciplinas originadas en el paradigma mecanicista, se encuentran teniendo que ingresar al "paradigma emergente", cuántico-relativista. Por otra parte, hay disciplinas "emergentes" del intersticio creado por la discontinuidad paradigmática: la **Psicogenealogía** es una de ellas; surge en la década del 80 del estudio del árbol genealógico, tiene aportes del psicodrama de Jacob Levy Moreno y de la práctica de la psicoanalista Anne Ancelin Schützenberger (1919 2018), creadora del **Psicoanálisis Transgeneracional**. La Psicogenealogía, en los últimos años, ha dado un giro, deslizándose dentro de las llamadas "terapias alternativas", aislada del Psicoanálisis en sentido amplio. Ese desplazamiento llevó a que sus practicantes no tengan en cuenta o "nieguen", en la mayoría de los casos, los complejos fundamentales del alma humana descubiertos por Freud.

La Psicogenealogía nace por la necesidad de superar el traumatismo humano que Freud denominó **"siniestro", ese horror que se volvió familiar**; problemática que fue poco trabajada cuando el Psicoanálisis se volvió convencional, relegando saberes y posiciones teóricas por la insistencia dogmática de buscar y encontrar el factor sexual, como único desencadenante de la patología. Las llamadas **neurosis actuales** o las **neurosis de guerra** fueron formas de nombrar los síntomas que no entraban en la nosografía clásica, de **neurosis de transferencia y de etiología sexual**.

Las llamadas neurosis de guerra eran aquellas en las que se repetían las situaciones traumáticas en las pesadillas del afectado. Freud consideraba que, debido a la magnitud del trauma, producto del factor sorpresivo e intempestivo del mismo, **la energía psíquica quedaba liberada dentro del aparato anímico** sin poder ser procesada o simbolizada, generando -de esta manera- la patología. La neurosis traumática, entonces, se nos aparece, por una parte, con "la expectativa del **trauma**" (un estado de ansiedad que también es característico en los sujetos clasificados como *borderline*, TAG o "panicosos") y, por otra, como una **repetición amenguada** de él, en un intento de anudamiento. Si bien la pulsión de muerte es un intento de reproducción de un estado anterior "inorgánico"; aquí, la compulsión de repetición se sirve "también" de las pulsiones de vida; pues, el fin es buscar un **"nuevo enlace"** mediante la repetición.[5]

---

[5]   Sabina Naftulovna Spielrein, en 1912 publica "La destrucción como causa del devenir", allí vuelca sus impresiones y conclusiones sobre la pulsión de muerte.

Ya hace algunas décadas que contamos con nuevas herramientas (además de las intervenciones verbales), que nos permiten operar sobre los traumas familiares, sobre "lo siniestro" que hemos heredado al modo de la energía no ligada; ya que *todos heredamos una maraña de historias, dramas y duelos no resueltos*.[6] Los traumatismos heredados poseen la capacidad de hacer repetir a los "descendientes" una historia trágica, son llamados **traumatismos transgeneracionales**; esto no sucede por un mecanismo de identificación ni por una herencia genética, sino por un (S.A.) **"síndrome de aniversario"**[7]; **cuando se acerca el aniversario de una fecha trágica, se reproduce la tendencia a repetir el suceso, o se incrementa la expectativa angustiante que busca la evitación o el "anudamiento" ante la sensación de una catástrofe "inminente".**

Estos traumatismos transgeneracionales se producen por ausencia de simbolización, son **secretos familiares** o **sucesos vergonzosos** de los que no se pudo hablar (**incestos, violaciones, accidentes, bastardía, crímenes, deshonras,** etc.), o que se decidió ocultarlos conscientemente. Otras variantes pueden ser los hechos que, por su magnitud, no pueden simbolizarse de ninguna manera, las muertes trágicas, las guerras o las víctimas de campos de concentración. El hecho traumático (duelo no elaborado), por el solo hecho de mantenerse en "las sombras", atraviesa la barrera del individuo, el espacio y el tiempo, para manifestarse a modo de síntoma en los descendientes; incluso luego de varias generaciones -como describe Freud [8]- se produce la compulsión a la repetición transgeneracional del suceso (se imprime un montante

---

En 1920 Sigmund Freud escribe: "Más allá del principio del placer", atribuyendo al fenómeno de la "compulsión de repetición", las características de una pulsión, pulsión de muerte, en este caso.

[6] Anne Ancelín Schützenberger. Ejercicios prácticos de psicogenealogía.

[7] Debemos la expresión de **síndrome de aniversario** a Josefina Hilgard, quien en 1961, probó estadísticamente que la **activación de ciertas psicosis, o pasajes al acto**, se vinculan con la repetición de determinadas coordenadas espacio temporales, o temáticas, que tuvo un acontecimiento traumatizante vivido por un ancestro de un "aquejado" en la actualidad.

[8] Véase Lo ominoso, lo siniestro. Sigmund Freud.

cuantitativo a ciertas "coordenadas" significativas que "resuenan" con las características psicológicas, espaciales o temporales de la tragedia) en una fecha aniversario (S.A.), como inhibición, síntoma, angustia o como **enfermedad psicosomática**.

Quienes hemos practicado el Psicoanálisis en profundidad sabemos lo difícil que es trabajar sobre la evolución psicosexual del paciente. Debemos enfrentarnos a los **mecanismos de ocultamiento: la represión y la negación** de los hechos pasados y de los pensamientos emergentes o asociaciones. Por otra parte, la repetición transgeneracional del suceso traumático que ha sido silenciado, se impone a la manera de una **lealtad familiar que traspasa los límites del espacio-tiempo**. Bajo estos mecanismos de ocultamiento (represión, negación), lo no dicho exigió "el tabú de la censura", esta sacralidad del silencio (de no confesión) impidió e impide hablar o indagar sobre el tema; la mayoría elige inconscientemente pagar con su vida al enfermar en el cuerpo, antes de quebrantar la voluntad familiar de mantener el secreto; "de eso no se habla".

Hace una década Anne Ancelin Schützenberger, la Madre del Psicoanálisis Transgeneracional, decía: *"La Psicogenealogía requiere una buena cultura general, nociones de historia, geografía, economía y mucho más; los profesionales serios e idóneos son escasos y no se autodefinen como psicogenealogistas, poseen una larga formación profesional, preferentemente psicoanalítica.*[9] Hoy en día vemos a la Psicogenealogía tergiversada por un sinnúmero de prácticas, ya que el intersticio abierto por lo propio transgeneracional del Psicoanálisis, fue dejado vacante por los psicoanalistas.

Un espacio de posibilidades se abrió a partir de la ruptura paradigmática iniciada por Freud dentro del campo neurofisiológico, y por Einstein, en la física de partículas. La emergencia de nuevos campos de investigación se produce juntamente con el avance del nuevo paradigma. Entretanto, se anuncian **mecanismos y leyes de causalidad psíquica y energética** que **escapan a las conceptualizaciones for-**

---

[9]   Anne Ancelin Schützenberger. Ejercicios prácticos de psicogenealogía.

muladas sobre la base de los principios racionalistas-mecanicistas y a la ley de causalidad lineal de la física clásica.

Como dijo Freud: **sería peligroso para el desarrollo de la ciencia** que se siguiera negando la existencia de fenómenos "ocultos" que escapan al entendimiento del paradigma mecanicista; reza: *"eso sería anticientífico e indigno de un hombre de estudio".*[10] Es peligroso para el Psicoanálisis seguir negando la causalidad energética de los fenómenos "cuánticos" que lo afectan no solamente como discurso, sino como disciplina psi. En 1933, Einstein le escribió a Freud reflexionando sobre la guerra y preguntando puntualmente sobre la pulsión de destructividad; el Padre del Psicoanálisis respondió hablando del par Eros-Tánatos: *"En resumen, no es más que la transposición teórica del antagonismo universalmente conocido del amor y del odio que es, tal vez, una forma de la polaridad de atracción y de repulsión que desempeña un papel en el terreno que a usted le es familiar."*

Como verán, no solamente es que el Psicoanálisis está relacionado con la física cuántica; nada en este universo recorre su camino aisladamente; todo está vinculado, algunas cosas más estrechamente que otras. Cuando algunos hablan del agotamiento del discurso psicoanalítico, se pueden recortar dos posiciones en esa crítica: por un lado, la "negadora", que sigue desmintiendo la incidencia de la sexualidad infantil en la constitución psíquica del adulto (negando a Freud); y por el otro una crítica que es sensata y tiene fundamentos sólidos, volcada hacia el interior del "campo psicoanalítico", en especial es dirigida a las posiciones dogmáticas de "un" Psicoanálisis anquilosado institucionalmente, alineado con el discurso cientificista que no hace lugar a los descubrimientos abrumadores que cuestionan las bases del paradigma dominante y la ley de causalidad mecánica.

Sería peligroso para el Psicoanálisis que no se comprendieran las determinaciones que exceden el marco newtoniano cartesiano y sería

---

[10] Sigmund Freud, 24 de julio de 1921, carta dirigida a Howard Carrington, director del American Physical Institute.

doblemente trágico, seguir minado por una corriente negadora que intenta resolver el padecimiento psíquico sin cortar con las cadenas que se encuentran ancladas en el pasado, producto de la **compulsión de repetición transgeneracional** (la pulsión de muerte arcaica), que nos condiciona de manera siniestra. Las pruebas abrumadoras sobre la imposición condicionante del síndrome aniversario transgeneracional, nos obligan a resituar el concepto de "traumatismo": **el sujeto se ve guiado por la lealtad familiar** (por un legado), **a llevar a la práctica acciones que atentan contra su bienestar (se ve compelido a revivir situaciones traumáticas,** no únicamente propias sino las **vividas por algunos ancestros).** Podemos afirmar que *"si no se han comprendido las "repeticiones transgeneracionales", no se ha hecho gran cosa en una terapia"* [11] ; **es necesario hacer "el duelo" y cortar con "lo siniestro", permitiendo al sujeto asumir una posición creativa, innovadora, para cambiar el sistema familiar y también el social.**

> Yo no creo en la suerte, ni en error, ni accidentes, solo veo mandatos que acechan inconscientes. Que te atan las manos o te cortan las piernas; el deseo es estéril, el misterio supera siempre.

Gustavo Cordera.

Hoy en día, la Psicogenealogía circula de la mano de algunas "terapias breves", y algunas otras "sugestologías". Ancelin Schützenberger decía que el auge de la Psicogenealogía es debido a un *"time collapse"*, a un impacto de las **incertidumbres del futuro humano por los desafíos a los que nos enfrentamos como especie.** Ya llevamos décadas no pudiendo revertir la contaminación atmosférica producto de la emisión de calor y gases acumulados, lo que nos confronta con los **arcaísmos de escasez y depredación.** En este contexto, las terapias breves son técnicas o herramientas que obran al modo de la sugestión, como la **hipnosis inductiva** y o el coaching, efectivas a corto plazo;

---

[11] "Ay, Mis Ancestros" 1988. Anne Ancelin Schützenberger, 29 de marzo de 1919 - 23 de marzo de 2018.

sin embargo, como no son psicoterapias de lo profundo, movilizan la energía solamente logrando una mejora pasajera, necesaria en muchos casos, pero que, sin una **psicoterapia de lo profundo, superadora del ego-narcisismo, emergido del vínculo patológico transgeneracional**, no se evitará que la compulsión de repetición haga estragos.

Tanto las terapias alternativas breves como las estrategias alopáticas del modelo médico, terminan siendo supresoras del síntoma, un parche que se despega al poco tiempo; una pastilla que baja la fiebre por un rato, cuando la infección continúa; una anestesia en medio de una hemorragia; un calmante en una quebradura; un narcótico para el cáncer. Desde este punto de vista, **cualquier intento de enmascarar o de aliviar los síntomas, debería considerarse una negación y una forma de eludir el problema real; injustificable, si el profesional tiene conocimiento, e imperdonable si se lo aplica por beneficio económico.**

Si el paciente se niega a realizar un proceso profundo, el profesional que realiza "psicoterapia de apoyo", debe aclararle seriamente la diferencia entre estos **"paliativos"** y una psicoterapia profunda y transformadora. Debe aclararlo, más que nada, porque en el paciente existen mecanismos de defensa que impiden el tratamiento de lo traumático y también porque hay falsas dicotomías instaladas "contra" las psicoterapias de lo profundo, por ejemplo: la terapia gestáltica plantea la indagación del aquí y ahora para concentrar las posibles soluciones al problema, cuando la mente está anclada en los dramas del pasado u obsesivamente planificando y queriendo controlar el futuro; lo cual compartimos plenamente. Sin embargo, existen gestálticos, al igual que ciertos "psicoanalistas", que ven amenazadas sus certezas narcisistas y defienden su método a ultranza, sugiriendo a los pacientes que no indaguen en su pasado y que solamente se centren en el aquí y ahora, negando la indagación y la posibilidad de transformación real, combatiendo de esta forma, aguerridamente, la psicología de lo profundo.

Cuando el profesional ha decidido no atravesar un proceso de indagación profundo, se evidencian en su discurso los mecanismos de defensa **renegatorios,** confirmando de esta manera la máxima "en casa de herrero, cuchillo de palo". La psicoterapia de apoyo y del aquí y ahora sirve para momentos claves, coyunturas subjetivas extremas, accidentes, guerras; pero cuando se trata de resolver problemas de antaño y evitar las siniestras repeticiones, no sirven de mucho y son sólo una triste solución de compromiso. La psicoterapia de lo profundo debe superar éstas y otras limitaciones planteadas como antagonismos. Toda terapia que se precie de abarcativa, honesta y acorde a las necesidades subjetivas, debe saber que la indagación profunda causará molestias al igual que toda operación transformadora.

> *No es posible despertar la conciencia sin dolor, la gente es capaz de hacer cualquier cosa con tal de no enfrentarse a su propia alma. Lo que niegas te somete, lo que aceptas te transforma.*
>
> *Carl Gustav Jung.*

No puede cambiarse nada cuando se narcotiza la experiencia terapéutica en un eterno presente para evitar el dolor y la angustia que causa el tratamiento de los traumas del pasado, pues los retoños enquistados en las profundidades psíquicas, acechan en el presente, condicionando y sobredeterminando las elecciones, las evitaciones, los desencuentros amorosos, los accidentes reales o psíquicos, las traiciones, lo siniestro. El enfoque terapéutico de lo profundo, requiere conocer los condicionamientos y traumas del pasado, las actualizaciones de esas experiencias en el presente, o "reactualizaciones", así como las proyecciones y el desarrollo de las potencialidades a futuro.

Debido a que los traumatismos transgeneracionales desbordaron el marco psicoanalítico clásico, hubo intentos de ir más allá de las demarcaciones que se iban delineando en el cuerpo teórico oficial. Jung le decía a Freud: *"tiene que haber algo más, no puede ser sólo la experiencia infantil de la sexualidad"*. Existen saberes y procederes marginados con capacidad de arrojar luz sobre muchos interrogantes; actualmente hay técnicas y disciplinas emergentes elididas por el dogmatismo, que podrían aportar elementos fundamentales para los tratamientos. Estableceremos un diálogo con algunas de estas conceptualizaciones que han sido "desestimadas"; caben destacarse: los desarrollos de la Clínica Analítica de Carl Jung, la Bioenergética de Wilhelm Reich, dentro del Psicoanálisis; pero también, son valorables otros desarrollos de las escuelas clásicas de psicología, relegados por la actitud cientificista escindida; hay "ciertos" elementos como (la meditación, el yoga, los ejercicios de respiración y la hipnosis "no inductiva"); también, hay técnicas de las terapias transpersonales o "trans-egoicas", sumamente respetables, como los desarrollos de Stanislav Grof o Abraham Maslow, que merecen su consideración. Pero debemos trazar una demarcación fundamental, lo transpersonal muchas veces se malentiende, producto del auge actual de lo que Freud supo llamar **"el lodo negro del ocultismo"**.

El lodo negro es **"la sombra"**, lo que todo proceso terapéutico profundo debe integrar. Dentro del ocultismo circula también el infantilismo (lo pre-racional), sujetos tomados por representaciones arcaicas ligadas al pensamiento mágico, estancados en su evolución, inmaduros. En el universo de lo alternativo u oculto hay ciertas terapias breves que ofrecen sanaciones con "pases mágicos", centrando la supuesta solución de un conflicto en una reminiscencia, visión o "revelación", sin comprender ni hacer que el paciente comprenda todas las dimensiones que se necesitan sanar. Los "pases mágicos" crean una "sugestión hipnoide" y nos embarran en un reduccionismo, ya que todo síntoma tiene "determinaciones múltiples," las que se niegan o se desconocen. Así, lo pre-racional oscurece el terreno de indagación de "lo oculto transracional"; sus adeptos se comportan de manera "supresora" en cuanto a la formación del síntoma, "taponando" el origen, sus **"múltiples" determinaciones**, desresponsabilizando al yo_ego, en lugar de hacerlo ceder. No nos vamos a centrar en una crítica a estas prácticas, sino en diferenciar lo que quiere decir **"transpersonal"**, y es casi central para que podamos comprender las técnicas terapéuticas que desarrollaremos más adelante. **Lo transpersonal es la mirada** que abarca las determinaciones que están más allá del yo, más allá de la estructura de defensa narcisista de la personalidad, y eso incluye una maraña de elementos, un enjambre que debemos desanudar con una mirada "integral y profunda".

Toda terapia de lo profundo debe apuntar al desvanecimiento de las defensas del ego en lugar de afirmar el envanecimiento.

El dogmatismo ha relegado saberes que coadyuvarían a curar el alma humana; el pensamiento obtuso ha llevado a que la compulsión de repetición, ligada a la pulsión de muerte, se comporte como **una fuerza muda que también insiste mórbidamente en lo social -como decíamos- "a escala planetaria":** vemos a Tánatos actuar a escala global en un **"ecocidio"**. Esta "destrucción sistemática" del medioambiente es generada por el consumo "desmedido" que busca satisfacer "necesidades artificiales". Se intenta de esta manera narcotizar la experiencia de angustia "egoico narcisista", ante las carencias afectivas y emocionales que creó el modelo de "educación para la competencia".

La falta de interés en vínculos solidarios y amorosos, y la insistencia en competir y consumir cada vez más, deja la vía libre a la compulsión de repetición "cíclica" ligada a lo siniestro transgeneracional; de este modo el individuo realiza maniobras destructivas y autodestructivas, en un intento de reparación o de recuperación de un estatuto perdido por el clan, y se malogra en una repetición que no encuentra resolución. Es necesario realizar un abordaje integral del **padecimiento humano**, malestar de la civilización, que Freud describiera como un irremediable **antagonismo** entre las exigencias **pulsionales** y las restricciones impuestas por la cultura. Si bien en el momento histórico en que Freud conceptualizó la represión filogenética, existía una cultura que exigía la renuncia pulsional a lo sexual y la consecuencia era la neurosis, hoy vemos que lo patológico no trata de las mismas exigencias. Hay una **mala adecuación de los parámetros**

culturales de cada época y también de las distintas experiencias individuales, étnicas, biológicas o arquetípicas.

Cada psicólogo debe poder desarrollar tanto un esquema para pensar integralmente la patología como así también las propuestas de resolución o de equilibración psíquica para un abordaje integral. El profesional debe primero desprenderse de su superyó cientificista o sectario y de su narcisismo de las diferencias; así, el abordaje —además— es "trans-egoico" y no pone la especialidad o la disciplina propia por encima de las demás. **"Una visión lógica integral" supone una heterarquía disciplinaria en donde cada saber se subordina a la jerarquía integradora, más allá de las demarcaciones y delimitaciones clásicas, racionalistas-mecanicistas.**

Sin perder la especificidad de la práctica, la orientación psicoanalítica necesita integrar lo "psicogenealógico" incorporando formas de indagación que permitan apreciar la **"conexión cuántica" con los sucesos traumáticos**, como lo son: **la lectura del genosociograma** (que integra la **matemática fractal de los** sucesos "síndrome de aniversario") **y la exploración neurofisiológica de los períodos preverbales** (con las técnicas aportadas por la **Psicoterapia Holotrópica** de Stanislav Grof). Ambos desarrollos permiten conectar, cuánticamente, las experiencias y, traumas transgeneracionales y perinatales.

Las conexiones cuánticas son aquellas que Einstein consideraba "misteriosas"; para Freud, siniestras. Hoy tienen una explicación dentro de la física "cuántica relativista"; en tanto que la energía no se destruye y se encuentra entrelazada en el continuo relativo del "espacio-tiempo", **los hechos del pasado conectan siniestramente con el presente.**

Entonces, es necesaria la articulación con el camino conocido a partir de Freud: **poner en palabras o "revivir" en el proceso terapéutico lo no dicho del padecer subjetivo, actual, infantil, familiar y transgeneracional**, para la superación del traumatismo que obra de manera siniestra en el inconsciente individual, familiar y en los estratos étnicos y sociales.

Los traumas acaecidos a lo largo de las generaciones retornan ante la falta de elaboración y, de la peor forma, por la actual degradación de los valores genuinos de la vida. El consumo "ilimitado", promovido como paliativo al malestar de la cultura, deja vía libre al retorno de lo desmentido, a "lo siniestro".

Es menester, realizar la puesta en palabras de lo que fue silenciado en las generaciones pasadas en articulación con el padecer actual, **debido a que la energía se encuentra "encapsulada" en el cuerpo propio, en el núcleo de lo inconsciente, en el "inconsciente arcaico".** *"Somos menos libres de lo que pensamos; sin embargo, podemos reconquistar nuestra libertad"*, **decía Ancelin. El Psicoanálisis es y debe seguir siendo una herramienta para salirse del destino.**

Hace ya más de dos décadas, en el Manual del Cambio Climático de la Unión Europea (Libro Verde, año 2000), se habló de mitigación y adaptación al cambio climático. Conscientes de los efectos antropogénicos del recalentamiento global, quienes no negamos la información proveniente de los informes del Panel Intergubernamental por el Cambio Climático de la O.N.U. (I.P.C.C.), entendimos que, si bien hay que trabajar en disminuir los efectos, la catástrofe es inevitable, producto de lo que en el "Libro Verde" se explica en términos de **"inercia comportamental".** Luego vino una advertencia mayor el 11 de diciembre de 2007, el secretario general de la ONU, Ban Ki-moon, dijo que la humanidad se encamina a su extinción si no se toman medidas para frenar el calentamiento global, producto del CO_2 de los combustibles fósiles y otros gases que acumulamos en la atmósfera.

La psicología conductista intenta explicar a la "inercia comportamental" en términos de **patrones contaminantes aprendidos** o simplemente hábitos; sin embargo, al profundizarlo desde el psicoanálisis, decimos que esa inercia es producto del **drama transgene-**

racional arcaico, que sume al sujeto en la "miseria neurótica". Esa inercia que ató al individuo a "satisfacciones pregenitales" e impidió la madurez psicofisiológica, luego desplazará el apuntalamiento *"attachment"* a **"necesidades artificiales" creadas por la cultura dominante.**

Al degradar los valores genuinos de la vida, la cultura de masas, fomenta un sujeto inmaduro que no recibe señales sobre la necesidad de renunciar a algo, **"no ama"** la renuncia pulsional que implica **crear amor en el otro** y, de esa forma, **intenta arrancarle al mundo satisfacciones fetichistas, "personas degradadas de su condición",** recortes metonímicos, cosas inanimadas, bienes de consumo; en síntesis: afanes "necrofílicos" [12] y que, por lo tanto, atentan contra la vida. Freud nos demostró que la **dualidad pulsional Eros-Tánatos, debe equilibrarse dinámicamente en la** *"sublimación"* [13] (ver nota al pie) **para hacer posible la "amalgama" de comunidades, el lazo social, el amor.** Nuestra cultura actual manipula la subjetividad, creando la sensación de que el yo es "ilimitado" [14] y que, si se adapta a la competencia y al consumo, encontrará la "felicidad". Si tomamos la afirmación de Krishnamurti, la cual enuncia que *"no es*

---

[12] Interés por las cosas inanimadas o muertas y desinterés por las cosas vivas, fetichismo. Para ampliar el concepto ver. Anatomía de la Destructividad Humana, de Erich Fromm.

[13] **La sublimación es un concepto freudiano, que expresa la posibilidad que se abre a partir la "renuncia" a lo pulsional: la transmutación alquímica de la energía sexual, que no tiene por objetivo ni el placer propio, ni la represión del mismo, sino que se lanza a otra meta o actividad anímica placentera, cuyo fin es el bien común, una actividad social o cultural, el amor. Esto la diferencia de otras metas, más que nada, de la satisfacción autoerótica (en cualquiera de sus vías: la oral-alimenticia, la sexual, etc.).**

[14] El concepto de lo ilimitado está incluido en un sinfín de eslóganes publicitarios, tanto empresariales como del campo de la política; sin embargo, la noción de ilimitado es una tergiversación espiritual, ya que el concepto se le atribuye al "alma" en la filosofía oriental, y no al ego consumista como ha desplazado el sentido la "ideología" dominante. La sensación de poder "ilimitado y competitivo" individual anula la **cooperación** y cualquier tipo de sentimiento relacionado con la **acción común.**

saludable adaptarse a una sociedad enferma", comprenderemos que debemos sanar culturalmente. **Lo que salvará a nuestra especie y a la vida en la Tierra serán las plasmaciones culturales, que entrelacen las almas de los hombres, actividad "sublime" de unión mediante el Eros, que es la síntesis del amor supremo.** La biofilia es lo opuesto a la necrofilia, es el amor maduro, el amor al prójimo, el amor a la vida, el amor por nuestra casa, Gaia.

Lo opuesto a la complejidad no es lo simple, lo opuesto a la complejidad es el reduccionismo. Nora Bateson.

Capítulo I.
El Psicoanálisis y la transmisión de la información oculta

La enseñanza a veces es amarga, tanto como la buena medicina. Autor desconocido.

Cuando se intenta hablar con algunos "psicoanalistas" sobre los temas que permanecen ocultos para la ciencia oficial ("los fenómenos psi", "lo oculto") que Freud investigó en su momento; los "psicoanalistas", "uni_formados" por la formación dogmática, repiten los argumentos discriminatorios del consenso hegemónico oficialista: "de eso no se habla, es pseudociencia". Se dice comúnmente que la objetividad no existe; sin embargo, es una creencia instalada por quienes se benefician al crear tendencias polarizadas. Por eso *"la objetividad es la excepción, lo corriente es una deformación narcisista de la realidad."* [15]

¿Por qué se deforma narcisísticamente la realidad? ¡Para proyectar la imperfección en el polo excluido, pretendiendo de esta forma tener éxito y hacer brillar la posición propia que se supone perfecta! Sin embargo, tendríamos que suponer que siempre es mejorable; que

---

[15] Erich Fromm, El arte de amar.

la cura del alma humana no se resuelve excluyendo parte de la verdad; que además, si los espíritus dogmáticos repiten los argumentos discriminatorios para sentirse parte del consenso de la ciencia madre, de la mayoría, es porque les da miedo quedarse afuera del marco científico "oficializado". Repiten los cánones cientificistas porque sienten la misma angustia de un creyente que no duda en rezar y repetir los mandamientos, por miedo a quedar desprotegido. Este libro es -en parte- una respuesta a los cuestionamientos que los espíritus dogmáticos encuentran en los abrumadores **descubrimientos que no encajan en la cosmovisión racionalista-mecanicista.**

Más de una vez, los cuestionamientos que se hacen desde **el paradigma cientificista, amedrentan al libre pensamiento**, pues nos hacen entrar en la duda, como los cantos de sirenas a los marineros de Ulises. Por no querer perder el encanto de la razón todopoderosa, se puede llegar a **perder la libertad y la creatividad que aportan los procesos transracionales.**

> *"No es obvio ni necesario que el fortalecimiento del interés por el ocultismo represente un peligro para el Psicoanálisis. Cabría suponer, por el contrario, una simpatía mutua entre ambos. En efecto, el uno como el otro ha sufrido el mismo trato despectivo e impertinente por parte de la ciencia oficial. El Psicoanálisis es aún hoy sospechado de místico, y su noción del inconsciente es incluida en «aquellas cosas entre el cielo y la tierra», de las cuales la sabiduría académica no quiere ni siquiera soñar." Psicoanálisis y Telepatía, Freud, 1921 (publicación póstuma, 1941).*

La dualidad nos impide apreciar el abanico de posibilidades que la experiencia sensible nos da: **el psiquismo "adiestrado" clasifica en dos polos perceptivos,** para luego discriminar las percepciones que considera "oscuras" o viceversa. La cantidad de matices, o escala de grises, podría ser infinita en la realidad cuántica, subatómica; incluso en la realidad visible y sensible de la experiencia ordinaria, la escala del gris podría trazarse en una cantidad de tonos que superasen los dedos de una mano. Sin embargo, a la hora de analizar los fenómenos, el ojo raramente puede notar las escalas; inclusive al apreciar algo de color gris, **el sujeto** puede llegar a decir que se trata de "un negro claro" pues **está condicionado por la cosmovisión científica para dividir las percepciones en dos bandos.**

Más que una facilidad para dividir en dos los comportamientos, o en dos las manifestaciones de los fenómenos, se trata de un condicionamiento cultural, que no solamente separa la realidad externa, sino la interna. Por ejemplo: los humanos contamos con hormonas masculinas y femeninas, con funciones de ambos sexos y con un hemisferio cerebral de cada sexo. Sin embargo, a la hora de describir o adjetivar, se piensa que el sujeto es puramente masculino o puramente femenino. Si hay una duda o manifestación del sexo opuesto, se piensa que es homosexual, sin apreciar la gradación y escala de complejidad que hay en las distintas mixturas. Las ortodoxias coaguladas imponen la censura sobre las expresiones que no son puras y se clasifica de patológico todo lo que no es puro: la mancha de nacimiento es mejor borrarla, sacarse las pecas, "pecados". Don Pablos [16] amenazaba a la dueña de la posada donde se encontraba con "denunciarla a la Inquisición" porque llamar a las gallinas "pío-pío" podía ser una afrenta contra el Papa. Si bien se trata de una ficción, nos muestra un ejemplo de pensamiento polarizado que encuentra su fundamento en la Inquisición medieval. Allí emergió, a la sombra de la soberanía feudal, ese poder hegemónico que fue la base de los **cánones "censores" de la inquisición católica.**

Esa falta de matices, que tiene determinaciones socioculturales, nos lleva a identificar como irreversibles a aquellos que han pronunciado alguna vez algún comentario que puede dar lugar a un calificativo inapropiado: "una vez que se dijo, no hay retorno, no hay vuelta atrás", sentencia el sentido común. Al decir de Michael Foucault, esta *"demarcación binaria"* es la primera *"celda clasificatoria"*; en política, **la**

---

[16] Francisco Quevedo y Villegas, la vida del Buscón.

principal demarcación que divide las "trincheras" es: aquí no hay grises, o se es de derecha, o se es de izquierda.

También podemos apreciar que la práctica política en el mundo de la dualidad es una encerrona, una limitación teórica y práctica. Los que defienden "pragmáticamente" los colores de uno u otro bando ven en las teorías de los grises un progresismo romántico. La humanidad necesita una síntesis cultural, de un sistema superador que tenga en cuenta necesariamente la escala de grises. Los intermedios en la gradación de opuestos son necesarios y -de hecho- funcionan en "la realidad", que es "más" compleja que la binaria.

La mirada sobre la complejidad nos saca de la dualidad, de la posición fija en la que se considera que el ideal político propio es superior al del equipo contrario y viceversa. Distintos practicantes de la política, al hablárseles de matices y consenso, dicen: "en política se debe tomar posición; eso del consenso es pura teoría, en la práctica hay que decidir para un lado o para el otro, no hay grises".

Aun cuando, legal y "racionalmente", existen métodos de rectificación para el arrepentimiento, las sentencias del pensamiento dualista siguen siendo capitales, aunque existe la figura del indulto. El color gris es el color neutral, producto de la fusión entre los otros dos tonos neutros: el blanco y el negro; sin embargo, **la mente humana "dual" no comprende que la realidad es continua, (gradual, con infinidad de matices o grises) y "ciega" a los intermedios**. Richard Dawkins lo llama *la tiranía de la mente discontinua:* todo tiene que ser blanco o negro. Pero dicho funcionamiento de lo simbólico no es una cuestión "natural" sino una construcción social porque, si bien existe el día y la noche, el sol y la luna; **el querer eliminar uno de los polos tiene un origen histórico.**

Si se rastrea, se encuentran sentencias abolicionistas del polo opuesto en la mayoría de las culturas. Hay una **intencionalidad especial en la discriminación del sexo, en principio de lo femenino, por ende del "lado izquierdo"**, ya que el hemisferio izquierdo del neo córtex humano es femenino, en ambos sexos. Más allá de la especialización motriz, **las capacidades lingüísticas, como el habla y la escritura, se encuentran en el hemisferio izquierdo, femenino.**

Las cualidades del lado izquierdo generalmente están más desarrolladas en el hombre zurdo (aunque maneje la mano zurda con el hemisferio derecho). Nótese que en latín "**zurdo**" se escribe "**sinister**", proveniente de "sinistrum", que significa **siniestro**, "mal" o "demonio". **La iglesia católica declaró a los zurdos "sirvientes del demonio"; también en el Islam, todo lo que provenga de la mano izquierda se considera impuro. Sin ir más lejos, en un tratado de psiquiatría de 1921, el ser zurdo se consideraba como sinónimo de demencia.**

La cultura dominante ha intentado suprimir las expresiones que consideró antagónicas o disfuncionales para ajustarlas a un orden que, primero, fue religioso y luego racional. Desde el antiguo Procusto se intenta modificar la anatomía y la fisiología para adaptarlas a las representaciones del bien y el mal que, en principio, emergen de las cosmovisiones religiosas y, posteriormente, impregnaron la cosmovisión científica. Se **suprimieron características** del lado izquierdo y también del lado derecho, como es el caso de la comprensión súbita o **insight (intuición). La interdicción psicofisiológica intenta eliminar lo instintivo en lugar de integrarlo jerárquicamente**: no solamente las **funciones interhemisféricas, sino** además las otras de nuestro cerebro "trino". De esta manera se separan y reprimen indiscriminadamente funciones del cerebro reptil, (instintos arcaicos). En segundo lugar, las **emociones** del sistema límbico o cerebro mamífero y, por último, se dividen los hemisferios superiores del *Homo sapiens sapiens*, en derecha e izquierda, con la consecuente **sintomatología de la escisión,** en donde **fuerzas antagónicas están en constante conflicto.** De la misma forma, como **la religión separaba al demonio "polarizándolo" en el zurdo**, la iglesia del estado moderno trazó una demarcación que en ningún caso permitió el gris. Recordemos que en la Biblia, Cristo sentencia: "**a los tibios los vomitaré de mi boca**".

La visión científica oficial o "cosmovisión científica hegemónica" separa de su campo de acción y reflexión a lo que considera "pseudociencia", privándola del estatuto de lo verdadero y lo "racional", escindiéndola así de la posible "unificación" con la "otra ciencia, clasificándola incluso como patológica, folclórica o marginal. El dogmatismo oficialista no contempla grises, disciplinas intermedias o saberes emergentes. Todos los planteos que no se encuadren con el esquema del academicismo oficializado son catalogados como inferiores, **"pseudo"**, quitándoles de esta manera toda validez. En otra época era clasificado como **peligroso u oscuro**. Incluso las ciencias humanistas se encuentran plagadas de **celdas clasificatorias supresoras del pensamiento integral**. La Semiología sostiene que el gris representa indecisión, frialdad y ausencia de energía; también tristeza, duda o melancolía. La representación de la frialdad del gris es la más común dentro de los pensamientos extremos o sumamente polarizados. Esta visión también se traslada a la Semiología psiquiátrica, con la consecuente visión parcial de lo que es la "patología".

El actual **poder clasificatorio y demarcatorio de la comunidad científica oficial es una reactualización de la moral de la inquisición, desplazada al enciclopedismo tardío**. Si bien el "auge de la razón" pudo traer luz al pensamiento medieval (teocéntrico, arcaico y animista, perteneciente al pensamiento infantil de la raza humana), con el correr de los años se convirtió en una nueva cacería de brujas. En nuestra época parece que se debe rendir cuentas ante el tribunal de **"la tiranía de la razón discontinua"**, que por carecer de matices sanciona: "o se es racional o se es irracional y primitivo". No hay grises ni tampoco otros colores que puedan ser aceptados por el núcleo duro del consenso racionalista.

"De cuando estuve loco, aún conservo
un par de gramos de delirio en rama,
por si atacan con su razón los cuerdos

y un viento fuerza seis de tramontana;
el vicio de escribir por las paredes"...

Joan Manuel Serrat.

Michel Foucault describió cómo, a nivel discursivo, opera el mecanismo de "supresión de la disidencia" o de "lo anormal", mediante la creación de "rótulos" que funcionan como **"celdas clasificatorias"**; una forma sigilosa del ejercicio del poder y de los mecanismos de control social que hoy son replicados automáticamente por los centinelas del **"sinóptico"**[17]. Una vez que el discurso dominante clasifica o rotula como "pseudociencia" a un planteo científico, no solamente lo está clasificando, lo está colocando en una "celda" y esto es una "captura imaginaria". La ciencia emergente quedará presa de un mecanismo de poder que la marginará, la silenciará y la clasificará como "patológica". Una vez instalada la clasificación, los "centinelas", el sentido común o la "masa científica" repetirán: ¡"pseudociencia"!. ¡"Peligrosa"!

Decíamos que las **celdas clasificatorias** son **supresoras del pensamiento integral**. Foucault describió un efecto que se desprende de esta lógica de demarcación: **el pensamiento binario. Este tendrá efectos también sobre el pensamiento científico que fue marginado: el saber desplazado simpatizará con otros saberes disidentes y constituirá el "bando opositor" o "alternativo", que resistirá y rivalizará con el saber oficial, eternizando el conflicto, dificultando así la construcción del pensamiento holístico integral.** El binarismo no acepta los grises, sí o no, blanco o negro, a favor de la psiquiatría "toda" o en contra de la psiquiatría "toda", machista o feminista, al todo o nada obsesivo, o al pensamiento psicótico sin contradicciones. Pero la realidad no es así: todos somos buenos y malos a la vez, racistas y no racistas, machistas y no

---

[17] Zygmunt Bauman: Modernidad Líquida, 2002; Vigilancia líquida, 2013. El estereotipo social se convierte en un instrumento de sanción normalizadora, que parte de la mirada del semejante.

machistas; pero tenemos que proyectar nuestra oscuridad en los demás, en espejo, catalogando a los otros de "impuros" o "malos". Dividimos de esta forma la realidad en categorías, para intentar hacer brillar nuestra opacidad, proyectándola en el otro polo "negro" para sentirnos "blancos" y puros. En síntesis: cuando nos polarizamos, construimos un "enemigo" para experimentar imaginariamente que hacemos brillar nuestra luz contra la sombra del otro, el polo opaco y confirmar de esta forma nuestra posición narcisista fija, **"brillante"**.

Tanto en el campo de la política, como en el del deporte, **hablar de grises tiene poca prensa**, pues, lo que trata siempre la **"lógica competitiva"** es que el equipo propio consiga la victoria a cualquier precio. En el área de las ciencias sucede lo mismo: hay equipos, bandos y facciones especializadas que ven en los **"grises"**, o en los intentos multidisciplinarios e integrales, raras mezclas, torsiones teóricas, que amenazan la propia disciplina que tanto "sudor de frente" costó. Cada disciplina y **cada especialidad se arroga la supremacía y justifica la lucha contra el resto, producto de lo que cada quien considera que es de "mayor importancia"**. En las ciencias también se trata de ganar la batalla en una **jungla de escuelas rivales**.

"Cuando miré a los ojos del asesino, vi al asesino dentro de mí."

Johann Wolfgang von Goethe

Todo intento de integrar saberes será visto, por las estancas especialidades, como **delirios eclécticos amenazantes**. Hablar de psicología integral tiene mala prensa, y asimismo, es subestimado por las distintas escuelas. Incluso, **el Psicoanálisis mal "aprendido" es una práctica que peca de soberbia, ya que se autopercibe "por encima" de todo otro arte de curar**. La salida de las encrucijadas del pensamiento binario y polarizado, de la vida dual, es el **pensamiento holístico de la complejidad**, el pensamiento **paradójico integral**, que se enmarca en el nuevo **paradigma cuántico-relativista**.

La transmisión de la información traumática. La herencia palingenésica

"El niño echa mano de la vivencia filogenética toda vez que su propio vivenciar no basta, llena las lagunas de la verdad individual con una verdad prehistórica, pone la experiencia de los ancestros en lugar de la propia [...] el complejo de Edipo, se cuenta entre los esquemas congénitos que deben tenerse en cuenta en igual proporción que los factores constitucionales, ya que entre ambos existe una relación de cooperación y no de exclusión [...] El núcleo de lo inconsciente anímico lo constituye la herencia arcaica." Sigmund Freud.

Hace ya décadas que muchos psicoanalistas han caído en la cuenta de que **el traumatismo transgeneracional es parte del "núcleo duro", que cada generación lega a la siguiente. Por eso debemos poner a la herencia como uno de los factores principales de desorden.** Nuestra intención es la integración jerárquica. Trataremos de hacer una revisión de algunos conceptos psicoanalíticos, sin perder de vista lo que remarcó Freud en sus llamadas "series complementarias": por un lado, "los factores **innatos,** constitucionales o hereditarios"; y, por otro, "los factores **adquiridos,** vivenciales o accidentales", que poseen igual magnitud o guardan la misma proporción de aspectos cuali-cuantitativos para la formación del síntoma neurótico, o como inhibición del desarrollo madurativo; por lo cual **deben valorarse ambos factores de igual modo.**

Series complementarias significa que una es complemento de la otra y no una subrogada de la otra. La subrogación podría ser confirmada únicamente en algunos casos y hallarse, **en ambos extremos, la etiología;** tanto se trate de lo **innato** o **adquirido,** según la acentuación del factor correspondiente. El valor que se le da en la actualidad a las vivencias infantiles (como único índice de la causación y a lo discursivo como único modo de abordaje), habla más de un Psicoanálisis amputado, que de una práctica que basa sus argumentos y procedimientos en los descubrimientos de la clínica múltiple, que se pudo abrir a la diversidad datada y documentada, no monista ni clasista.

Cuando Freud formuló sus conceptualizaciones como series complementarias, habló de una **disposición innata** que es la base **sobre la cual se apoyará una fijación vivencial o accidental en las fases infantile**s. La formación de síntoma neurótico se da cuando hay un desarrollo que alcanza cierto grado madurativo y luego se produce la patología por introversión de la libido -léase por pérdida del objeto o por frustración- tras la cual la libido se depositará en las fantasías o vivencias infantiles, que estarán influenciadas en mayor o menor grado por lo hereditario. Otro es el caso de los síntomas causados por inhibición del desarrollo: sujetos que han permanecido fijados a etapas infantiles y no han alcanzado un grado de desarrollo madurativo, lo cual está determinado por la fuerza del vivenciar traumático en un extremo; y por lo constitucional o hereditario, en el otro. *"Tenemos los extremos de la inhibición del desarrollo y de la regresión y, entre ellos, todos los grados de conjugación de ambos factores"... "unas vivencias puramente contingentes en la infancia son capaces de dejar como secuela fijaciones de la libido", [...] "Las **disposiciones constitucionales** son la secuela que dejaron las vivencias de nuestros antepasados" [...] "**La fijación libidinal del adulto representante del factor constitucional**, se descompone en dos factores: la **disposición heredada** y la **predisposición adquirida en la primera infancia."... "La constitución sexual hereditaria, forma con el vivenciar infantil, otra serie complementaria, en un todo semejante. Aquí como allí hallamos los mismos casos extremos y las mismas relaciones de subrogación"*.[18]

En la misma conferencia citada, Freud también articula las protofantasías (**escena primaria, seducción y castración**), con relaciones de complementariedad entre el vivenciar heredado y el vivenciar infantil; y, además, agrega: *"una concepción dinámica de estos procesos es insuficiente, desde el punto de vista económico"* [...] *"La importancia*

---

[18] Sigmund Freud, conferencia XXIII. (1916)

*patógena de los factores constitucionales depende cuanto más de una pulsión parcial que las disposiciones de todos los seres humanos, **son de igual género en lo cualitativo, y solo se diferencian por proporciones cuantitativas**".*

Todos somos idénticos, en distinto grado; desde el punto de vista filogenético, la lectura metapsicológica de las protofantasías originarias, propuesta por Freud nos permite ver al complejo de Edipo: como un momento dialéctico de inscripción; o mejor dicho, de "re transcripción", de las leyes que fundan una **subjetividad como efecto de lo genealógico; él lo llamó *"Edipo ampliado"*,** y este recibe aportes de las generaciones previas. Los **"esquemas congénitos", recapitulan el desarrollo de la especie (filogénesis),** y más aún, de lo que permanece oculto en nosotros desde "la noche de los tiempos"[19], **la herencia "palingenésica"[20]** de la recapitulación biológica. La teoría de la recapitulación sostiene que el desarrollo embrionario de cada especie (ontogenia) repite *completamente* la historia evolutiva de dicha especie (filogenia). De otro modo: **cada uno de los estados que el individuo de una especie atraviesa a lo largo de su desarrollo embrionario, representa una de las formas adultas que apareció en su historia evolutiva con formas y estadios anteriores de especies arcaicas "palingénesis";** ejemplo: yendo hacia atrás, el desarrollo de un niño de 2 años coincide con los primates, los primeros meses de vida coinciden con los mamíferos; las etapas fetales y los primeros reflejos arcaicos del bebé humano son movidos por la memoria que se encuentra en el cerebro reptil (anfibios), o peces como el período primario en el cual el embrión humano posee arcos branquiales. La **palingénesis** se

---

[19] Referencia que hacen María Torok y Nicolás Abraham en "la corteza y el núcleo", sobre las influencias metapsicológicas de la "regresión talasal", propuesta por Sandor Ferenczi en la creación del simbolismo, cuando el cuerpo deviene lenguaje de órgano.

[20] Haeckel llamó palingenesia a la repetición en el desarrollo individual, de estadios pertenecientes a fases anteriores en la evolución. Este concepto es después tomado por Freud (filogénesis) y más ampliamente por Ferenczi (palingénesis) en el libro Thalassa.

produce cuando la recapitulación es integral; la **cenogénesis** abarca las excepciones a la teoría de la recapitulación, siendo consideradas adaptaciones a la vida larvaria; actualmente se estudia como "evo-devo".

Cierta rama biologicista e incluso la escuela francesa de Psicoanálisis, nos acostumbró a pensar que el psiquismo comienza durante el amamantamiento o en el **"estadío del espejo"** (Bion-Lacan); pero, veremos más adelante que no es "completamente" así. El primer modelo de aparato psíquico propuesto por Freud (1900) se inaugura con la **experiencia de satisfacción**; el efecto de esta "acción específica" (ejemplo: amamantamiento), radica en la cualidad (amor/odio) del afecto materno (emotividad) y en su modo de querer al hijo (deseo); el maestro plantea que **el decurso de la excitación es regulado por las percepciones de placer – displacer** y que, en los niños, sigue una lógica del **"yo de placer purificado"** en un interjuego con las "demandas del adulto"; tras la maduración se constituirá el **"principio del placer" al que se le opondrá el principio de realidad**.

La experiencia freudiana demostró la incidencia del interjuego madre-hijo en la constitución psicoafectiva, destacando la importancia del *"juego del toma y daca de leche y caca"*[21], no por el contenido, sino por las cualidades emotivas, que son la expresión del "deseo inconsciente materno" y que apuntalan las respuestas del infans. Sobre una base aportada por el narcisismo fetal, se construye así, en la interacción con el otro materno, una "impronta" o marca psíquica, o una serie de las mismas, que serán los **cimientos de nuestra inteligencia emocional y sensoriomotriz, o yo–sensoriomotor**; sin embargo, veremos que, también el proceso estará mediatizado por la presencia de los sonidos del entorno, y de otros seres significativos (un humano, una mascota o la interacción electrónica).

La construcción del yo-**sensoriomotor** en este interjuego con el semejante es aportante de relaciones y vínculos parentales relevantes, que

---

[21] Néstor A. Braunstein – Memoria y espanto o el recuerdo de infancia. Siglo XXI editores.

a su vez están determinados por el discurso familiar y la **"estructura del clan"**, solidaria y dependiente de la estructura histórico – social.

"Les vamos transmitiendo nuestras frustraciones, con la leche templada y en cada canción."

Joan Manuel Serrat.

La constitución subjetiva es traumática; el acceso a la cultura "sublima" o "transfigura" en el hombre, la "animalidad"; en el cachorro humano, lo traumático se pone de manifiesto, primariamente, en nivel de la "necesidad" producto del desvalimiento inicial, y luego, a través de la constitución del deseo, mediante la **represión-sofocación**, provocadas por **pérdidas reales, simbólicas e imaginarias, frustraciones y prohibiciones ("la castración")**, y que estarán doblemente entramadas con la articulación del **narcisismo y el cuerpo** (ego primario), **luego con la sexualidad, y posteriormente con** la construcción de la **identidad emocional y afectiva**. Freud describió, ampliamente, un proceso que llamó **desmentida,** un mecanismo utilizado frente a la aparición de vivencias penosas o traumáticas, en lo que se refiere a la ausencia prolongada de la madre, durante el proceso de amamantamiento, o como motivo de algún trato que pudiera ser violento; **la desmentida** aparece como defensa **al estado de inermidad o indefensión.**

Este mecanismo es utilizado precozmente por el neonato, producto de la prematuración del nacimiento, estado en el que nuestras capacidades neuromotoras y cognitivas están muy poco desarrolladas, (neotenia). Por lo tanto, la **desmentida** es parte del proceso de estructuración. No se puede tolerar la ausencia (indefensión), porque implica la muerte (psíquica y física). Adolf Portmann estimó que la gestación de los seres humanos tendría que durar entre 18 y 21 meses, para que los bebés nacieran con un desarrollo neurológico y cognitivo similar al de los chimpancés, ya que en el primer año de vida, conseguiríamos las capacidades motoras y cognitivas que estos primates tienen al momento del nacimiento, hecho que otorga, mayor autonomía y menor sensación de indefensión. [22]

El *Homo sapiens* obtiene un cerebro de mayor tamaño que sus antecesores, pero luego del nacimiento, porque no podría atravesar el canal de parto. Esta característica se alcanza, con el prolongado amamantamiento y la alimentación superproteica, logrando que el cerebro tenga mayor flexibilidad y capacidad para aprender; en tanto, la **"indefensión" se compensa** por medio de la **intensa dependencia de los cuidados del Otro materno. La ausencia materna** en estas circunstancias extremas, agita en el bebé humano **fantasmas filogenéticos de las proximidades del peligro y de la muerte y -según sea la frecuencia e intensidad de esas ausencias-** la **desmentida,** mediará, en la construcción neuroanatómica, de las **improntas neurales "más gruesas", basales,** de estos **primeros años de la vida.**

La activación de la **desmentida** se debe a la ruptura de la barrera antiestímulo, la ausencia y el sufrimiento reiterado, apuntalan a la sensación de desvalimiento, que sólo puede ser contrarrestada, apelando reiteradamente a la vía alucinatoria. Somos víctimas potenciales y necesitamos aferrarnos al objeto de la alucinación, para evitar la sensación de exposición al peligro; a posteriori, y también para defendernos de una carencia que pudiera ser sancionada como grave, se desmiente la ausencia del pene de la madre en el **"fantasma de madre fálica",** una de las "*teorías sexuales infantiles*", en este caso, la de **"la premisa "universal" del pene",** que es la **desmentida de la diferencia de los sexos** (aquí hay quienes deben analizar y diferenciar, desmentida o negación, de renegación y especialmente de la llamada forclusión), ya que: "*De la salida de la **desmentida** (de la correcta simbolización), depende, a su vez, la eficacia de la represión. Cuando la represión acontece con una desmentida fuerte,* (en torno a la ausencia de la debida simbolización-sofocación), *da lugar a una estructura edípica fallante*

---

[22] Por eso, nos hallamos ante un "dilema obstétrico", si nuestra gestación tuviera una duración de unos 20 meses, como sugirió Adolf Portmann, el parto sería inviable.

y la escisión del yo aparece en expresiones sintomáticas,"[23]. Esto último no indica necesariamente el mecanismo de la perversión; la importancia del proceso de la desmentida, es trasversal a todas las estructuras clínicas.

Remarcamos lo "universal" de la fantasía de madre fálica, ya que no se trata de una fantasía aislada, ni que de por sí sea indicio de una patología. **La memoria filogenética de la especie cuenta tanto con la predisposición para la desmentida de la diferencia sexual como con la disposición para la "construcción" de la diferencia "sexual" "normal". Tendremos entonces, entre las dos tendencias, "grises" o soluciones de continuidad** que hablarán tanto del tipo legado como de la resolución -o no- del mismo, por parte de los ancestros inmediatos.

Debido a esto último, no solamente hablamos de la herencia filogenética de un fantasma de mujer fálica (esto ya lo insinúa Freud), sino que ponemos el acento sobre **el mecanismo de la desmentida y decimos que se encuentra incrementado en los descendientes de "catástrofes subjetivas"**. En tanto, la **desmentida fuerte se** gesta en interacción recíproca entre componentes innatos y adquiridos.

Así, la inscripción de las experiencias en las **improntas basales del lactante,** están determinadas por factores **accidentales**, y también por factores constitucionales; los segundos se relacionan con el **Edipo ampliado,** es decir: con el aporte de experiencias de las generaciones cercanas. Por otra parte, a posteriori, la resolución del complejo de castración no dependerá solamente de la forma en que opere la metáfora paterna, sino de cómo han funcionado las distintas operatorias en los **ascendientes inmediatos,** y sobre todo en **algunos en particular,** como veremos más adelante.

Los descendientes de guerras, catástrofes naturales, accidentes y sucesos desgarradores o arrasadores del psiquismo, sufren de una expectativa angustiante, una sensación de catástrofe inminente que es provocada por un "retorno de lo desmentido", obligando al sujeto a

---

[23] Entre la desmentida y la represión. Myrta Casas de Pereda.

realizar todo tipo de maniobras defensivas o, en el mejor de los casos, algunos intentos de elaboración.

Para Freud, la amenaza para desencadenar la angustia en el aparato psíquico adulto es, siempre, la "amenaza de castración" en sus diversas modalidades. Su experiencia lo llevó a conceptualizar que, luego de la estructuración psíquica, los objetos perdidos, (el pecho materno y las heces) serán resignificados a partir del falo, posteriormente, la pérdida del amor del objeto -si es al modo narcisista- se verá también experimentada como **amenaza de castración** o castración **"consumada"**, como luto complicado o depresión.

No olvidemos que el maestro intenta sostener, en medio de violentas tempestades, el **factor sexual como desencadenante de la neurosis** (en el encuentro de los complejos de Edipo y castración). Sin embargo, él mismo habla de las **"neurosis traumáticas"** y las diferencia de las **"neurosis de transferencia"** (acaecimiento sexual en las segundas); cavila sobre la particular reacción que en estos sujetos (aquejados por catástrofes subjetivas) provoca una repetición amenguada del trauma; es decir, **repiten en sus sueños o en sus síntomas**, situaciones similares o **"fragmentos amenguados" del terror o el espanto que no pudieron superar.**

Si en las neurosis traumáticas el yo se defiende de un peligro que lo amenaza desde el exterior; en las neurosis de transferencia, **el enemigo** del que se defiende **es la libido**, cuyas exigencias le resultan amenazantes por contener fantasías asociadas al estadío infantil perverso polimorfo. Los sueños traumáticos no están al servicio del principio de placer y no pueden ser entendidos en el contexto de la tesis del sueño como cumplimiento de deseo.

Los sueños que llevan al sujeto, una y otra vez, a la situación traumática **"se ponen al servicio de otra tarea que debe resolverse antes de que el principio de placer pueda ejercer su dominio". Representan un esfuerzo por dominar retrospectivamente el exceso de excitación que invadió al aparato psíquico** y que se convirtió en la causa de la neurosis traumática.

A diferencia del trauma de la teoría de la seducción, el trauma de las **neurosis traumáticas** -cuyo paradigma son las neurosis de guerra- se sitúa en el momento mismo de la experiencia. Se definen como **experiencias terribles o de accidentes graves** vividos por el sujeto, sin ninguna referencia al conflicto o a la sexualidad: la etiología sexual de las neurosis y la teoría de la libido no podrían, por lo tanto, aplicarse en estos casos. Según los términos de Freud: «Si las **neurosis traumáticas** y de guerra hablan en voz alta sobre el **influjo del peligro mortal** y no dicen nada -o no lo dicen con la suficiente nitidez- acerca de la "frustración de amor"; en las neurosis de transferencia corrientes de tiempos de paz carece de todo título etiológico aquel factor, que tan poderoso se presenta en las primeras».

Para **Freud,** en las vivencias que llevan a la neurosis traumática es **quebrada la protección** contra los estímulos exteriores y en el **aparato anímico ingresan volúmenes "hipertróficos" de excitación.** Se ha comprobado que un trauma de **nacimiento severo**, el estrés o un shock gestacional, dejan un "molde" para el desarrollo de la angustia y de otros desórdenes afectivos. Freud **puso el acento en la "magnitud",** *"el quantum energético",* **de la energía liberada dentro del aparato, y en que no puede descargarse;** así, el concepto central para pensar *"lo traumático",* es **la** *invasión energética cuantitativa.* Sin embargo, y en oposición a Otto Rank, Freud **no** va a admitir que el nacimiento implique un traumatismo duradero que pudiera causar una neurosis de transferencia, pues la etiología de las **neurosis de transferencia** es la sexual. Esto último podemos seguir sosteniéndolo; sin embargo, por los desarrollos teóricos posteriores al legado freudiano y por la evidencia abrumadora de miles de casos clínicos, tendríamos que decir que: tanto el **trauma de nacimiento e incluso "traumas intrauterinos" al igual que otros sucesos capaces de romper cierta barrera antiestímulo** (dependiendo del momento del desarrollo en que se produzcan y de la intensidad de los mismos), **debieran** ser **valorados** también **en igual proporción y jerarquizados junto a los "otros" factores "constitucionales" y "ac-**

cidentales". De este modo, el resultado del análisis de los elementos constitutivos del alma humana nos arrojaría, no únicamente, el **"color sexual"**, como lo indica el concepto de la *neurosis de transferencia,* sino además un panorama más acabado, una "cartografía ampliada de la psique".

Creemos que el tinte sexual del cuadro nosográfico, conceptualizado por Freud como neurosis de transferencia, describe acertadamente la incidencia de la sexualidad infantil en la constitución psicoafectiva del adulto; sin embargo, a esta altura tenemos que concluir que posee ciertas limitaciones y dogmatismos, de los que su fundador fue consciente, pero que se debieron a un momento necesario de **"afirmación"** en su obra, en medio de tempestades en las que se bifurcaban varios sentidos que intentaban dar cuenta de la patología.

Además de la valoración del traumatismo sexual y de otros traumas **según su "intensidad"**, debemos pedir algo más; es necesario que hagamos un esfuerzo epistemológico para comprender que la "estructura de parentesco" o **la psicología del clan**, posee unas **líneas de transmisión de legados traumáticos**, que **no obedecen a la lógica del lenguaje hablado.** Los traumatismos no elaborados se **legan por una "matemática-fractal" de una generación a la siguiente;** en su carácter de **cristalizaciones** de **"lo no dicho" son "energía no ligada" que** se transmite como una "papa caliente"[24] de una generación a la siguiente, debido a que no se pudo decir nada de un suceso traumático paralizante; así se "encapsuló" el "representante" del afecto, desalojado por **la desmentida de "lo siniestro",** que se transmitirá a los descendientes, incluso luego de varias generaciones, sin haberse puesto jamás en palabras. **El inconsciente es "lo no dicho", "es" "el lenguaje del cuerpo".**

Decíamos al principio, y siguiendo a Freud, en la elaboración de las neurosis que no son de etiología sexual (sino traumática); que debido

---

[24] La frase hecha "pasar una papa caliente" o "pasar la patata caliente" se usa para indicar que alguien está intentando pasar a otra persona la responsabilidad de un problema importante.

a la magnitud del trauma, **la energía psíquica quedaba liberada dentro del psiquismo sin poder ser procesada o simbolizada.** Agregaremos aquí que: **es en el "inconsciente del clan"**[25] **en donde queda liberada la energía,** generando de esta manera la **patología transgeneracional.** La neurosis traumática se nos aparecía, por una parte, como "la expectativa" (por ejemplo, la **ansiedad**), y, por otra, como una **repetición amenguada** de lo traumático en un intento de anudamiento; en la transmisión transgeneracional, tanto la energía como el **representante** desmentido (repräsentanz Verleugnung), "salta"[26] de una generación a la siguiente, para manifestar la expectativa, e incluso el mismo siniestro traumático que sufrió un ancestro.

Al igual que en la neurosis traumática, aquí "lo siniestro", en cuanto a la repetición de un suceso displacentero, compulsivo (pulsión de muerte), se produce como un "intento de reproducción de un estado anterior" "displacentero", que va más allá del principio del placer; pero que, sin embargo, se sirve "también" de las pulsiones de vida. El fin es buscar un **"nuevo" enlace** mediante la repetición, para que se produzca el aprendizaje necesario que permita "sortear" de la manera correcta, el traumatismo que, hasta ahora, se intentó evitar erróneamente, **"negando" su existencia.**

Una vez más, nos hallamos adentrándonos en las profundidades del **continente desconocido** descrito por Freud; hace 100 años a él le tocaba hablar de sexualidad infantil en un momento de mucha resistencia social, hoy nos toca hablar de lo que todos silencian (lo siniestro); incluso gran parte del **Psicoanálisis institucionalizado** no quiere pensar en esta problemática, prefiere juzgar, prefiere **marginarlo como un pseudo-saber**: vulgar o infantil (pre científico), prefiere **no saber**, prefiere **negar**.

Este Psicoanálisis que prefiere negar es uno ortodoxo, pero que repite lo que le conviene. Si bien Freud abonaba una línea en donde

---

[25] Esta expresión es tomada por varios psicoanalistas y debe su origen a los desarrollos de Carl Jung, lo secundaron Erich Fromm y otros ya mencionados.

[26] Salto, es la palabra que utiliza Freud para describir este proceso en el texto "lo siniestro".

se veía claramente la necesidad de levantar las restricciones impuestas por la cultura sobre la vida sexual, comprendemos que tenía que ver con la atmósfera de su época, en donde las imposiciones sociales coartaban enormemente la libertad subjetiva y la sexualidad. El maestro, también, valoraba los **logros culturales** y la **sublimación**. Pensaba que la cultura era el bien más preciado y había que fortalecerla, logrando una **sociedad más justa** y sin excluidos, y que, **de no lograrse, no habría posibilidades de preservación**. La cultura de hoy en día parece abonar "mandatos de goce"[27] y, con ellos, la "desublimación represiva"[28] que causa estragos (el goce del Otro); inclusive, desde algunas instituciones psicoanalíticas se promueve el "vale todo".

¿Cómo es posible qué **la sublimación, que permite otro destino libidinal mediante la "producción de nuevos enlaces pulsionales"**, no sea impulsada por la mayoría los psicoanalistas; si es fundamental para la "orientación productiva", **la creatividad, el amor adulto, y fortalecimiento del lazo social?**.

La sublimación es la única forma de salir de la inhibición, **del siniestro destino de la fijación**, por ende de **la compulsión de repetición individual, familiar y colectiva**. La "fijación" patológica se produce en estadios pregenitales, producto de los avatares y traumatismos, debido a que las pulsiones sexuales tienen metas perversas y la organización sexual es autoerótica, o **"narcisista ambivalente", dual**.

Si se nos permite, agregaremos un estadío más al edificio nosográfico clásico: luego de la fase fálica, aparece la latencia y se produce la maduración genésica, pero esto no quiere decir que el sujeto haya alcanzado la subrogación de las pulsiones parciales hacia la primacía genital, sino que se encuentra en un **estado intermedio entre el "narcisismo se-**

---

27 Concepto Lacaniano, mandato del superyó al modo social, de "un más allá" de la intención del sujeto, un más allá del principio del placer.

28 Herbert Marcuse se refiere a esta **"desublimación represiva"** en varias de sus obras. Para él, el objetivo del capitalismo es crear una sociedad de hombres, que abandonan los ideales elevados para conformarse con la satisfacción de unas necesidades condicionadas, (asociadas sobre la base de los impulsos pregenitales) o inducidas por los intereses de la élite dominante.

cundario" y el "estadío adulto genital", en donde se alcanzaría la posibilidad de **amar desde una polaridad equilibrada**. Llamaremos a esta **fase: narcisista ambivalente**; aunque es descrita muchas veces como "narcisismo patológico", en algunos casos de inhibición del desarrollo. Nosotros entendemos que es una fase necesaria, en términos descriptivos, y la intercalamos entre la latencia y la fase adulta. Cuando se habla de "patologías de borde", muchas veces, se hace referencia a problemáticas de este estadío, **la ambivalencia narcisista**, que es la expresión "inacabada o desequilibrada" de la polaridad amor-odio. La acentuación de esta ambivalencia humana en nuestros tiempos es producto de una crisis cultural que comienza con el desarrollo de la ego-psychology y de la manipulación de la subjetividad de masas, conjuntamente con la creación de deseos y necesidades, artificiales que incrementaron la inmadurez emocional del hombre.

"Estar bien adaptado a una sociedad profundamente enferma no es una buena forma de medir la salud".

Jiddu Krishnamurti.

Nuestro desarrollo cultural actual es regresivo, en términos de adquisición filogenética; **el realce de lo imaginario** hace ver a la fase narcisista como una meta deseable y lograda, promoviendo el éxito desde **el cuerpo como objeto** o con el consumo de objetos, al modo de prótesis (fetichismo). Se vende como éxito lo patológico y se lo premia, fijando al sujeto en una adolescencia prolongada, tardía y malograda.

*"Cuando el Psicoanálisis triunfó y se hizo respetable, olvidó su esencia radical y ostentó lo generalmente aceptable. Conservó aquella parte de lo inconsciente que Freud había puesto de relieve: **las apetencias sexuales**";* [...] *"La sociedad de consumo se deshizo de muchos tabúes victorianos. Ya no fue desquiciante el descubrir uno, sus propios deseos incestuosos, el "miedo a la castración" o la "envidia del pene". Pero descubrir rasgos de carácter reprimidos como el narcisismo, el sadismo, la*

omnipotencia, la sumisión, la enajenación, la indiferencia, la traición
inconsciente a la propia integridad, **la índole ilusoria del propio**
concepto de realidad; *el descubrir todo eso en uno mismo, en la trama*
social, en los dirigentes que uno sigue [...] eso es sin duda "dinamita
social" [...] lo que entonces era revolucionario, hoy es convencional [...
] Erich Fromm: Anatomía De La Destructividad Humana"- 1975.

El Psicoanálisis (no amputado) persigue la "evolución o progre-
sión sexual"; la insistencia en Freud de un proceso analítico profundo,
no es el paliativo utilizado habitualmente para "convertir la miseria
neurótica en infortunio común"; que el mal de muchos sea consuelo
de tontos es la triste solución de continuidad que se encuentra para
los casos graves y tomados a destiempo en los que, muchas veces, hay
inhibición del desarrollo, no quedando mucho por hacer. Todo el
ingenio freudiano puesto en la construcción del edificio psicoanalítico, apunta a lograr la superación del conflicto pregenital y **encauzar**
la libido hacia la primacía genital con la **"asunción o reinscrip-**
ción del complejo de castración". El arribo a esta etapa supone
la adultez psicofísica y por ende libidinal. Uno de los más brillantes discípulos de Freud, poco estudiado por la actual "ortodoxia", lo
explica brevemente: ***Las consideraciones económico-sexuales nos***
obligan a atenernos a un camino estrictamente prescripto, el
cual comienza con la disolución de las actitudes pregenitales y
negativas, y finaliza concentrando en el aparato genital toda
la energía psíquica liberada. El establecimiento de la potencia
«orgástica» (diferente de la orgásmica-parcial-pregenital), ***es el ob-***
jetivo más importante de la terapia". [29]
En las formas que adquiere la sexualidad expuesta y promovida por
el marketing y los medios de comunicación de nuestra época, se insi-
núan fuertes adherencias a las fases pregenitales; las tapas de las revistas
generalmente están ocupadas por personas que exponen su boca, sus
pechos o sus nalgas, ensalzando la idea inmadura de que la sexuali-

---

[29] Wilhelm Reich: Del psicoanálisis a la biofísica orgónica. 1935

dad tendría que ver con: incorporar (sexo oral y anal) o retener, eliminar (cagar o ser cagado) destruir o ser destruidos, ser poseído como "cuerpo falo" o poseer un falo. Freud describió brillantemente estos estadíos pregenitales a los que incluyó dentro de las fantasías de los neuróticos (quienes reprimen estas formaciones inconscientes), en tanto consideró que la neurosis es "el negativo de la perversión" por contener en las fantasías los mismos actos que los perversos realizan.

Gran parte de la psicología del "antiedipo" entendió que liberar o promover la realización de las fantasías reprimidas "eran la cura propuesta por Freud"; sin embargo, el **"meta proyecto psicoanalítico"** contempla y exige otra salida; el maestro señaló muy bien que las actitudes pregenitales son índices, entre tantos otros deslices, de perversión, estancamiento o regresiones de la vida psicoafectiva. Para Freud, la actividad pregenital, de corta duración y dentro de los juegos previos que condujeran a la posterior realización del acto genital en "sentido pleno", era como un haz de ramas resinosas que puede utilizarse para encender un fuego mayor, pero nunca un fin en sí mismo, pues hacer del todo una parte es el mecanismo perverso, es decir, lo contrario.

La obra reichiana pareciera haber confundido a algunos; la práctica actual de la teoría "Bioenergética", en muchos casos, cobró el sentido de la **"des-represión anti-edípica"**; sin embargo, la palabra clave para comprender su planteo es **"disrupción"**. Para Reich, la evolución, desde un estado primitivo hasta la civilización, exigió una considerable restricción de la gratificación libidinal y, también, de gratificaciones de otros tipos. La evolución humana se ha caracterizado por el aumento de la supresión sexual: en particular, *"el desarrollo de la sociedad patriarcal fue paralelo a una creciente disrupción y restricción de la genitalidad"*. [30]

Vemos de esta manera que Reich es fiel a la obra Freudiana, no habla de represión de lo pregenital sino de **restricción de la genitalidad** que, en su época, era producto de la **represión social de lo genital**; sin embargo, en la actualidad, la imposibilidad de alcanzar la genitali-

---

[30] W. Reich, Marxismo y psicoanálisis.

dad es por efecto del **ensalzamiento social de lo pregenital.** Hoy en día vemos que el sistema social empuja hacia la desublimación represiva, si bien como efecto **ya no hay restricción, sí nos encontramos con una masiva disrupción**; es decir: se sostiene a un sujeto siempre insatisfecho y fijado en los estadíos pregenitales; o en un estadío intermedio (en la **fase narcisista ambivalente**). El discurso globalizador liberal falocéntrico produce la disrupción, centrando la evolución del sujeto (masculino o femenino) en la fase fálica (sostenido en la premisa universal del pene), diría Lacan, que "forcluye la castración". El resultado es una inhibición masiva del desarrollo, o una **evolución parcial** hacia la siguiente fase de la "primacía genital", pero con una ambivalencia afectiva que describimos como **fase narcísistica ambivalente.**

Para el sujeto condicionado por el actual modo de producción está prohibido "no tener" auto, pechos grandes, carteras, músculos, viajes: "falo" (fetiche, gadget). Dice Reich: *"La manera en que un sistema social se reproduce estructuralmente en los hombres solo puede captarse concreta, teórica y prácticamente si se pone en claro la manera en que las instituciones, la ideología, las formas sociales de vida, etc., moldean el aparato pulsional".*[31]

Para que el sujeto pueda arribar al estadío genital o fase adulta, en la mayoría de los casos, no basta con el Psicoanálisis "clásico o estructuralista", porque el paciente se encuentra fijado o ha "regredido" a estadíos pregenitales, no únicamente a causa del entramado social, sino además debido a otros accidentes (vivencias infantiles) y sobre todo a la **"insistencia"** de los **mecanismos de defensa**; más que nada, **la negación** se encuentra incrementada porque : **"las catástrofes transgeneracionales disparan emociones, como por ejemplo la ansiedad** o la **"angustia señal"** (como efecto del traumatismo, atravesando las barreras espaciotemporales), **que se incrementan en el cuerpo de los descendientes, en "los síndromes de aniversario"** (fechas de antecedentes genealógicos). Esta es una de las tesis centrales de este libro.

---

[31]   W. Reich, Materialismo dialéctico y psicoanálisis

"Hablar solo rasga la superficie".

Stan Grof.

Actualmente, hay varios investigadores señalando que **el trauma-tismo heredado es siempre superior al recibido**. Existen pruebas concluyentes sobre lo mencionado, ya que mediante tests se ha medido la presencia de la hormona del estrés en los descendientes de sujetos que han padecido traumas graves, y el **"cortico releasing factor"** (C.R.F. factor de cortisol en sangre) está multiplicado por tres en la generación siguiente a la "catástrofe". Entonces vemos en el descen-diente: esa *"sensación de catástrofe inminente, del apoderamiento de su ser por lo siniestro"*[32]; ansiedades, **miedos o expectativas de soledad, de muerte, o de escasez**[33], **estados que se intentan resolver me-diante la evitación del dolor y búsqueda de placer sin importar el resultado final**.

El concepto de curación integral de la patología aquí cobra gran importancia, en principio, porque todas las técnicas que apunten a re-solver el síntoma, terminan siendo supresoras de la verdad que puja por salir; si no comprendemos el sentido de las repeticiones transge-neracionales, toda mejoría será pasajera. Si entendemos que "la repeti-ción amenguada del conflicto" está al servicio de las pulsiones de vida, pues buscan ligar la energía para resolver la problemática que nuestro ancestro no pudo, la solución perdurable es la toma de conciencia del conflicto transgeneracional, comprendiendo la lógica de ocultamiento que se ha erigido sobre lo traumático, para "levantar" el silenciamiento que hubo en torno a lo siniestro. Si, por el contrario, tapamos la emer-gencia de esa verdad con la negación, el destino traerá la fatal conse-cuencia de repetir un destino similar al de la tragedia ancestral.

---

[32] Página 12 PSICOLOGÍA 20-09 -18 A partir del "Más allá del principio del placer", de Sigmund Freud, "¿De qué muerte se trata en la pulsión de muerte?", Luis Vicente Miguélez.

[33] Memorias atávicas o inscripciones de carencias de dificultades materiales.

Cuando se desciende de linajes donde hubo catástrofes subjetivas, muchas veces, la lógica del clan es la de la "neurosis de clase"; el clan completo sufre el mandato social de pertenecer a una clase **desposeída**, marginal o con trabajo precario; en términos clásicos, sería como experimentar la **sensación de haber sido expulsados del paraíso**. Se puede justificar el padecimiento ha tocado "en gracia" porque en el fondo se asume **"el pecado"** y la "des_gracia_divina"; el trágico legado transgeneracional de **deshonras, bastardía, etc.,** se traduce en distintos síntomas de pobreza o de no merecimiento, incluso en el desplazamiento de ser **des-graciados por la divinidad**. Se puede ser millonario y ser miserable, o, vivir una vida de ahorro por el temor a la escasez. También la miseria neurótica se expresa en pobreza afectiva, relaciones con mucho sexo y poco amor o relaciones tiernas, pero sin sexo; distintas formas de padecer la siniestra herencia familiar de manera idéntica o como "formación reactiva" (lo inverso que no resuelve la ominosa sensación).

Si el abuelo perdió la fortuna en el juego, uno podría, o bien, repetir la tragedia de forma idéntica o de manera opuesta, en donde no se puede apostar ni arriesgar nada, manteniendo una inhibición financiera. O si nuestro padre se ha casado con una mujer rica y tuvo un matrimonio desdichado en el amor, uno puede repetir la historia o intentar hacer lo opuesto y casarse con una mujer pobre, pero no se salva igual de la desdicha en el amor.

La lógica del clan se experimentará en la vida psicoafectiva de todos los miembros, y será un condicionante para la evolución psicosexual y madurativa (representacional), en el entramado social. La solución implica la toma de conciencia de las determinaciones transgeneracionales del Edipo "ampliado" y, también, del **moldeo pulsional elaborado por el paradigma sociocultural**. El resultado final, la mejoría sustancial, la cura, consiste, como dijo Freud, en el arribo del amor y el placer adulto (ambos estorbados por la fijación patológica a un estadio pregenital narcisístico).

La cultura posmoderna moldea la pulsión; un ejemplo es la promoción mediática del multiorgasmo como lugar de arribo y culminación evolutiva para la sexualidad femenina. La manipulación cultural busca la legitimación social de la fijación libidinal pregenital; el multiorgasmo es la repetición mejorada de un placer "parcial", pregenital; recordemos que el orgasmo es total, no parcial. La sexualidad madura y el orgasmo en, sentido pleno, requieren de la entrega total, tanto para la mujer como para el hombre, pero no, a modo de sacrificio, sino como una entrega adulta; se trata de **"dar amor"**, en lugar de estar pidiéndolo como un niño desposeído, en un local lleno de dulces y juguetes. Esta sexualidad no se construye solamente en los vínculos de pareja, sino que depende de la colocación de la libido en general. El progreso va a depender de la posibilidad de que el sujeto organice o reorganice su estructura libidinal, en función de un "ideal", de la producción creativa, que le permita salir de **la "miseria neurótica":** patología que es un grito biológico-cuántico [34] de duelos irresolutos (muertes, pérdidas y otras catástrofes subjetivas), en las generaciones previas.

La construcción de un ideal y la sexualidad adulta se hacen posible luego de la elaboración de los duelos de los objetos parciales, hecho que permite la emergencia de un proyecto de vida mediante la amalgama del Eros, que es la expresión de la potencia vital, de la creatividad, de la sublimación. El amor por el ideal permite amar la "producción", el trabajo creativo, "sublimar"; superando de esta manera el narcisismo y la **"fijación incestuosa al clan"**[35*] y como efecto aglutinante de la transferencia de esta libido (como necesidad de amor al grupo), podremos, finalmente, vincularnos "amistosamente" con otros seres humanos; en lugar de competir: socializar.

---

[34] El grito biológico es la expresión de un arcaísmo presente en la memoria del clan, o en el inconsciente colectivo, más adelante se desarrolla ampliamente el concepto.

[35] Erich Fromm: la capacidad de amar depende de la superación del narcisismo y de la fijación incestuosa a la madre y al clan. El arte de amar.

Capítulo II.
La Ciencia debe cambiar

*Cuando se presenta a la cultura científica, el espíritu no es nunca joven.
Es incluso muy viejo, pues tiene la edad de sus prejuicios.*

G. Bachelard.

Veíamos al comienzo del capítulo anterior, que las ciencias conservan un vicio moral y un **"pensamiento dualista"**, que no permite el **"pensamiento integral de la complejidad"**. El paradigma dominante separa lo científico de lo pseudocientífico, como antes la moral religiosa separaba lo santificado de lo demonizado; hoy el racionalismo separa lo racional de lo **"irracional"**, de esta manera, también, la idea de lo normal y de lo patológico obedece más a un **juicio moral** que a una anomalía datada "científicamente". La ciencia mecanicista lleva décadas desprestigiando las investigaciones y publicaciones que no guardan consonancia con su esquema referencial.

Es muy difícil aún en la actualidad, llevar a cabo investigaciones serias en los ámbitos académicos, ya que los postulados innovadores "del paradigma", o "de paradigmas alternativos" o emergentes, son descalificados por carecer de aval académico; o peor, en algunos casos, calificados de "delirios místicos", "psicóticos". En las instituciones psicoanalíticas se expulsó y hasta se persiguió a los disidentes de la línea política oficial, Carl Jung, Wilhelm Reich, Otto Rank, fueron los primeros ejemplos en la era freudiana.

Las ciencias atraviesan una ruptura paradigmática, iniciada a mediados del siglo XIX, el modelo mecanicista de la física clásica se fundamenta en los desarrollos de la "metafísica" cartesiana y la física newtoniana; el concepto de **fuerza (física)** propuesto por Newton (1642-1727) fue reemplazado por el concepto de "**campo de fuerza**" de los fenómenos electromagnéticos de Maxwell (1831-1879). En Alemania, por el año 1895, Max Planck (padre de la **física cuántica**) fue nombrado editor de la revista Anales de la Física; el mismo año **Freud** escribió el "Proyecto de Psicología para Neurólogos" en donde habló de "**quántum de energía**". Tenemos que pensar que Freud, al igual que nosotros, fue educado en los principios de la física clásica, newtoniana y mecanicista; sin embargo, nunca dudó en incorporar los conceptos innovadores al cuerpo teórico y describir a los **procesos psíquicos inconscientes**, **regidos por las leyes energéticas** de **condensación y desplazamiento**, por **similitud** o **contigüidad temporal**.

La conceptualización de **una instancia inconsciente con un núcleo arcaico de antiguas plasmaciones yoicas** cuestionó las bases del racionalismo y el *cogito ergo sum*, reemplazando el principismo "pienso luego existo", por la extrañeza de que "**somos pensados**". Los principales desarrollos freudianos, en torno a la herencia arcaica, son: el complejo de Edipo y el complejo de castración (dos universales que todo análisis debería trabajar). El superyó es el heredero del complejo de Edipo irresoluto, producto de la sedimentación de las adquisiciones culturales, indebidamente encauzadas; se incluyen las religiones y otras representaciones ambivalentes sobre el bien y el mal, en las que la conciencia moral toma la forma de Dios, desplazando a la figura paterna y se presenta como un garante del pensamiento, o protector, ante la sensación de desvalimiento frente al hiperpoder del destino.

Unos años antes, en 1882, Friedrich Nietzsche había enunciado la frase "Dios está muerto"; casi paralelamente, Albert Einstein (1879-

1955), **se opuso a la causalidad lineal** de la física clásica, dijo: "**Dios no juega a los dados**". Einstein nos invitó a pensar en **un sistema de entrelazamiento cuántico universal, con** unas **leyes cósmicas**, un cosmos ordenado; una "entelequia energética", llamada también Consciencia Cósmica, consciencia cuántica; un orden universal, físico-cuántico-relativista; eso es "**Dios**" para él y no un ser antropomorfo, mucho menos un padre "castrador, protector o gratificador". En consecuencia, existe un orden universal que no se explica a través de la física clásica; este orden se ajusta a las leyes cósmicas; en primer lugar, utilizaremos las formuladas por Einstein, la $E=mc^2$ (energía es igual a masa por velocidad de la luz al cuadrado), lo cual significa, entre otras cosas, que el tiempo y el espacio son relativos.

El mismo Max Planck sostenía, que los procesos subatómicos eran regidos por una fuerza o energía consciente: "*Como hombre que ha dedicado su vida entera a la más clara ciencia superior, el estudio de la materia, yo puedo decirles, como resultado de mi investigación acerca del átomo, lo siguiente: **no existe la materia como tal.** Toda la materia surge y persiste debido solamente a una fuerza que causa que las partículas atómicas vibren, manteniéndose juntas en el más diminuto de los sistemas solares: el átomo. **Debemos asumir que detrás de esta fuerza existe una mente consciente e inteligente. Esta mente es la matriz de toda la materia**".*

Unos años más tarde, el psicoanalista Wilhelm Reich (1897-1957), dice: "*Sé que lo que tú llamas «Dios» existe realmente, pero de manera diferente a lo que tú piensas*" (no como un ser antropomorfo, un padre) *[...] : sino como la primordial energía cósmica en el universo*", extracto del libro "Escucha tú, pequeño hombrecito" dónde continúa: "*Imitas mal al sabio y estupendamente al ladrón. Eres rápido en diagnosticar locura cuando te encuentras con una verdad que no te gusta.*" *[...] "Estás enfermo, no es culpa tuya. Pero es tuya la responsabilidad de curarte.*"

Tanto el Psicoanálisis como la Física Cuántica y la Teoría de la Relatividad, formularon conceptos que chocaron con el paradigma newtoniano cartesiano (mecanicista) y fueron incomprensibles e impensables para el sentido común, que continuó aferrándose a imágenes de deidades antropomorfas para intentar explicar el misterio de la vida. Por otro lado, la física cuántica expuso una descripción del mundo microscópico que en nada se parecía al de la experiencia diaria. De acuerdo con la mecánica cuántica, las partículas atómicas no se comportan como los objetos del mundo macroscópico, sino que tienen propiedades a la vez de partículas y de ondas. La teoría de la relatividad y la mecánica cuántica formularon una serie de principios que revolucionaron la Física Clásica hasta convertirla en física de nuestros días.

"Una nueva verdad científica no triunfa convenciendo a sus adversarios y logrando que vean la realidad, sino cuando estos finalmente mueren y les sustituye una nueva generación que ha crecido familiarizada con ella". [36]

La ciencia institucionalizada se ha vuelto **conservadora, los problemas fundamentales**, **permanecen ignorados** o son tratados como tabúes, relegados.

"Los adversarios más encarnizados de las ideas nuevas son aquellos que no las entienden." [37]

El Psicoanálisis debe cambiar

*"Nuestro contexto social y nuestro horizonte no es el de Freud ni el de Lacan. Ya no predomina en la ciencia la idea de simplicidad. **El movimiento y sus fluctuaciones** importan más que estructuras y permanencias. Otra **dinámica, "no lineal",** permite acceder a la lógica de los fenómenos caóticos. Esta **conmoción del saber se desplaza de la física hacia las ciencias de la vida** y la sociedad... Allí, donde en el*

---

[36]   Max Planck. Autobiografía (1968)
[37]   Albert Einstein.

siglo XVIII se veía un mecanismo de relojería y en el XIX una entidad orgánica, actualmente se ve un flujo turbulento."

Luis Hornstein. Ser analista hoy.

Los psiquiatras contemporáneos a Freud, racionalistas mecanicistas, consideraban que el sueño era la excrecencia del cerebro, algo inútil, un resto, un residuo de la actividad psíquica que debía ser evacuado junto a otras heces del "irracionalismo". Como todo error, como aquello que no encaja en el maletero, debía dejarse de lado, debía marginarse en aras del progreso eficaz del edificio oficial de las ciencias. Si no fuera por esa capacidad crítica y visionaria de Freud, **"el sueño"** nunca hubiera sido la piedra fundamental en la comprensión del psiquismo, la vía regia del acceso al continente desconocido, "el inconsciente", **aquel lugar en donde los traumas intentan elaborarse, y los deseos reprimidos pretenden realizarse.**

Freud no tuvo miramientos asépticos, supo quitarse la bata blanca impoluta del médico y ponerse el traje gris del explorador para adentrarse en el continente desconocido. Allí, donde los **mapas** de la ciencia oficial daban cuenta del **fin de la tierra racionalista**, él tuvo el coraje de adentrarse en búsqueda de un alivio para el sufrimiento humano. En este afán, se ocupó de otros **fenómenos psíquicos** que no eran tenidos en cuenta en el campo científico de aquel momento: ciertos fenómenos paranormales como la telequinesis, la premonición, la telepatía (a la que llamó transmisión de pensamiento), entre otros fenómenos.

Cuando Jung y otros discípulos intentaban hacer públicos los descubrimientos realizados sobre "hechos misteriosos", "ocultos", Freud alertaba sobre dos peligros: uno era que estaba lleno de "enemigos del Psicoanálisis" y que aparecerían si quitábamos el acento sobre la causación sexual de la patología para comenzar a hablar sobre ocultismo (1912); y otro peligro era caer en el **lodo negro del ocultismo, allí donde la locura encuentra santos y demonios, claves astrológicas**

para la felicidad y todo tipo de farsantes-manipuladores, disfrazados de médiums, que lucran con el sufrimiento humano.

Es decir, el temor de Freud no era quedar atrapado allí como piensan muchos, el miedo era que se lesionara el prestigio de su creación, que el Psicoanálisis en gestación fuera confundido con las magias adivinadoras y sanadoras, no únicamente por la crítica racionalista, sino porque los analistas en formación podían entrar en confusión. Hoy, gran parte de campo psi ha caído preso del lodo negro del ocultismo, y lo peor del caso es que los psicoanalistas ortodoxos han optado por ponerse el guardapolvo blanco, que Freud supo quitarse en 1880. El Psicoanálisis ortodoxo actual quiere enmarcarse en la práctica higienista del siglo XIX, no han escuchado a Discépolo decir que en el siglo XX estamos *"en el mismo lodo todos manoseaos"*[38].

> *"Es evidente que existe una **causalidad psíquica** específica **que no se puede reducir ni a la causalidad presente en las Ciencias naturales, ni a aquella otra que pudiera desprenderse de las Ciencias humanas. El Psicoanálisis contemporáneo** está en las fronteras, explorando "**continentes negros**", pero sin la perezosa pretensión de borrarlos"*[39].

La teoría que intenta transmitirse en muchas instituciones psicoanalíticas es la que más "**vende**", se pronuncia como "políticamente correcta" y **autoriza las perversiones** para entronizarlas en la vida pública; ecos de una práctica coagulada, obtusa y limitada por un superyó racionalista y por un "yo ideal", perverso y narcisista que está al servicio de los poderes de turno, excluyendo a los disidentes.

Por otra parte, y en el nombre de la razón: *"En las barbas de Jones"*, dice Elisabet Roudinesco en el diccionario de Psicoanálisis, que: *"Freud jugaba a adherir a la telepatía, para volver a una visión folclórica del Psicoanálisis"*, ya que éste se había medicalizado"...

---

[38] Cambalache, es un tango compuesto por **Enrique Santos** Discépolo.

[39] Ser Analista Hoy. Luis Hornstein.

A punto seguido, habla del *"juego al que se entregó Freud en las barbas de Jones"* [40], como si **Jones, "el de las barbas"**, fuera el **padre** y Freud el hijo. Esto nos deja entrever no solamente que, para Roudinesco, Freud adhería a la telepatía, sino que, en términos de conveniencia política, para ella y para un gran **"arco oficialista",** la voz cantante del Psicoanálisis termina siendo la de Jones y no la de Freud.

La transmisión en Psicoanálisis

Desde los comienzos, y durante toda su obra, Freud intentó integrar en la teorización sobre la constitución psíquica del sujeto, tanto las influencias ontogenéticas como las filogenéticas. Rezaba: *"No es fácil apreciar en su recíproca proporción la eficacia de los factores constitucionales y accidentales. El factor constitucional* (hereditario) *tiene que aguardar a que ciertas vivencias lo pongan en vigor; el accidental necesita apuntalarse en la constitución para volverse eficaz. En la mayoría de los casos es posible imaginar una "serie complementaria"* [...] *"la disposición es justamente la sedimentación de un vivenciar anterior de la especie, al cual el vivenciar más nuevo del individuo viene a agregarse como suma de los factores accidentales".* [41] *"Hemos hecho el supuesto de una psique de masas en que los procesos anímicos se consuman como en la vida anímica de un individuo. Sobre todo, suponemos que la* conciencia de culpa *por un acto, persistió a lo largo de muchos siglos y permanecía eficaz en generaciones que nada podían saber acerca de aquel acto. Un proceso de sentimiento, tal como pudo nacer en generaciones de hijos varones que eran maltratados por su padre, se continúe en generaciones nuevas sustraídas de ese trato justamente por la eliminación del padre"* [...] *"Si los procesos psíquicos no se continuaran de una generación a la siguiente, no existiría ningún progreso ni desarrollo alguno"* [...] *"La transmisión directa por la tradición, está lejos de cumplir con las condiciones*

---

[40]   Diccionario de psicoanálisis. E. Roudinesco, M. Plon.
[41]   Sigmund Freud: 1905: "Tres ensayos de teoría sexual"

requeridas" [...] [42] ***"Los dos desarrollos, el del yo y el de la libido, son,
en el fondo, heredados** [...] Las fantasías primordiales son un patrimonio filogenético. [...] la seducción infantil, la excitación sexual encendida
por la observación del coito entre los padres, la amenaza de castración (o,
más bien, la castración) fue una vez realidad en los tiempos originarios de la
familia humana".* [43] *"El niño echa mano de la vivencia filogenética toda vez
que su propio vivenciar no basta, llena las lagunas de la verdad individual
con una verdad prehistórica, pone la experiencia de los ancestros en lugar de
la propia. El complejo de Edipo, se cuenta entre los esquemas congénitos* [44] *"
[...] "Donde las vivencias no se adecuan al esquema hereditario, se llega a
una refundición de ellas en la fantasía, cuya obra sería por cierto muy pro-
vechoso estudiar en detalle".* [45]

¿Hasta dónde se remontan los hechos de la memoria colectiva a los
que se remite el yo cuando el propio vivenciar no basta?

Ferenczi, uno de los más brillantes discípulos de Freud, nos pone
en presencia de aquello que vive oscuramente en nosotros desde el
origen de los tiempos, inscripto en nuestro cuerpo, en nuestros gestos
y en nuestros mitos, en un libro, que es una "epopeya" filogenética,
llamado **Thalassa**. Allí explica el origen de la vida y la tragedia **o "catástrofe"**, no únicamente **filogenética** sino, además, **palingenésica,**
que comienza con el **desecamiento de los océanos, una** catástrofe
para la vida acuática, que es origen de la vida anfibia; y asimismo, **este
hecho explica:** por qué utilizamos nuestro **cuerpo para la simbolización mediante mecanismos de conversión, hipocondría o
fenómeno psicosomático;** *"nuestro cuerpo es lenguaje desde el
origen,* a raíz de los traumatismos y privaciones que afectaron a las
especies"* [46]. La palingénesis es la historia evolutiva de todas las especies; el humano reproduce, a partir del coito y de la fecundación, una

---

[42] Sigmund Freud: 1913: Tótem y tabú.
[43] Sigmund Freud: 1915/1916: conferencias de introducción al psicoanálisis.
[44] Sigmund Freud: 1918: El hombre de los lobos.
[45] Sigmund Freud: 1919: Pegan a un niño.
[46] Thalassa. Una teoría de la genitalidad. Sandor Ferenczi. Editorial Letra Viva. 1983

etapa larvaria, y luego branquial en el útero, como la salamandra en la Thalassa. Visto así, **el simbolismo del cuerpo es la expresión de la transformación de la sustancia viva alterada por los requerimientos del ambiente**.

La utopía de Freud, integrar la telepatía en el método psicoanalítico.

Freud: *"un hombre encantado por la utopía telepática", "desafiando las fuerzas oscuras propias de la humanidad para esclarecer los poderes subterráneos, con el riesgo de perderse por allí."*

Jean-Bertrand Pontalis, «La Rute du Lointain».

La telepatía es un término creado por Frederick Myers en 1882, a partir del griego tele ("lejos") y pathos ("emoción"), para definir la comunicación mental a distancia (o **transmisión de pensamiento**) entre dos personas que se **suponen en relación psíquica (transferencia)**. Hacia 1910, Carl Jung comienza a hablar en la Asociación de Psicoanálisis de: sincronía, telepatía, inconsciente colectivo y otros fenómenos llamados por aquel entonces "ocultistas". Freud le responde en una carta: ***"Me parece que tenemos que conquistar el ocultismo a partir de la teoría de la libido"***.

Jung, en "Recuerdos, Sueños, Pensamientos", escribió: *"Conservo aún vivo el recuerdo de Freud, diciéndome: "mi querido Jung, prométame no abandonar jamás la teoría sexual. ¡Es lo más esencial!, fíjese, debemos hacerla un dogma, un bastión inexpugnable". Me decía eso lleno de pasión y con el tono de un padre que dijera: "prométeme una cosa hijo: ve todos los domingos a la iglesia".*

Por esos tiempos, **Freud** también comienza a hablar de **telepatía** y otros fenómenos, pero intentando explicarlo desde el entendimiento y las premisas de la teoría psicoanalítica. Él comienza a llamar a algunos fenómenos que no se pueden "explicar" racionalmente, "**cosas sinies-**

tras", experiencias angustiantes diferentes a las "racionales": *"Aquella variedad de lo terrorífico que se remonta a lo consabido de antiguo, a lo familiar desde hace largo tiempo. Lo Unheimlich, **lo siniestro** [...] sería **aquella suerte de espantoso que afecta las cosas conocidas y familiares** desde tiempo atrás [...]«unheimlich» es, sin duda, el antónimo de «heimlich», íntimo, secreto, y familiar, **sería todo lo que debía haber quedado oculto, secreto, pero que se ha manifestado.** Provoca este sentimiento ante todo el tema del «doble» o del «otro yo», en todas sus variaciones y desarrollos; es decir: con la aparición de personas que a causa de su **figura igual** deben ser consideradas idénticas; con el acrecentamiento de esta relación mediante la **transmisión de los procesos anímicos de una persona a su «doble»** -lo que nosotros llamaríamos telepatía-, de modo que uno participa en lo que el otro sabe, piensa y experimenta; con la identificación de una persona con otra, de suerte que **pierde el dominio sobre su propio yo y coloca el yo ajeno en lugar del propio,** o sea: **desdoblamiento del yo, partición del yo, sustitución del yo;** finalmente con el **constante retorno de lo semejante, con la repetición de los mismos rasgos faciales, caracteres, destinos, actos criminales, aun de los mismos nombres en varias generaciones sucesivas...***

*El carácter siniestro solamente puede obedecer a que el «doble» es una formación perteneciente a las épocas psíquicas primitivas y superadas, en que el yo aún no se había demarcado netamente frente al mundo exterior y al prójimo; [...] que, por otra parte, nos recuerda la sensación de inermidad de muchos estados oníricos [...] "**la repetición involuntaria nos hace parecer siniestro, imponiéndose así la idea de lo nefasto, de lo ineludible,** donde en otro caso sólo habríamos hablado de «casualidad». Por ejemplo, que el número 62 se encuentra varias veces en un mismo día"...* [47]

El 3 de julio de 1919 se suicida el psicoanalista **Viktor Tausk,** uno de los mejores discípulos de Sigmund Freud. Luego de este suceso, Freud escribe **"lo siniestro".** Tausk mantenía una vida "licenciosa"

---

[47] Sigmund Freud: Unheimlich, Lo Siniestro. 1919.

y escandalosa en la que repetía algunos sucesos dramáticos, a los que Freud había prestado especial atención; pero, por cuestiones transferenciales, no quería psicoanalizarlo. **Tausk había estado en el frente de batalla en la Primera Guerra Mundial** y padecía "neurosis traumática", cuadro que Freud se encontraba teorizando, por lo que encomendó el análisis a Helene Deutsch. Tausk se había relacionado con distintos miembros de la Asociación Psicoanalítica y mantenía un vínculo estrecho con Lou Andreas-Salomé.

El 25 de enero de 1920 muere Sopié, de 26 años, la hija preferida de Freud; cinco días antes había muerto el mejor amigo de Freud, Von "Freund". Estos hechos traumáticos impactarán mucho en el genio freudiano y, a partir de allí, comienza a tener una perspectiva más amplia y sensible sobre el alma humana y sobre la cosmovisión científica; **meses después, publica "Más allá del principio del placer".**

En **1920, Wilhelm Stekel,** ya habiendo renunciado a la Asociación Psicoanalítica, sostiene que *el "fenómeno telepático" es favorecido en su aparición por el aporte de factores emocionales como el amor, los celos o la ansiedad.* La hipótesis de Stekel es la siguiente: *"cada individuo emite una energía de carga a su alrededor; por así decir, que lo impregna. Todos los acontecimientos de la vida se traducen en vibraciones y en radiaciones, que se propagan a su alrededor, es decir, lo cargan. Los individuos emanan el bien y el mal, el amor y la discordia".*[48] **En 1921 Freud intenta publicar "Psicoanálisis y Telepatía",** Jones y otros miembros de la Asociación presionaron y el artículo no se publicó hasta después de su muerte en 1941.

Luego de 1921 continuaron las discusiones en torno a las publicaciones freudianas; quienes deseaban la libertad intelectual ya se habían marchado de la Asociación de Psicoanálisis. Sigmund Freud continuaba intentando que su legado fuera fiel a "la verdad" descubierta en la clínica; el resto de los miembros solo querían realizar

---

[48] Wilhelm Stekel. *"El Sueño telepático 1920"*.

una práctica acorde a las demandas económicas y políticas. Freud no estaba en una buena situación económica para ese entonces, por lo cual fueron años difíciles en los que claudicó y su voz fue "filtrada". En 1923, comienza a tener dolores en su lengua y le diagnostican cierta alteración en los tejidos.

Correspondencia de Freud con Jones:

Jones: *"Usted podría ser bolchevique, pero no favorecería la aceptación del Psicoanálisis anunciándolo".*

Freud: *"Es verdaderamente difícil no herir las susceptibilidades inglesas". No veo ninguna perspectiva de apaciguar a la opinión pública en Inglaterra, pero al menos me gustaría explicarle a usted mi aparente inconsecuencia en lo que respecta a la telepatía". [...] "Cuando sostengan ante usted que he caído en el pecado, responda con calma que mi* **conversión a la telepatía** *es un asunto personal mío, como el hecho de que soy judío, de que fumo con pasión y muchas otras cosas, y que el tema de la telepatía es en esencia extraño al Psicoanálisis."* Correspondencia con Jones, 7 de marzo de 1926. **Durante ese mismo año a Freud le diagnosticaron un cáncer en la lengua que luego comenzó a expandirse.**

Recientemente, Elisabeth Roudinesco brindó una serie de seminarios en los que continuó haciendo gala de su tradición iluminista, "de las luces racionalistas francesas", sin enterarse de que hay conocimientos **transracionales** validados científicamente. Confundiendo **irracional** con el pensamiento mágico (pre–racional), dice: *"Freud, sin dudas, era un erudito racional y, por otro lado, tenía pasión por* **"los irracionales"** *la telepatía, las teorías complotistas, las falsas ciencias" [...] "un sabio que renuncia a toda forma de racionalidad para adherir a una falsa ciencia" [...]"Hay un nexo intrínseco entre la ciencia, las derivas de la ciencia, el cientificismo, y los delirios"* [49].

---

[49]   Si "los irracionales" fueran números, estaríamos hablando de algo asequible al estudio por la ciencia matemática, pero como se trata de "pensamientos", Roudinesco los margina, los intenta expulsar, desalojar cual representación inadmisible para la conciencia.

No explica estas últimas apreciaciones, pero siguiendo su línea de pensamiento, si Freud delira y se polariza en una "falsa ciencia", lo único que resta conjeturar de esa "basculación" en Freud, es sostener, que padecía un conflicto bipolar. Recordemos que 1921 es el año en el cual Freud "abdica" de publicar Psicoanálisis y telepatía. Dice Roudinesco: *mientras su doctrina se implantaba en todo el mundo y comenzaba a fijarse,* **Freud escapó de ella, perdiéndose en las ciencias ocultas.** Se metió en la aventura de la telepatía, de la transmisión de pensamiento; flirteaba con toda suerte de teorías."[...] *"Tuvo que haber una intervención muy fuerte de sus discípulos para impedirle caer allí".* ¿De qué discípulos habla Roudinesco? Jung y muchos otros habían renunciado al movimiento psicoanalítico por cuestiones políticas; pero, además, se marcharon, porque querían ocuparse de las llamadas "falsas ciencias". **Roudinesco repite lo que considera políticamente correcto para** seguir sosteniendo el dogma hegemónico, **amputando el espíritu freudiano.** La línea dominante del Psicoanálisis, ya en la era freudiana, había expulsado a los más importantes: a Rank, a Reich, a Stekel... y a otros tantos.

¿A quiénes se refiere Roudinesco cuando habla del grupo que salvó a Freud del delirio? En realidad se refiere a la línea dominante, a la ortodoxia, más que teórica, política y afín a los intereses anglosajones, a Ernest Jones. Roudinesco es considerada la historiadora "oficial" del Psicoanálisis, y está en guerra; su más palpable declaración es la titulada "La batalla de los 100 años". Dejando de lado su espíritu inquisidor, tomamos la siguiente afirmación: *"nunca las medicinas paralelas, de la neuropatía a la sugestología, como las múltiples psicoterapias, florecieron tanto en occidente desde que se pretendió negar la fuerza de la invención freudiana, para llevarla nuevamente a su incandescencia.* [50]

No parece que la "sugestología" tenga que ver con la negación de la invención freudiana; más bien, es un retorno a lo pre-racional, má-

---

[50] Roudinesco. Conferencia organizada por el Centro Argentino de Historia del Psicoanálisis, la Psicología y la Psiquiatría de la Biblioteca Nacional Mariano Moreno, el Instituto Francés y Penguin-Random House. Feb 2019.

gico-animista, producto del exceso de racionalismo. Para estos autores no hay términos medios ni grados, es un pensamiento discontinuista quebrado: o la madre ciencia o el oscuro ocultismo. Freud nos invitó a pensar que hay grises: el Psicoanálisis es la invención del gris; para responder los enigmas de la ciencia se nutre de los fenómenos ocultos (lo real). **El Psicoanálisis no es ni ciencia oficial ni superchería ocultista, es un gris, el gris invento Freudiano.**

En cuanto a los fenómenos telepáticos, llamados ocultos o paranormales, coincidimos con otros autores como Ken Wilber, en plantear que los "irracionales" o los transracionales, son procesos a tener en cuenta, y no todos deben confundirse con lo pre-racional (mágico animista). Sigamos a Freud en la descripción de lo que, en adelante, llamaremos **fenómenos transracionales**, como superación de los fenómenos pre-racionales (mágico-animistas) y de las limitaciones impuestas por la racionalidad mecanicista. El Maestro, en "Psicoanálisis y Telepatía", incluye distintas experiencias telepáticas o sueños premonitorios de sus pacientes, a los cuales considera personas lúcidas, no delirantes, y aporta interesantes detalles, que permiten darle entendimiento y verosimilitud, sin necesidad de ajustarlos al método cuantificable racionalista-mecanicista. *"Todo mi material se refiere exclusivamente a la inducción (o transferencia) del pensamiento, mientras que nada tengo que decir sobre los demás milagros que sustenta el ocultismo [...] sin embargo, cuán preñada de consecuencias estaría, con respecto a nuestro actual punto de vista, la sola admisión de la telepatía.* [51] *[...] "El Psicoanálisis ha descubierto un sumario de hechos telepáticos",* *[...] "El fenómeno de* **la inducción o transferencia del pensamiento** *es muy vecino a la telepatía y en verdad puede unirse a ella sin forzar mucho las cosas."[...]* **"ciertos procesos anímicos que ocurren en una persona -representaciones, estados de excitación, impulsos de la voluntad- pueden transferirse a otra persona a través del espacio libre sin el empleo de las consabidas vías de comunicación por palabras y signos".** ***"No se conoce el modo en que se***

---

[51] Psicoanálisis y Telepatía, 1921. Sigmund Freud.

establece la voluntad del conjunto en los "grandes estados" de insectos (léase colectivo de insectos). *Es posible que ocurra por la vía de esa transferencia psíquica directa". "Uno se ve llevado a la conjetura de que esta sería la **vía originaria, arcaica, del entendimiento** entre los individuos, **relegada** en el curso del desarrollo filogenético por los métodos mejores de la comunicación, con ayuda de signos, que se reciben mediante los órganos de los sentidos. Pero acaso el método más antiguo **permaneció en el trasfondo y podría imponerse aún bajo ciertas condiciones**; por ejemplo, en masas excitadas hasta la pasión. Todo esto es todavía inseguro y rebasa de enigmas irresueltos, pero no hay fundamento alguno para asustarse [...]* [52] *"**ciertos contenidos psíquicos como** el simbolismo **no poseen otra fuente que la** transferencia heredada" [...]*[53] *"El simbolismo se abre paso por encima de la diversidad de las lenguas" [...] "La conducta del niño neurótico hacia sus progenitores dentro del complejo de Edipo y de castración sobreabunda en [...] **reacciones que parecen injustificadas para el individuo y sólo se vuelven concebibles filogenéticamente, por la referencia al vivenciar de generaciones anteriores" [...] "La herencia arcaica del ser humano no abarca sólo predisposiciones, sino también contenidos, huellas mnémicas de lo vivenciado por generaciones anteriores.** Si suponemos la persistencia de tales huellas mnémicas en la herencia arcaica, habremos tendido "**un puente**" sobre el abismo entre psicología individual y de las masas" [...] "es de suyo que **el contenido de lo inconsciente es colectivo, patrimonio universal de los seres humanos.**[54]"*

La obra psicoanalítica se difundió por todo el planeta y fue interpretada de acuerdo con las distintas idiosincrasias, costumbres y vicios arraigados. También fue "revisada" e interpretada de acuerdo a los intereses de turno. En Estados Unidos, Edward Bernays, y Ana, la hija de Freud, realizaron acuerdos con el gobierno y sentaron las bases para

---

[52] Sigmund Freud: Conferencia XXX, Sueño y Ocultismo, 1932.
[53] Sigmund Freud: Análisis terminable e interminable, 1937.
[54] Sigmund Freud: Moisés y la religión monoteísta, 1938.

el desarrollo de la psicología del yo o Ego-Psicología. Jaques Lacan, durante los años 60 en Francia, se postuló como uno de los fieles representantes del legado freudiano y propuso el retorno a Freud, luego de las deformaciones que había sufrido el Psicoanálisis en Estados Unidos y otros países.

Jaques Lacan es partidario de "un" "**inconsciente" solamente referido** al "**discurso del Otro**"; su visión estructuralista coloca al sujeto en la cadena de un lenguaje "separativo"; aunque plantea una red significante, su concepción lingüística, reduccionista, elimina el nexo con "la cosa" y lo supone imaginario. De ningún modo planteamos un retorno a lo imaginario, sino una conexión con "lo real"; por otro lado, si hay un realce imaginario es porque desde que existe, "lo acumulado", una imagen vale más que mil palabras. A Lacan, el concepto de telepatía lo va a dislocar; la posibilidad de que exista un lenguaje "no separativo" le va a causar escozor y temerá por una desorganización psíquica, un delirio. Lacan piensa que dar lugar a conceptos no "racionales" nos convertiría en primitivos o salvajes, portadores del pensamiento "pre científico" o animista. Considera al ocultismo un "irracional", por eso va a criticar duramente a Freud: *"telepatía [...] hijo perdido, mendigo del pensamiento, de lo que se alardeaba, de la transmisión sin discurso, llega sin embargo el mito, el mito a cautivar a Freud, que no desenmascara al rey de esta corte de los milagros, cuya limpieza él anuncia"* [55] *[...] "Cómo es posible que alguien como Freud haya podido perseguir, en fin, con tal obstinación, la sombra de ese oculto que él consideraba como, hablando propiamente, una cavilación de imbéciles" [...] es justamente que Freud "era INCAUTO (DUPE) DE LO REAL* [56] *[...] "**Freud** se dejaba, de tiempo en tiempo, hablar al oído,** por lo que después se llamó fenómenos "psi"; a saber, **se metía a deslizar suavemente en el delirio.*** [57]

Freud no era ningún incauto, fue prudente **(Vorsicht) por obligación,** no jugaba a adherir a la telepatía, **sabía lo que hacía**; si el

---

[55]   Jacques Lacan: seminario 17, clase 11.
[56]   Jacques Lacan: Seminario 21 Clase 3.
[57]   Jacques Lacan Seminario 24 clase 7.

orden de **lo real**, para la filosofía Kantiana es "lo no accesible a la experiencia inmediata", no por eso es inexistente; es porque **existe la telepatía** y a Lacan le molesta que Freud no hubiera intentado evacuar al Psicoanálisis de ese "irracionalismo"; empresa a la que se dedicará infructuosamente Lacan, amputando arbitrariamente la obra freudiana, *"todo te tenía que arder cuando viste, moros en las costas, de cada palabra."*[58]

Freud siempre supo lo que hacía, pero tenía la humildad de los genios, y no, la soberbia que caracterizó a Lacan: ***"No soy de los que niegan por principio el estudio de los fenómenos psíquicos llamados ocultos, porque eso sería anticientífico e indigno de un hombre de estudio, incluso sería peligroso para el desarrollo de la ciencia". "Si me hallara en los comienzos de mi carrera científica, en lugar de estar en el final, tal vez no elegiría otro terreno de investigaciones, a despecho de todas las dificultades que presenta".*** Sigmund Freud, 24 de julio de 1921, dirigida a Howard Carrington, director del ***American*** Psychical **Institute.**

Dice Luis Hornstein en "Las encrucijadas actuales del Psicoanálisis", que*: "El Psicoanálisis fue la particular orquestación de Freud, de los saberes de su época". "Y el Psicoanálisis es hoy: o bien la **parodia** del freudiano"* (un núcleo de ideas rígidas disimulando su estereotipia con juegos de palabras, manierismos y neologismos)*, o bien algo que "se articula con los saberes de hoy, la ciencia de hoy y no la del siglo pasado".*

¿Cuál es la ciencia de hoy y cuál es la ciencia del siglo pasado? O quizás habría que decir del siglo antepasado, porque los postulados de la Física clásica permanecieron incuestionables hasta finales del siglo XIX y estamos en 2024; sin embargo, el sistema de pensamiento de algunas franjas poblacionales está anclado en las reflexiones de la vieja física o incluso previas; cuando, por otro lado, la Física de Partículas ha revolucionado todas las esferas del conocimiento, las cosmovisiones y los paradigmas.

---

[58] Por muchos lugares. Canción de Silvio Rodríguez.

El cambio de paradigma en la Física impacta en la Biología y en la Medicina

"La física relativista de Einstein (1905), ha sustituido a la newtoniana, los esquemas mentales extraídos del mecanicismo filosóficamente formulados en la epistemología cartesiana, ya no son válidos".

Gaston Bachelard.

La naturaleza sí procede por saltos. Decíamos que el concepto de **fuerza (física)** propuesto por Newton (1642-1727) **fue reemplazado por el concepto de "campo de fuerza"** (de los fenómenos electromagnéticos) de Maxwell, publicado en 1864, cuando describió que los campos $E=mc2$, al variar en el tiempo generan ondas de energía que se propagan a la velocidad de la luz, descubrimiento que llevó a admitir la luz como un fenómeno electromagnético.

Faraday estableció el concepto de campos eléctricos y magnéticos, descubriendo el fenómeno de la inducción electromagnética y el principio básico de la dínamo. Un magneto se origina ante una corriente eléctrica que circula en sus moléculas, el ejemplo más claro del **campo electromagnético** es el electroimán.

Algo más complejo es una dínamo, como la de los autos, es un dispositivo eléctrico, que al girar genera un campo electromagnético, y, a partir de allí, se carga de energía la batería del vehículo. Si extrapolamos el funcionamiento electromagnético del átomo (partículas girando en torno a un núcleo), o el funcionamiento de la dínamo, vemos que es de la misma manera, que se produce la energía electromagnética del campo terrestre. Al girar sobre un núcleo (que a su vez es excitado por el campo solar), produce la energía que mantiene el centro del planeta Tierra incandescente (si no el núcleo terrestre ya se hubiera enfriado) y, por otra parte, la rotación carga la ionósfera, que además, interacciona con el clima. Las tormentas geomagnéticas ejercen un efecto profundo sobre el movimiento y la orientación de las palomas y los delfines, los cuales utilizan el campo magnético de la tierra para navegar [59]. Los campos magnéticos son causados por el flujo de electrones y de iones. De allí, que cualquier cambio profundo de estos campos, puede alterar significativamente los procesos biológicos.

Los años 2011 y 2013 fueron años de actividad geomagnética y electromagnética inusual y por primera vez en la historia (gracias a internet) hay redes de observatorios meteorológicos amateurs y en ellos hay astrónomos y astrofísicos datando y teorizando el fenómeno. Las actividades geomagnéticas son inducidas por el sol, el cual produjo un máximo de actividad en esa época, en un ciclo que dura en promedio 11 años; allí se produjeron grandes eyecciones coronales o erupciones solares intensas, (comúnmente denominadas tormentas solares). Por otra parte, se supone que las actividades solares obedecen a otros ciclos superiores, galácticos o universales, que rigen las constelaciones y los astros, porque nada sucede aisladamente en el universo.

Las tormentas solares ejercen una excitación del campo electromagnético terrestre (como decíamos, quizás es por esa sinergia que el núcleo de la tierra arde y no porque está caliente, como piensa el mecanicismo). La elevación de los niveles de actividad electromagnética provenientes de la interacción del núcleo terrestre con la energía solar masiva, generan una carga en la ionósfera que se traduce en las auroras boreales y australes.

Además de incrementar las erupciones volcánicas, "las tormentas geomagnéticas ejercen una fuerte influencia en el funcionamiento cerebral" [60]. Esta correlación, se fundamenta también, porque se ha demostrado un paralelismo **entre las muertes por epilepsia**

---

[59] **Larina O.N.** Effects of space flight factor on recombinant protein expression in E. coli. In Biomedical Research on the Science/NASA Project. Abstract of the third U.S./Russian Symposium, Huntsville, Alabama, November 10-13,1997.

[60] **Babayev E.** Some results of investigations on the space weather influence on functioning of several engineering-technical and communication systems and human health. Astronom Astrophys Trans 2003.

y la elevación de los niveles de actividad electromagnética en la ionósfera, que generalmente son producidos por las tormentas solares [61].

La ciencia de hoy en día se sustenta en el paradigma cuántico relativista; su origen se dio con la unificación de la electricidad y el electromagnetismo. El término *teoría de campo unificado* fue introducido por Albert Einstein cuando trató en conjunto la gravedad y **el electromagnetismo**, dando origen a la **Mecánica Cuántica**. Previamente, Maxwell había publicado en 1864, lo que denominaremos *primera teoría unificada*.

Las **leyes** que rigen **el magnetismo** son **universales, ejemplo:** "la **atracción y repulsión**", "**la polaridad**" (lo que le menciona Freud a Einstein en su carta de la guerra); y se aplican a los metales, a otros minerales, a la organización de los fenómenos subatómicos, a la organización del vuelo y a la migración de los pájaros, a ciertos **fenómenos psíquicos**, e incluso a ciertas **interacciones sociales** del inconsciente colectivo, por ejemplo a la "polarización" (antagonismos, lucha de clases, etc.).

> *"Cuando comenzaron las incursiones más allá de los límites de la percepción ordinaria, en el micromundo de los procesos subatómicos y en el macromundo de la astrofísica, el modelo newtoniano-cartesiano pasó a ser insostenible y tuvo que ser superado".* [62]

Surge así, un nuevo concepto, la **Mecánica Cuántica**, establece una **relación entre la materia y el magnetismo**: el **electromagnetismo**, que a nivel subatómico se describe de la siguiente forma: el electrón crea un campo magnético electrónico orbital al girar alrededor del núcleo, y a su vez, rota sobre sí mismo (al igual que la tierra en relación

---

[61]   Persinger MA. Sudden unexpected death in epileptics, following sudden, intense increases in geomagnetic activity: Prevalence of effect and potential mechanisms. Int J Biometeorol 1995.

[62]   Stanislav Grof PSICOLOGÍA TRANSPERSONAL Nacimiento, muerte y trascendencia en psicoterapia.

con el sol y sobre sí misma); y de su interacción con los otros elementos orbitales, forma un campo magnético adicional o campo magnético del "espín electrónico".

El "momento magnético en un átomo", es igual a la suma de los momentos magnéticos orbitales del electrón y del espín; el discípulo de Einstein y "socio teórico de Carl Jung", Wolfgang Ernst Pauli, en 1925, formula el **principio de exclusión**: el dipolo del espín electrónico se anula cuando los electrones orbitales son pares, de igual modo, hay un magnetismo nuclear y dipolo del espín nuclear, con un **momento magnético** igual o diferente a cero, según que: la carga eléctrica de la masa del núcleo, sea par o impar. **La carga nuclear está formada por la suma de protones y neutrones que, si es par, su momento es cero y no hay campo magnético nuclear, y si es impar**, el momento magnético del espín nuclear, **tendrá carga definida.**

En cuanto al fenómeno electromagnético, por ejemplo: las fuerzas inter-atómicas determinantes del ferromagnetismo (atracción del hierro), se deben a cambios en la dirección del espín electrónico, que se disponen por la acción de fuerzas "cuánticas"; si el paralelismo disminuye por neutralizar estas fuerzas, el cuerpo cambia a paramagnético y pierde su ferromagnetismo.

Ya sabemos que la energía proviene del sol e interactúa con el núcleo terrestre, generando la ionósfera; asimismo, se producen campos electromagnéticos por la acumulación de cargas eléctricas en determinadas zonas de la atmósfera, que interaccionan con las corrientes oceánicas, formando ciclones y anticiclones, que originan las tormentas. El campo magnético terrestre provoca la orientación de las agujas de las brújulas y otros instrumentos de medición, en dirección Norte-Sur, que los pájaros y los peces utilizan para orientarse.

En cuanto al fenómeno principal que nos ocupa, el electromagnetismo, es necesario que hagamos algunas aclaraciones, siendo que se denomina **espectro electromagnético** a la distribución energética del conjunto de las ondas electromagnéticas. El electromagnetismo está referido e involucrado en una serie de fenómenos básicos.

Referido a un objeto: el espectro electromagnético, **o "espectro" (fantasma)** es la **radiación electromagnética** que emite un cuerpo animado o inanimado espectro de emisión, o, que el mismo absorbe (espectro de absorción).

La energía electromagnética: o paquete de información, posee una determinada longitud de onda, tiene una frecuencia y una determinada **energía de fotón (intensidad o quanto)**. Las ondas electromagnéticas de **alta frecuencia** tienen una longitud de **onda corta** y **mucha energía,** mientras que las **ondas de baja frecuencia tienen altas longitudes de onda y poca energía**.

Espectro Electromagnético:

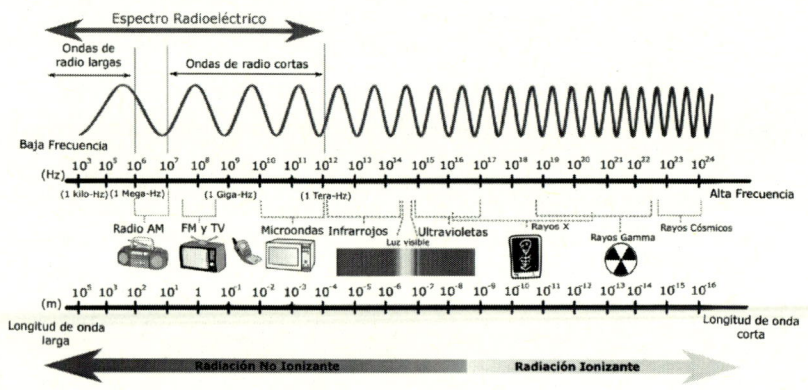

Fuente: Nueva Escuela Mexicana [63]

La radiación infrarroja se asocia, generalmente, con el calor (cuerpos que generan calor como el microondas); por encima de estas radiaciones, se encuentra la luz visible, y por debajo, la ultravioleta.

La **frecuencia** describe el número de oscilaciones o ciclos por segundo que pasan por un punto imaginario. Se mide en ciclos o hertzios (Hz), mientras que, la **longitud de onda** es la distancia entre una

---

[63] https://nuevaescuelamexicana.sep.gob.mx/detalle-ficha/30879/

onda y la siguiente. **Cuanto mayor es la frecuencia, más corta es la longitud de onda**, es decir: baja vibración y alta vibración.

La electricidad en movimiento es el electromagnetismo, las ondas electromagnéticas no necesitan de un medio físico para propagarse. Nicola Tesla sostuvo que el universo es "un éter iónico" que permite el desplazamiento de los procesos energéticos subatómicos. **Los átomos crean un campo eléctrico y magnético oscilante o espectro de radiación** (EM), y según produzcan o no pares iónicos, son **llamados radiaciones** ionizantes o no ionizantes. La desintegración espontánea de los átomos se denomina radiactividad, y la energía excedente, emitida, es una forma de radiación ionizante.

Los electrones son los elementos de intercambio de energía entre los distintos niveles, y son los encargados de mantener unida a la materia; en sus movimientos crean vibraciones, o sea, ondas electromagnéticas. En cualquier estructura, estas vibraciones se combinan para formar una frecuencia compuesta, la cual se conoce como frecuencia natural.

En música, se considera que **una octava es la distancia entre un sonido y otro, que vibra exactamente al doble de su frecuencia**. Esto representa **un armónico**, en tanto en los fenómenos electromagnéticos, **los armónicos** (por ejemplo, dentro de una molécula), **resuenan a una frecuencia directamente proporcional a la fuerza de un campo magnético ejercido,** de acuerdo con la ecuación de la frecuencia de precesión de Larmor. Podría decirse, que la frecuencia proporcional electromagnética de Larmor, es un **armónico electromagnético**, como sostiene Asimov: *"Al igual que las ondas de sonido, la radiación electromagnética puede dividirse en octavas"* [64].

Las radiaciones o **"frecuencias electromagnéticas naturales"**, es decir, el núcleo terrestre, la ionósfera, el sol o las radiaciones cósmicas, las simples formaciones minerales en las montañas, los cursos de agua, etc.; y las radiaciones o **"frecuencias electromagnéticas artificiales"**

---

[64] Asimov, Isaac. Isaac Asimov's Book of Facts. Hastings House/Day Trips Publ. 1992.

como las de un microondas, generan campos electromagnéticos oscilantes o radiación electromagnética, que interacciona con los átomos de los seres vivos e inciden en la química y en la morfogénesis y por ende, en la salud y la vida reproductiva de los mismos. Así vemos, que la energía electromagnética es emitida en forma de ondas, por fuentes tanto naturales como artificiales. **Los campos electromagnéticos naturales del mundo inanimado influyen e interpenetran recíprocamente las diferentes formas electromagnéticas de los sistemas biológicos tales como células, plantas y animales.**

Si pudiéramos expandir nuestra visión hacia los confines intergalácticos, veríamos la danza electromagnética del Cosmos; si pudiéramos extender nuestra visión hacia los mundos microscópicos dentro nuestra esfera celeste, veríamos "mundos dentro de otros mundos" y, podríamos comprobar, que en la naturaleza hay ritmos de regulación, de repetición-perpetuación vitales, oscilantes, vibratorios, una **sinfonía electromagnética**. Estos **ciclos de pautas vibratorias y capas de información fractal** se encuentran bastante estudiados. Un ejemplo es el ciclo celular, (la propia membrana celular interacciona con el entorno por un equilibrio electroquímico, el campo electromagnético de la célula se origina en el intercambio iónico. En las mitocondrias, los citocromos de la cadena respiratoria son aceleradores de electrones.

Los ritmos endógenos se sincronizan con los ritmos exógenos (cósmicos), como el día y la noche o las estaciones; la luz solar (radiación electromagnética) es el sincronizador principal de estos ritmos.

Los fenómenos electromagnéticos en el cuerpo humano. El origen, lo morfogenético

En el organismo humano se produce electromagnetismo debido a las reacciones químicas de las funciones corporales normales y a la interacción con otras fuentes de electromagnetismo. Además de la extensa red de comunicación nerviosa que conecta al corazón con el cerebro y con el resto del cuerpo, **el corazón también transmite información al cerebro y al cuerpo a través de su propio campo electromagnético.** El voltaje del impulso nervioso es de una intensidad de 100 milivoltios, con una frecuencia de 300 impulsos por segundo.

> *"El componente eléctrico del campo del corazón, penetra en cada célula del cuerpo. El componente magnético es aproximadamente 5000 veces más fuerte que el campo magnético del cerebro* [65]*."*

El electromagnetismo cardíaco puede ser detectado a varios metros de distancia del cuerpo con magnetómetros sensibles. Científicos del Instituto de Heartmath llevaron a cabo un estudio sobre el corazón y la interacción del cerebro, examinando cómo el corazón y el cerebro se comunican entre sí y cómo eso afecta a nuestra conciencia y a la forma en que percibimos nuestro mundo.

Podemos confirmar la hipótesis, que formuló en 1920, el psicoanalista **Wilhelm Stekel**: *"cada individuo emite una energía de carga a su alrededor; que por así decir, lo impregna".*

Los animales, al igual que las plantas, interaccionan con las fuentes de luz y con los campos electromagnéticos. Todas las formas de vida tienen material magnético, **"biomagnetita"** y, en el hombre, está mayormente dispuesta en la base del cráneo, donde cuenta con una concentración en forma de **magnetosomas.**

En 1975, Richard P. Blakemore, en la Universidad de Massachusetts, descubrió que algunas **bacterias** tienen un **sentido magnético,** y, que se orientaban de norte a sur; las llamó magnetostáticas. Posteriormente, se encontraron estructuras de sensores magnéticos en abejas, pájaros, palomas y primates. En las ratas, en la parte anterior de la cabeza, junto a la región olfativa; en regiones de la cabeza del delfín

---

[65] Henry R.C., profesor de Física y Astronomía de la Universidad de Johns Hopkins. Revista Muy Interesante, México, 30 MAYO, 2018.

y de otras especies animales, en la hoz del cerebro, entre cráneo y la duramadre.

En 1992 J. L. Kirschvink publicó el hallazgo de cristales de magnetita en el cerebro humano.[66] Los magnetosomas están rodeados de terminaciones nerviosas y de óxido férrico, ubicados cerca de la hipófisis, en los senos etmoidales y en la glándula pineal.

En el cerebro humano, el núcleo ferromagnético interacciona con el magnetismo medioambiental, con otros ciclos biológicos y con las micropulsaciones del campo magnético terrestre, que son oscilaciones de corto período, causadas por la interacción del campo electromagnético solar con la magnetosfera.

La glándula pineal en los mamíferos es el reloj biológico, que se interrelaciona con ritmos circadianos "endógenos" y exógenos, como por ejemplo la luz [67]. También el geomagnetismo sincroniza los ritmos pineales; es una interacción electromagnética como la del sol, pero de menor intensidad. Demaine y Semm [68], en 1980, mostraron la influencia de campos magnéticos artificiales sobre la actividad espontánea de los pinealocitos en la cobaya y en la rata. En las ratas, la melatonina es la hormona mensajera de la glándula pineal y las enzimas de su síntesis disminuyen, en presencia de campos magnéticos artificiales.

La glándula pineal se encuentra, en la parte superior del **sistema límbico, o, cerebro emocional; este núcleo es el que articula los impulsos del cerebro primitivo, y el cerebro superior o neocórtex. Por otra parte,** *es el centro que combina en equilibrio ambos hemisferios cerebrales,* **última adquisición filogenética.** Según la palingénesis, es decir, la evolución de otras especies anteriores, **la glándula pineal es un "ojo parietal"**, los pinealocitos, derivan de células fotorreceptoras sensibles a la luz, que evolucionaron a células de secreción interna. Actualmente, esta glándula es considerada el reloj biológico de gran cantidad de especies de animales; en los humanos es

---

66 Magnetite biomineralization in the human brain J. L. Kirschvink 1992
67 Pineal: Endocrine and Nonendocrine Function (Prentice Hall Advanced Reference Series) Binkley, Sue.
68 The avian pineal gland as an independent magnetic sensor, Demaine, Semm.

del tamaño de una lenteja, y se encarga de iniciar la secreción de los factores liberadores de neurotransmisores hipotalámicos, que son los encargados de la regulación de todo el sistema neuroendocrino.

La pineal es una **interfaz moduladora neuroendocrina**, ya que todas las hormonas del sistema interno son neuromoduladas, procediendo de esta lentejita. Es un núcleo con forma de piña en miniatura, que relaciona hábitos de comportamiento y ciclos reproductores, con los ritmos fotoperiódicos, lumínicos o circadianos exógenos. **Es el magnetoreceptor principal**, puesto que **recibe información electromagnética del entorno** en general (sería funcional al fenómeno telepático), y la comunica al hipotálamo para ser convertida en los factores liberadores de neurotransmisores.

El descubrimiento de que las células emiten luz de baja intensidad o radiación electromagnética, nos ha permitido comprender los principios básicos de la evolución biológica. Ya llevamos varias décadas desde que se comprobó en laboratorios el influjo del "**medioambiente electromagnético**" en la evolución de la vida y se ha detectado su influencia en la nutrición, en la división celular, e incluso interactúa junto a otros factores en el desarrollo del cáncer (epigenética, transmetilación del ADN).

Hoy sabemos que la luz juega un papel fundamental en los procesos moleculares invisibles. En el microcosmos molecular, las reacciones químicas son posibles a partir del intercambio de fotones; hay "luz" en las transferencias de informaciones biológicas, a ritmos específicos, hay **coherencia cuántica**. Estos avances han permitido poner fin a la disociación entre la biología y la física, en ciertos estratos del paradigma científico.

A principios del siglo XX, Alexander Gurwitsch, biólogo soviético, formuló la teoría del "**campo morfogenético**" (del griego **morphe "forma", campo generador de la forma**); él descubrió que la orientación y la división de las células era aleatoria a nivel local, pero que se hacía coherente por "**un campo general**", que obedecía a las normas regulares, formulado en la "ley del cuadrado inverso". En 1923, observó por primera vez a los **"biofotones"** o **emisiones de fotones biológicos: ondas electromagnéticas**. Gurwitsch nombró al fenómeno **"radiación mitogenética"**, debido a que **esta energía permitía al campo morfogenético controlar el desarrollo embrionario**. En 1941, recibió un Premio Stalin, por su trabajo de "radiación mitogenética", ya que, aparentemente, había conducido a una forma barata y sencilla de diagnosticar el cáncer.

En 1954, los italianos L. Colli y U. Facchini, constataron que también los embriones de diversas semillas de cereales, emiten luz. En 1974 Dennis Gabor, -descubridor del principio de la holografía- reprodujo los experimentos de Gurwitsch, y, por otra parte, demostró que los fotones aislados, pueden desencadenar la multiplicación celular, las células transmiten información mediante la luz, en la banda de radiaciones ultravioleta.

En 1974, S. Kaznatchejev y su equipo, observaron, que los grupos de las células inmersas en una solución nutritiva, (previamente dispuestos en dos recipientes de cuarzo cercanos, pero sin contacto entre ellos) reaccionaban de la siguiente manera: cuando uno de los cultivos se contaminaba con un virus, en forma simultánea, las células de la colonia contigua enfermaban también. Ese mismo fenómeno se produjo cuando, en uno de los recipientes, las células fueron destruidas por dosis de radiación ultravioleta o envenenadas. En cada ocasión, las células del recipiente vecino, mostraron los mismos síntomas, y eso a pesar de que ambos recipientes estaban aislados por cristales de cuarzo. Cuando se utilizó vidrio en lugar de cuarzo, las células quedaron protegidas, y no hubo transferencia de la acción patógena; por tanto, la misma no pudo deberse a los productos químicos ni a los virus introducidos en el primer cultivo; de hecho, estos no se encontraron en el cultivo vecino.

Posteriormente, Mc Clare calculó y comparó la eficiencia de la transferencia de información entre las emisiones energéticas y las químicas en los sistemas biológicos, y comprobó que las señales de energía, tales como **las frecuencias electromagnéticas, son cientos de veces más eficientes** para transferir información ambiental **que las señales químicas, como las hormonas,** los neurotransmisores, los factores de crecimiento, etc. [69]

El fenómeno eléctrico y lumínico que interpenetra los sistemas vivos fue denominado: radiación electromagnética o mitogenética hasta que en 1975 Fritz-Albert Popp, acuñó el término **biofotón**. Mediante la medición de la intensidad de emisiones electromagnéticas en la superficie de los tejidos vivientes, pudo conceptualizar a dichas partículas y determinar que se distribuyen entre 10 y 1000 unidades por centímetro cuadrado y por segundo.[70] Popp confirma, igualmente, que la célula emite radiación electromagnética coherente; ese efecto proviene de una resonancia entre los fotones (de una emisión de luz exterior). El campo electromagnético emitido por el ADN del organismo viviente completo, puede manifestar sus efectos a distancia, lo que lo distingue de las reacciones químicas. Las radiaciones de las células próximas a su muerte, se intensifican antes de extinguirse definitivamente. La lesión provocada a cualquier planta, hace que la radiación celular aumente en otras plantas vecinas.

Rattemeyer y otros, mediante un fotomultiplicador que captura la luz, lograron contar el número de fotones y graficar la cantidad de luz emitida y demostraron, que **los biofotones son almacenados y emitidos por el ADN del interior de la célula.** Cuando el organismo está enfermo o es alterado, se producen cambios en la emisión de estos biofotones. Otros investigadores descubrieron que la luz emitida por los dinoflagelados actúa en coordinación con la de los vecinos e intercambian información en sincronía.[71] Creath y Schwartz demostraron

---

[69]   Mc Clare CWF. Resonance in Bioenergetics. Ann N Y Acad Sci 1974.

[70]   (Rattemeyer M, Popp FA, Nagl W. Evidence of photon emission from DNA in living systems. Naturwissenschaften 1981).

[71]   Jibu M, Hagan S, Hameroff S, Pribram KH, Yasue K. Quantum optical coherence in cytoskeletal microtubules: implications for brain function. Biosystems 1994.

que **la intención generaba luz**, en tanto, **los seres humanos son receptores y emisores de señales cuánticas** [72].

Estos desarrollos dieron lugar a la biofotónica y la biofísica, que estudian el espectro de las emisiones luminosas. Se han podido comprobar procesos de reparación del ADN, cuando es expuesto a la radiación ultravioleta, comprobando también, que los animales rudimentarios o las plantas, emiten alrededor de 100 fotones por centímetro cuadrado cada segundo, con una longitud de onda de 300 a 800 nanómetros (correspondiente al rango visible). La emisión de biofotones está en la interacción de todos los procesos celulares.[73]

Semyon Kirlian y su esposa Valentina desarrollaron la fotografía Kirlian; descubrieron que cuando a un tejido viviente se coloca sobre una placa de material aislante, y se expone a un campo electromagnético, origina un halo o "aura", de luz alrededor del objeto, que puede ser fotografiado; a su técnica se le denominó bioelectrografía. [74] Luego, Korotkov, siguiendo las observaciones de los Kirlian, desarrolló un mecanismo que forma una imagen en tiempo real del halo o aura, también denominado ¨biocampo¨; comprobó, además, que las emociones intensas producen como efecto una descarga de electricidad, de luz.[75]

En cuanto a la interacción del electromagnetismo en el cerebro humano, se corroboró, experimentalmente, que las señales eléctricas de los cerebros están sincronizadas. En estudios realizados en gemelos idénticos, cuando un gemelo cierra sus ojos, su cerebro comienza a generar ondas alfa; el cerebro del otro gemelo también emite ondas lentas, aunque sus ojos permanezcan abiertos. [76] Wackerman y otros,

[72] Creath K, Schwartz GE. What biophotonic images of plants can tell us about biofields and healing. J Scienti Explorer 2005.

[73] Cohen S, Popp FA. Biophoton emission of the human body. J Photochem Photobiol B 1997.

[74] Fotos Kirlian y Alma Humana. Navallas Daniel. 1995.

[75] Korotkov K. Human Energy Field: study with GDV bioelectrography. Backbone publishing, NY. 2002.

[76] Duane TD, Behrendt T. Extrasensory electroencephalographic induction between identical twins. Science 1965

demostraron que cuando se estimula de determinada manera al humano "transmisor", se producen ondas eléctricas cerebrales de alta amplitud y en el mismo momento, el "receptor" también humano y situado a distancia, registra idénticos patrones de ondas cerebrales. [77] Grinberg-Zylberbaum, y otros, utilizaron destellos de luz y observaron que los patrones del cerebro del "transmisor", evocados por la luz, se repetían en el cerebro del "receptor", quien se encontraba en una habitación blindada eléctricamente a 14 metros del "transmisor". [78] Por otra parte, el estado emocional del "transmisor" es registrado también en los intestinos del "receptor" sin que medien los otros centros receptores, como lo han demostrado Radin y Schlitz. Recientemente, la medicina ha denominado al aparato digestivo superior **"sistema nervioso entérico", con una inteligencia propia y capaz de responder a los estímulos ambientales sin que intermedie el cerebro.** Radin y Schlitz sostienen que **nuestros estados emocionales son constantemente capturados e "imitados" o empatizados por aquellas personas cercanas.** [79]

Automatismo de repetición y entrelazamiento cuántico.

La ley de la relatividad E=em²: nos ha enseñado que **la luz** es un **campo electromagnético (vibración)**, entidad que se desplaza en el espacio en forma de ondas al igual que las ondas de radio o los rayos cósmicos, (con sus respectivas frecuencias / longitudes de onda) , que viajan a 300000 km/s, velocidad que de superarse podría permitirnos

---

[77] Wackermann J, Seiter C, Keibel H, Walach H. Correlations between brain electrical activities of two spatially separated human subjects. Neuroscience Lett 2003.

[78] Grinberg-Zylberbaum J, Ramos J. Patterns of interhemispheric correlations during human communication. Int J Neuroscience 1987.

[79] Radin DI, Schlitz MJ. Gut feelings, intuition, and emotions: An exploratory study. J Altern Complement Med 2005.

viajar en el tiempo. En 1915, Einstein demostró matemáticamente que **los campos electromagnéticos son entidades capaces de desplazarse en el espacio según $E=em^2$**, como ya vimos, de esta manera se desmantelaron los constructos sólidos y lineales de la física clásica.

En la nueva física de partículas, en la Física Cuántica, el espacio no es tridimensional y **el tiempo no es lineal**, y esto, es lo más difícil de comprender, ya que el **tiempo no fluye de un modo uniforme, "lineal" o causal**, sino que depende de la posición del observador, "**relativa**". La causa del tiempo y el movimiento, dependen del entrelazamiento dinámico de la red interestelar, es "multicausal". **El tiempo y el espacio no tienen entidad por separado, están íntima y misteriosamente entrelazados, formando un continuo llamado "espacio-tiempo"**; su estructura es concebida de manera cuadridimensional y está constituida, por una red de cuerdas o "telarañas" fractales, en donde los objetos sólidos son una apariencia. En realidad, los objetos "sólidos", son concentraciones de energía, están conformados por vibraciones de distintas frecuencias e interconectados con el "continuo" "espacio-tiempo".

A partir de 1905, se comenzó a teorizar sobre la influencia de los objetos masivos en la relación espacio-temporal: los agujeros negros y otros objetos de "gran masa", producen variaciones en el campo de gravitación, atrapando la luz y curvando el espacio, lo que modifica, además, al tiempo, haciéndolo fluir a ritmos diferentes, relativos.

La concepción del espacio vacío es una ilusión creada por la física clásica, la nueva física demostró que el vacío está constituido por zonas con escasas concentraciones de energía, (invisibles al ojo humano). Por otra parte, "la materia sólida", también, es una apariencia; su manifestación ocurre en aquellas regiones del espacio en donde el campo electromagnético (EM), es muy intenso (con alta concentración de energía). Así, la totalidad de la estructura espacio-tiempo depende de la distribución de la energía; Einstein demostró que la materia es energía condensada, y cuando adquiere una elevada concentración, tiende a deformar la estructura del espacio-tiempo, creando un "pozo gravitatorio", concepto estudiado por la astrodinámica.

"Dado que la teoría de la relatividad general implica la representación de la realidad física por un campo continuo, el concepto de partículas o puntos materiales no puede desempeñar un papel fundamental, ni tampoco el concepto de movimiento".

Albert Einstein.

El aparente mundo de los objetos sólidos de la Física Clásica, se ha difuminado en la red fractal de **ondas probabilísticas, de la Física Cuántica**, en ella, las partículas subatómicas no pueden ser descritas sin la referencia a sus interconexiones; es decir, **"las cualidades significantes** (o propiedades de las partículas) **provienen de la red, del entrelazamiento cuántico con otras partículas"**, al igual que en la lingüística estructuralista, el significante en cuanto tal no significa nada, sino que el significado lo adquiere de la red del lenguaje. En la física cuántica de Einstein, el espacio entre las partículas es una abstracción, porque éstas no pueden ser separadas del espacio circundante, ya que ese aparente vacío entre ellas, sólo significa una menor concentración de energía: por lo tanto, en la totalidad de la estructura del espacio-tiempo, se encuentra presente un **campo continuo**.

La energía es atemporal y el tiempo crea la ilusión de solidez, **las ondas probabilísticas,** representan, la "probabilidad" de que sucedan ciertas **interconexiones entre determinados sucesos**, es decir, **"el entrelazamiento cuántico"**; concluimos así, que **la estructura del universo es una tela infinita de sucesos relacionados**. En 1940, la Electrodinámica Cuántica (QED), descubrió que las **partículas subatómicas** tienen una paradójica **doble naturaleza**; según la organización de la situación experimental, (experimento de la doble ranura), **aparecen, en unas ocasiones, como partículas y en otras, como ondas**. Werner Heisenberg, en 1927, formuló el **"Principio de Indeterminación" de la nueva física,** en la que **"el observador modifica**

lo observado": la presencia del instrumento de medición, o del sujeto experimentador, produce el colapso de la función de onda, en tanto modifica el comportamiento de las partículas). Notamos entonces, en **la naturaleza de la luz,** que ésta es un paquete de información; en algunas oportunidades se manifiesta como *campo electromagnético "onda"* y en otros como energía cuántica **"partículas"** (fotones), dependiendo del método de observación-comprobación (pues la variación también se produce por el hecho de "ver" la interacción de las partículas con el instrumento de medición). **La onda genera el efecto de refracción, mientras que la partícula interacciona con la materia transfiriendo energía (cuanto de luz);** de este modo se distingue, en "términos prácticos", a la **luz** como **frecuencia** y, al **fotón,** como **energía cuántica.** La teoría adquiere su corolario en 1941, cuando Heisenberg en "La interpretación de Copenhague" incorpora el **"principio de indeterminación", el cual reza** que las partículas pueden comportarse como ondas y viceversa; además, que no se puede conocer simultáneamente y con precisión: la posición y el momento de una partícula. (Para ampliar: ver experimento de la doble ranura o rendija).

Decimos, entonces, que el fotón es una partícula que no tiene masa, en cambio, es un paquete de energía; la "constante de Planck" es la fórmula que define la cantidad de luz, que puede transportar un fotón. "La luz visible" de la emisión solar, posee una longitud de onda de 400 nanómetros, es "cuantificable" y traducible no solo a leyes de validez universal sino a quántums de energía. Desde que se inventó la célula fotoeléctrica (paneles solares), la estamos aprovechando en beneficio del planeta.

El sonido se expresa como onda en la colisión entre las moléculas del aire. La luz es una energía en la que hay movimiento, pero no de moléculas, es más sutil *"ingrávida y gentil como pompa de jabón";* tiene su expresión en el micromundo de las órbitas atómicas, allí **el electrón no transita el espacio entre las dos capas energéticas para moverse de una a otra, sino que da un "salto cuántico"** sin sucesos intermedios, **el electrón salta de una órbita de un nivel energético bajo, a otro de mayor carga, de modo instantáneo, generando la emisión de energía.**

Los saltos cuánticos, entonces, son la causa de la emisión de la radiación electromagnética, incluyendo la luz, estos sucesos ocurren en todas las partículas subatómicas. **El fotón es la partícula elemental, un intermediario de las interacciones entre las otras partículas subatómicas, responsable de las manifestaciones cuánticas del fenómeno electromagnético.**

Las partículas subatómicas descubiertas hasta la actualidad, son 12: electrones, protones, quarks, muones, neutrinos, entre otras. Estas partículas subatómicas son portadoras de **los fenómenos electromagnéticos que viajan en el espacio "vacío".** Si bien los electrones dan un salto cuántico para luego propagarse como fotones o cuantos de luz, el vacío existe únicamente en los términos de la física clásica. En física cuántica, en lugar del espacio vacío compuesto por "la nada", se piensa en un el "éter iónico" que Tesla denominó Akasha, allí se producen distintos fenómenos de concentración y propagación de la energía que rigen la **no localidad y el entrelazamiento cuántico.**

La expresión "**salto**" cuántico fue utilizada por Einstein para referirse al fenómeno de emisión de luz a partir **de partículas subatómicas**; pero posee además una connotación filosófica porque el fenómeno cuántico "**contradice**" el principio filosófico repetido por Isaac Newton y Gottfried Leibniz: que *Natura non facit saltus* ('**La naturaleza no procede a saltos**').

> *"La mecánica cuántica es ciertamente imponente. Pero una voz interior me dice que aún no es real. La teoría cuántica dice mucho, pero en realidad no nos acerca más al secreto del Viejo (Dios). Yo, en todo caso, estoy convencido de que Él (Dios) no juega a los dados."*

> **Albert Einstein.**

Los criterios de demarcación cartesianos, que separaron al saber "científico-racionalista" del "pre científico o infantil", deben superarse, ya que existe una "**lógica superior, jerárquica, global e integral**". El "**determinismo mecanicista** newtoniano de **causalidad lineal**" y el "**dualismo mente cuerpo**" de René Descartes, que solamente concibe **determinaciones** ambientales "**locales**", debe cambiar, porque **hay una determinación superior a la causalidad o causa material, y esta es el entrelazamiento cuántico.**

El desarrollo de la física de partículas ha destruido el imaginario de la materia sólida, el entrelazamiento cuántico obliga a pensar una "**lógica superior, jerárquica global, universal e integral**" que revoluciona todo el espectro de las ciencias y nos anima a pensar en una "nueva cosmovisión"; la utopía del sueño de Freud era el porvenir de una ilusión, un futuro en el que la ciencia puede al fin encontrar la solución a los problemas de la distribución de bienes y superar de las ansias de destructividad. La propiedad de la **localidad**, o causalidad natural de la física clásica, (el pensamiento determinista, mecanicista, newtoniano-cartesiano), de "determinaciones locales", supone que **algo que ocurre en un sitio no debería afectar a otra en un lugar lejano**, a un suceso (a), le sucede un suceso (b), en el mismo plano; sin embargo, el **entrelazamiento cuántico** enunciado en 1935 por Albert Einstein, Boris Podolsky y Nathan Rosen (paradoja EPR), demostró teóricamente lo contrario.

La paradoja EPR enuncia que: "**a un conjunto de partículas entrelazadas no pueden atribuírseles estados definidos de manera individual, sino con una función de onda única para todo el sistema**". El entrelazamiento es un fenómeno cuántico, sin equivalente clásico, en el cual los estados cuánticos de dos o más objetos se deben describir mediante un estado único que involucra a todos los objetos del sistema, aun cuando los objetos estén separados espacialmente. Esas correlaciones hacen que **las medidas que se tomen en un sistema puedan influir instantáneamente en otros sistemas que estén enlazados con él, a pesar de la separación entre**

ellos; es decir, el concepto de una entidad física separada, solamente se podría definir con alguna precisión, si dicha entidad se encuentra infinitamente lejos de los dispositivos de observación, o medición (debido a la influencia, del "**efecto observador**").

De esta manera, la **Teoría de la Relatividad**, mediante su descripción del continuo espacio-tiempo y la paradoja EPR, nos reveló, la existencia de **una cualidad misteriosa, de una conexión recíproca en el universo,** el entrelazamiento cuántico. Esto demuestra, que "no" podemos descomponer el mundo en unidades mínimas con existencia independiente.

"Las partículas materiales aisladas son abstracciones, ya que sus propiedades sólo son definibles y observables mediante su interacción con otros sistemas".[80]

Es muy difícil reflexionar y pensar que siempre hay algo en el llamado "**vacío**", porque fuimos educados para pensar que el espacio es "nada" e "infinito", lo que espantaba a Pascal; pero como dice la tradición vedanta: "**el universo es vibración**" (Nada Brahma), el universo en la **nueva física** es visto como una tela infinita de sucesos relacionados (o entrelazados cuánticamente). En la Física clásica, los sucesos siempre están relacionados mecánicamente por **variables "locales"** y que no siempre podemos demostrar porque hay "**variables ocultas**"; John Bell demostró (teorema de Bell) que estas variables ocultas son **conexiones "no-locales" de operación instantánea con el universo, (discontinuidad) principio de no localidad. La información viaja en todo el universo mediante la interferencia de pautas vibratorias, (siguiendo el principio de no localidad y el entrelazamiento cuántico - ley de la relatividad).**

En 1983, el doctor Alain Aspect, Nobel 2022, con su experimento, confirmó la "no localidad" del universo al nivel de las partículas subatómicas. Los diminutos elementos parecen intercambiar información

---

[80] Niels Bohr, Teoría atómica y descripción de la naturaleza, 1934.

a velocidades superiores a la luz a través de conexiones "misteriosas". **Recientemente**, los experimentos ATLAS y CMS, en el **Cinturón Colisionador de Hadrones del CERN**[81], **han demostrado estas conexiones cuánticas a distancia** y han logrado la **teletransportación de partículas; comprobando, asimismo, que hay un campo de energía invisible, el cual, llena el "vacío" del espacio (Akasha).**

En síntesis, cuando dos partículas comparten información al instante a través de grandes distancias, la propiedad matemática que subyace a la propiedad física de **entrelazamiento**, es la llamada "**no-separabilidad**".

> *"Las descripciones tradicionales se basaban en gran parte en conceptos filosóficos griegos y se describía el universo como atomista, divisible, estático y no-relativista. Estas descripciones necesitan ahora el suplemento de modelos que reconocen una realidad holística, indivisible, interconectada, dinámica y relativista, que no sólo es inseparable de la conciencia del observador, sino que además es función de esta."*

Fritjof Capra.

El principio de no localidad o "**no-separabilidad**" afirma que: **unos sistemas, que fueron, en otro tiempo, parte de un conjunto más grande, conservan una misteriosa interconexión, incluso estando separados por muchos kilómetros**; en palabras de Albert Einstein, "***una acción fantasmagórica a distancia***". Esta **conexión cuántica,** que supera la barrera del espacio, es el **entrelazamiento cuántico.** También la del tiempo que, como sabemos, es relativo a la posición del observador.

Decíamos que la luz es un **campo electromagnético**, una entidad, que se desplaza en el espacio en forma de "ondas", al igual que las ondas de radio o los rayos cósmicos; la información viaja por los campos elec-

---

[81] Laboratorio Europeo de Física de Partículas dependiente de la Organización Europea para la Investigación Nuclear.

tromagnéticos, **el cuerpo de todo ser vivo emite "luz" o radiación electromagnética**; "información" que se transmite al igual que las ondas de radio; pero, con mucha menos potencia; sin embargo, puede transmitirse **más allá del tiempo y del espacio.**

Luego de estas consideraciones físico-cuánticas preliminares, podemos afirmar que: **los grupos humanos son sistemas entrelazados cuánticamente**; el Dr. Leonard G. Horowitz [82] sostiene que la función principal del ADN no es la síntesis proteica, sino que es la recepción y transmisión de la energía bioelectromagnética, "bioenergetic-electromagnetic". El ADN opera con señales bioeléctricas, en tanto el campo magnético del **corazón** alberga información emocional y es el **mediador de la comunicación bioelectromagnética** o bioenergética: el cerebro envía información al corazón y el corazón, al cerebro; pero, también **entre el interior y el exterior del cuerpo**, ya que: *"somos la expresión electromagnética de nuestras vibraciones neurocognitivas"* [83]. Esta expresión electromagnética hacia el exterior, se produce mayoritariamente desde el corazón, porque, *"el corazón es el campo magnético más fuerte del cuerpo"*, y porque asimismo: *"El latir de cada corazón se proyecta en la experiencia colectiva* [84].

"El corazón tiene razones que la razón ignora".

Blaise Pascal.

Debido a que esas expresiones electromagnéticas de nuestras "emociones" se traducen en vibraciones con información neurocognitiva o emocional, emitidas hacia el exterior del organismo, todo indica que **los traumatismos (emociones intensas) vividos por algunos miembros de un grupo, "clan" o familia, se transmiten**

---

[82] Leonard G. Horowitz. DNA: Pirates of the Sacred Spiral. Evidence proves DNA is nature's bioacoustic and electromagnetic energy receiver, signal transformer, and quantum sound and light transmitter. The theory explored here is that the bioenergetics of genetics precipitates life. 2005.

[83] Ibídem.

[84] Gregg Braden: La resonancia del corazón.

al resto de los integrantes a nivel energético; es decir, mediante la interconexión o **entrelazamiento cuántico.** No decimos que la transmisión es genética, sino que los traumas y otras **"informaciones mentales"** ligadas a ciertas **emociones** intensas poseen líneas de **retranscripción "electromagnética" cuántica** y **se transmiten cuanti-cualitativamente** como un **automatismo de repetición de lo traumático** (de manera bioeléctrica) a todos los integrantes de una familia; sin embargo, se estriban "diferencias cuantitativas" en la intensidad con que es legada esa información a ciertos descendientes. También hay que sopesar el hecho de que, todos los integrantes del clan recibirán información genética en distintas proporciones.

En síntesis, decíamos al principio que el rastro psíquico de lo siniestro o **automatismo de repetición transgeneracional** nos obliga a resituar necesariamente el concepto de "traumatismo"; **el sujeto se ve compelido a revivir situaciones traumáticas, vividas por algunos ancestros.** Las **"repeticiones transgeneracionales" obedecen a la conexión o transmisión cuántica de lo no dicho, del inconsciente del clan, que pulsa por una resolución y traspasa las barreras del tiempo y del espacio.**

Existen 3 tipos de personas: los que ven, los que ven cuando se les muestra y los que no ven. El ojo es inútil cuando la mente es ciega. Paráfrasis Leonardo da Vinci.

Capítulo III.
Cartografía de lo inconsciente o de lo que "es" inconsciente. El "puente", la transmisión transgeneracional y el entrelazamiento cuántico

Freud hablaba de transmisión de pensamiento intergeneracional, (véanse los capítulos anteriores, sobre todo las citas de sus textos y, puntualmente, sobre "Lo siniestro"). Las **"repeticiones transgeneracionales" obedecen a la conexión o transmisión cuántica a nivel inconsciente de vibraciones neurocognitivas, que traspasan las barreras del tiempo y del espacio.**

Cotidianamente, ante un lapsus linguae se dice: "te traicionó el inconsciente", como si hubiera un ser diminuto en nuestro interior haciendo travesuras; aquí la psicología se encuentra extraviada junto al sentido común, ya que el valor de **"lo inconsciente"** como índice, ha superado a su significación como propiedad. Freud sostenía que, a falta de una expresión mejor y menos ambigua, damos el nombre de "el inconsciente" al sistema que se da a conocer por el signo distintivo de ser inconscientes los procesos singulares que lo componen.

Para designar este **sistema inconsciente**, Freud propone las letras ICC, y dice que el **preconsciente** es el mecanismo por el cual los procesos psíquicos van y vienen del inconsciente al consciente; los procesos que no tienen esta facilidad del devenir consciente, son **"lo" inconsciente genuino"**. G. Goldschmidt, critica el uso que se ha dado en la traducción francesa, de **"L' inconscient"**, (**"el" inconsciente**) como expresión del **"Das Unbewusste"** freudiano, **"lo" inconsciente**. A la neutralidad expresada por el término alemán **"Das"** (**"lo"-"el"**), la traducción al francés le incorpora una posición marcadamente activa, **"L'"** (**"el"**). *La insistencia de la locución "el inconsciente", en nuestro medio hispanohablante, podría deberse a cierto virilismo; también a cierta sumisión a una lengua extranjera, (al francés en este caso), o a un materialismo vulgar que reclama sustancias, entidades, de las que da cuenta el artículo definido.* [85]

> *La medicina escasa, la más insuficiente es la de remediar la mente. Y la locura pasa risueña cuando engaña, cual odio de la propia entraña.*
> Silvio Rodríguez.

Cuando se apela al artículo alemán **"Es"**, como lo hizo Freud, **"Ello"**, para hablar de **"el inconsciente"**, se intenta también hablar de un mecanismo que tiene mucho de infantil, de perverso polimorfo, y debemos saber que no es algo rígido, sino que "es" algo, que un análisis logrado a tiempo, puede transformar en algo que "habrá sido".

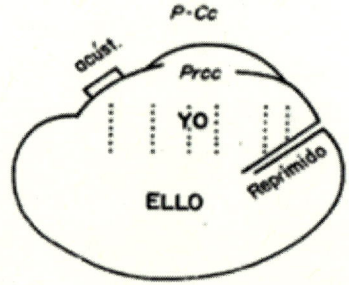

---

[85] EL INCONSCIENTE LO INCONSCIENTE. Norberto Tieppo.

El inconsciente no existe; la expresión "lo inconsciente" hace referencia a propiedades que conservan ciertos elementos de los distintos sistemas psíquicos, tanto el Ello como el Superyó (lo represor y lo reprimido) son pensamientos ajenos al Yo; pero, son partes del mismo. Es interesante la disposición que, en el dibujo de "El Yo y el Ello" (1923), da Freud a las distintas instancias psíquicas. Esta es la segunda y última descripción: tópica, dinámica y económica del funcionamiento psíquico; en ningún lugar está el famoso "inconsciente" del que tanto hablan los post-freudianos, lacanianos, etc.

Lacan menciona que "el inconsciente" está estructurado como un lenguaje (metáfora y metonimia); también como alienación en el discurso, allí dice: "el inconsciente es el discurso del otro"; para dejar bien en claro que el "yo" es también una alienación en los significantes del otro que, funcionan como "mandatos inconscientes"; pura extranjeridad, pero no una sustancia.

Nosotros, al principio, decimos que **"el inconsciente" "Es" "el lenguaje del cuerpo"** y, en el mismo sentido, es una provocación reduccionista; no podemos reducirlo a una instancia o a un solo mecanismo, por eso seguimos a Freud en su esclarecimiento **"Lo inconsciente"**. Es muy importante, poder trabajar la voz o más precisamente el sonido, (nótese que Freud dibuja "un **casquete acústico**"); nosotros podemos pensar en la **vibración** (y no solamente en el discurso) pues el sonido del padre y algunos otros, tienen **efectos organizadores del psiquismo** (en términos psico-fisiológicos) mucho antes de que se activen los principios y parámetros del lenguaje.

"La onda es el fenómeno primordial que dio origen al mundo."

Wolfgang Von Goethe.

Las vibraciones son estudiadas por la "Kymática", ciencia del sonido; esta nueva disciplina nos explica que el "sonido", la voz, es el **principio o**

polaridad masculina [86]; como principio universal, sigue patrones fractales de transmisión e impacta en la materia, dándole forma a los sólidos (ver los experimentos de Florenz Friedrich Chladni). Lo receptor, la materia, **"principio femenino" recibe todas las vibraciones y se ordena o se modifica siguiendo los patrones de reverberación**. De igual manera, todas las células del cuerpo son influidas por las vibraciones del entorno. Debemos tener en cuenta los sonidos perceptibles, ya que se ha demostrado que influye más "el tono" de la voz que el enunciado.

> *Si hay música en tu alma, se escuchará*
> *en todo el universo.*

Lao Tse.

Mencionábamos, recientemente, la importancia del "casquete acústico freudiano" y de la voz en el desarrollo y funcionamiento del psiquismo; la **kymática** demuestra la incidencia de las ondas sonoras en la materia; la "**fractalidad**", como principio, organiza las ondas sonoras en patrones de reverberación, "**resonancias**", dando así una estructura básica a la materia, a distintas escalas. La descripción que puede hacer la ciencia de estos fenómenos quizás sea pobre -hay que apreciar los **patrones de autoorganización en la naturaleza**, que son una verdadera obra de arte- es necesario percibir con la sensibilidad propia del artista, más que con una precisión descriptiva propia de la ciencia.

> *"Los poetas tienen cien veces mejor sentido que los filósofos. Buscando la*
> *belleza encuentran más verdad que ellos."*

Joseph Antoine René Joubert.

---

[86] Son muchos los autores, y tradiciones culturales, que asignan esas características a las polaridades sexuales, Erich Fromm agrega, que el carácter masculino posee las cualidades de penetración, conducción (orientación), actividad, disciplina y aventura (paternidad amor condicional); el carácter femenino, las cualidades de receptividad productiva, protección, realismo, resistencia y amor materno incondicional.

El término **fractal** fue propuesto por el matemático Benoît B. **Mandelbrot** y deriva del Latín **fractus**, que significa quebrado o fracturado.. Muchas estructuras naturales son de tipo fractal (el caparazón de la tortuga o ciertos patrones de filotaxis), este patrón es universal y se expresa como una **vibración**. En la naturaleza es un fenómeno que guía la evolución de los organismos; la **filotaxis** y otras formas naturales de **autoorganización** se producen por la repetición de patrones fractales. La **matemática y la geometría intrínsecas de la máquina fractal del universo** reproducen escalas logarítmicas de proporciones áureas, como lo indicaron las sucesiones de Fibonacci en el año 1200 de nuestra era [87], en dichas fórmulas cada número es la suma de los dos anteriores.

"De las leyes más simples nacen infinitas maravillas que se repiten indefinidamente".

Benoît Mandelbrot.

La materia es influida por la lógica fractal. Las proporciones áureas son regidas por la "**autosemejanza**", creadora de **simetrías**, que siguen patrones en la naturaleza y el cosmos, escalando exponencialmente en **múltiplos "resonantes"** (como lo hace el sonido en octavas); en este caso son el resultado de "**harmónicos electromagnéticos resonantes**". Pitágoras encontró distintos patrones matemáticos; uno de ellos es el número áureo que participa de las espirales logarítmicas y las filotaxis en la naturaleza; Platón, describió, luego, "el alma del mundo", como un patrón pentagonal al que llamó proporción divina.

---

[87]   Los estudios del antropólogo Susantha Goonatilake, demuestran que el desarrollo de la secuencia de Fibonacci puede atribuirse en parte a Pingala (año 200), posteriormente asociado Virahanka (hacia el año 700), Gopāla (hacia 1135) y Hemachandra (hacia 1150), Parmanand Singh cita a Pingala (hacia 450) como precursor del descubrimiento de la secuencia. Wikipedia: sucesiones de Fibonacci.

"Todo lo que es bueno es bello, y la belleza no se da sin unas relaciones o proporciones regulares."

Platón

La resonancia armónica electromagnética en la naturaleza y en el cosmos es llamada "resonancia mórfica"; el campo electromagnético "resonante" es generador de la forma. **Los procesos de autoorganización por fractalidad electromagnética** (o resonancia mórfica de la máquina universal de la matriz espacio-tiempo) se pueden apreciar visiblemente: en el **macromundo** de las espirales galácticas, en los caracoles, la col romanesca, etc.; y, con instrumentos, en e**l micromundo invisible,** en distintas formas de organización mineral e incluso en la doble espiral del ADN.

El Universo está escrito en el lenguaje de las matemáticas y sus caracteres son triángulos, círculos y otras figuras geométricas, sin las cuales es humanamente imposible entender una sola de sus palabras. Sin ese lenguaje, navegamos en un oscuro laberinto.

Galileo Galilei.

En la autoorganización de las estructuras se producen teselaciones de patrones físicos, que marcan el encuentro de concentraciones y expansiones energéticas de la matriz intrínseca del espacio-tiempo; la naturaleza mediante **"sistemas toroidales", que son la intersección de formas geométricas y patrones de interferencia,** proporciona la organización de la matriz universal en donde, **en cada nivel de aumento, surgen diferencias del original; el todo adquiere nuevas propiedades que no están contenidas en las partes por separado;** sin embargo, hemos observado que las partículas separadas son abstracciones, en tanto: **las partes contienen en sí mismas las propiedades del todo como un "germen" de la "pluripotencialidad".**

"La medida (metron) y la proporción (symmetria) realizan en todas partes la belleza y la perfección".

Platón

En las últimas décadas, viene cobrando relevancia la aplicación de la teoría de **"la masa crítica"** en el orden y en la **estructura morfogenética de los individuos, reinos o colectivos de seres vivos; lo cual es solidario con los conceptos de inconsciente colectivo y sincronicidad**, que formularan Jung y Pauli en 1954. La información circula de una manera en que supera las fronteras del individuo, y su efecto se aprecia en **"la masa crítica"**.

La teoría de la masa crítica (el hallazgo del **"centésimo mono"**), si bien es una metáfora, enuncia el resultado de los experimentos japoneses en un estudio sobre el comportamiento de los monos macacos en la isla de Koshima, en 1952. En el experimento les dan papas sucias a unos monos que habitan esa isla "aislada"; pasa un tiempo prolongado sin que estos la coman, hasta que una mona lava las papas en el río y luego sí puede comerlas; los monos de la isla lo replican y también en las islas vecinas (los que no tuvieron contacto directo con los primeros simios). Lyall Watson publica una historia similar en *"Lifetide: the biology of unconscious* marea vital": la biología de lo inconsciente, en 1979, libro muy desacreditado; sin embargo, las investigaciones científicas serias sobre la masa crítica continuaron diversas áreas de investigación.

"No se puede pretender curar separando las disciplinas, el médico debe saber de biología, de física, al igual que de Psicoanálisis".

Wilhelm Reich.

Posteriormente, los resultados de gran número de experimentos y observaciones sobre el aprendizaje de la "masa crítica", han dejado pruebas palpables para la explicación del funcionamiento de la

memoria morfogenética de una especie, (por ejemplo, en la tercera generación de animales de corral, estos aprenden de los precedentes y ya no se acercan al perímetro electrificado); si un número significativo de miembros de una especie desarrolla ciertas **propiedades** (metáfora del mono 100), estas **son adquiridas automáticamente por sus coetáneos** (a veces luego de varias generaciones), **aunque no existan** formas convencionales de **contacto** entre ellos; este fenómeno es llamado **resonancia morfogenética** y es "**vecino de la telepatía**", forma de **transmisión "no local".** La **Sociodinámica** es la ciencia que estudia los procesos de transformación social a partir de la **masa crítica** (número de individuos que se obtiene como resultado de la aplicación de la raíz cuadrada del 1 % del total de una población); la regla emanada de dicho cálculo matemático puede aplicarse para determinar el mínimo de individuos que deben desarrollar un cambio para que luego pueda darse en todo el colectivo.

La **resonancia** que afecta la biología es llamada "**resonancia morfogenética**"; en los fenómenos electromagnéticos, **los harmónicos (o armónicos) son el múltiplo regular de una frecuencia original (rango de frecuencia de emisión, paquete de información, vibración);** las **vibraciones** alejadas de la percepción son llamadas **sutiles.** Recordemos que el "espacio vacío" no existe en la física cuántica, pues esta considera la existencia de un "espacio akáshico" o una "telaraña de cuerdas" (energéticas, invisibles, compuesta de estados cuánticos): en donde la energía cósmica llena las formas imperceptibles que nosotros consideramos vacío (si pensamos en términos newtoniano-euclidianos). Toda la materia oscura (espacio) e imperceptible del universo, está habitada por partículas subatómicas e interconectada a nivel energético sutil. El sonido y otras vibraciones subatómicas afectan la estructura celular de la materia; al ser un campo vibratorio, todas las vibraciones electromagnéticas o bioelectromagnéticas sutiles, imperceptibles, entran en contacto con otras vibraciones. La **emulación rítmica o "resonancia" significa que dos ondas de frecuencia "similar" entran en** "fase", oscilando ambas al mismo tiempo, dando como resultado una **combinación con la misma frecuencia; pero, su amplitud es la suma de las dos amplitudes anteriores**. Los péndulos de los relojes cercanos, luego de un tiempo, entran en resonancia, "en un punto del ciclo, una pequeña cantidad de energía se envía de uno (reloj) al otro elemento oscilador, lo que da como resultado un desplazamiento de fase hacia un punto"; este fenómeno se conoce como "la sincronización entre dos osciladores" y se observa, también, entre las células del corazón (que necesitan **oscilar al unísono** para que el músculo cardiaco bombee); los ritmos resonantes amplifican la onda y, además, una onda con más amplitud transporta más potencia.

Dos ondas iguales tienden a resonar, la conjunción de dos ondas distintas produce **patrones de interferencia**; cuando dos ondas de igual frecuencia y amplitud llegan a un punto, éstas se superponen y sus amplitudes se suman dando origen a un "patrón de interferencia"; las dos ondas incidentes vibran en fase, y la amplitud total observada es más grande que la amplitud de cada onda individual. Cuando resonamos con algo, eso nos afecta profundamente; uno puede resonar o sintonizar desde distintas áreas. Un ejemplo serían las **neuronas espejo** [88], las que nos sintonizan o sincronizan con la mente "del otro",

---

[88] **Las neuronas espejo** fueron descritas hacia el año 1990 por el neurofisiólogo Giacomo Rizzolatti, y su grupo de la Universidad de Parma, en Italia. Son neuronas motoras, que se activan cuando el individuo observa determinada acción, que sigue determinados raíles o huellas de facilitación de procesos, se considera que estas neuronas participan en interacciones con el entorno social, permitiendo comprender las acciones, e interaccionar con otros individuos. La imitación influye en el aprendizaje, principalmente de habilidades motoras; las neuronas espejo ayudan a comprender lo que hacen los otros, mediante la "empatía" (tiene que ver con la imitación de las expresiones asociadas a determinados sentimientos). Entonces, **la transmisión de significados** (o patrones emocionales "empatía), parece ser el resultado de la **correspondencia de patrones cerebrales, traducidos en señales bioeléctricas, (según el quántum de energía), información emocional codificada, en pautas de interferencia que se desplazan en un pulso electromagnético de baja intensidad, desde el cerebro de la fuente emisora al de la receptora**, dándonos la idea de que la telepatía ocurre en niveles inconscientes y que es la transmisión de patrones transcerebrales.

mostrando una **correspondencia de patrones cerebrales por la traducción en señales bioeléctricas.** También, puede tratarse de una respuesta visceral; es decir que: lo que percibimos del otro o del entorno y nuestra interacción, se efectúa a partir de la **resonancia** con estructuras neurales que no atraviesan el neocórtex; esto es posible mediante recursos arcaicos inscriptos en el llamado sistema nervioso entérico. Asimismo, podemos empatizar con el otro a partir del latido del corazón y viceversa.

La información electromagnética en el universo organiza la materia siguiendo **sucesiones de Fibonacci o números áureos,** conformando patrones fractales que expresan la resonancia mórfica o morfogénesis. En el bioelectromagnetismo, la resonancia morfogenética es "una vibración" o un "armónico electromagnético", generador de la forma o "lógica-fractal", de la repetición de iguales patrones a diferentes escalas, según los organismos o reinos autoorganizados en cuestión. La ciencia de la resonancia estudia los patrones geométricos en la naturaleza. Los patrones geométricos fractales se repiten según la ley de la autosemejanza; las espirales logarítmicas de los caracoles o de las galaxias y las simetrías de las filotaxis vegetales dan cuenta de la existencia de un patrón fundamental generador, que rige el cosmos, revelando también, cómo funciona la organización y el desplazamiento de la energía, de cómo se expande y se organiza en el universo.

El primer nivel de autoorganización energética se llama **Toroide,** se asemeja al formato de una manzana con el tronco ahuecado, es como un neumático o una tuerca. La estructura subyacente al **Toroide** es el **Vector Equilibrium** y, por eso, es considerada la **estructura geométrica primordial** en el cosmos, y sinónimo de equilibrio absoluto.

Comprender el desarrollo electromagnético neurofisiológico requiere una nueva forma de **pensar la comunicación y la empatía;** muchas terapias basan su ejercicio, su práctica y su efectividad en estas propiedades de los núcleos de neuronas espejo, pues no solamente, tienen la propiedad de percibir la información del entorno, sino de organizarlas en series o sistemas de experiencias condensadas, acumuladas previamente en la interacción con el entorno.

Nassim Haramein trabaja en la ciencia de la resonancia y **centra en las matemáticas fractales** (holográficas) su teoría unificada de campos, sostiene que los agujeros negros son el centro de cualquier estructura en el universo: galaxias, planetas, átomos y también nosotros mismos. Para él, el universo tiene forma de toroide, es como una rosca de Pascua o un donut de Homero, girando constantemente, lo que produce la tensión necesaria (electromagnetismo universal) para mantener la vida en una *constante expansión y contracción*. El Universo respira igual que lo hacemos nosotros y sigue un movimiento de contracción (gravedad) y expansión (radiación electromagnética). [89]

La medicina oriental china trabaja sobre los **meridianos energéticos**, autopistas imaginarias que rigen las formas en las que se distribuye la energía toroidal en el cuerpo humano. Las distintas formas de vida son moldeadas en parte por los "campos mórficos", **vibraciones sutiles del entorno** próximo: como puede ser el "núcleo resonante de una montaña de hierro" o de entornos lejanos, "la influencia lunar", "la frecuencia resonante del planeta", "la resonancia o campo electromagnético solar, como así también, por otras radiaciones cósmicas", todo vibra, todo está interconectado. La tierra tiene una **resonancia mórfica** o emisión radioelectromagnética, cuya frecuencia es de **7.8**; o su **armónico 13.7**, etc., patrones llamados "ondas Schumann".[90] Cada cuerpo planetario tiene su propio grupo de frecuencias resonantes, dadas por el diámetro, la velocidad de rotación, traslación, distancia al centro del sistema solar, y ubicación en el sistema (galaxia o multiverso); esto determina, que la vida en el planeta se ajuste a un armónico o escala de la resonancia planetaria, en determinado tiempo y espacio (**evolución cosmobiológica, resonancia morfogenética planetaria**).

---

[89] Nassim Haramein The Connected Universe. 2016
[90] Winfried Otto Schumann (1888-1974), que predijo matemáticamente su existencia en 1952.

De la causalidad formativa a la causalidad psíquica

En 1935, H. S. Burr midió el potencial eléctrico de los cuerpos y escribió: "la teoría electrodinámica de la vida", donde enuncia la teoría de los campos L, "L. Fields" y su "hipótesis de **causación formativa**": la cual menciona que los campos bioeléctricos de los "sistemas" vivos, evolucionan. Nosotros describimos al "**bioelectromagnetismo**", que interacciona con el entorno y con otros individuos o colectivos, como **"resonancia morfogenética"**. Podemos afirmar que esta **lógica fractal** de la repetición a diferentes escalas, produce una **transmisión de patrones de comportamiento de manera "telepática"**, mediante bioelectromagnetismo, entre los individuos de una especie. Cuando el comportamiento adecuado para la resolución o evitación de una problemática alcanza un determinado **número de individuos** (**masa crítica**); o se transmite también, por **determinada intensidad** (**traumatismo**), de un individuo a los miembros del mismo linaje en la siguiente generación.

Observamos que Gurwitsch, en 1920, aplicó el concepto de **"campo morfogenético"**, a un campo general coherente, **que obedecía a las normas regulares** y que incidía en la organización de los biofotones. En la misma época, William McDougal, en Harvard, aplicó el mismo concepto al hablar de la **"inteligencia aprendida"** por la experiencia de las generaciones previas, en los roedores. Existen evidencias de un **flujo de información biofotónica entre todos los seres vivientes** [91]; se ha probado de manera experimental y controlada, como **"la intención"** de sujetos entrenados, al ser dirigida intencionalmente se traduce en energía eléctrica y magnética (fotones), que

---

[91] Popp (Popp FA. Photons and their importance in Biology. In: Wolkowski Z W (Ed). Proceedings of the International Symposium on wave therapeutics-Interactions of non-ionizing electromagnetic radiation with living systems. Versailles, 19-20 May, 1979.

puede medirse mediante equipos sensibles, demostrando además que "los pensamientos" tienen un efecto físico.[92]

También se ha comprobado cómo durante la meditación pueden modificarse las ondas cerebrales [93] y, asimismo, en sujetos entrenados profundamente se logran cambios en las sinapsis cerebrales [94], incluso un aumento del hipocampo [95] y otras regiones. Otros investigadores han demostrado que la estructura molecular del agua cambia con las intenciones, pensamientos o con las emociones. [96]

Masaru Emoto demostró que el agua, dispuesta en proximidades de pensamientos, intenciones o emociones positivas, desarrolla una y compleja estructura **"armónica y simétrica"**, cristalina, hexagonal, al congelarse; mientras que la estructura del agua sometida a pautas negativas origina figuras desordenadas y grotescas.[97] Por otra parte, existe un fenómeno llamado **inmersión**, y está relacionado con la **resonancia**, la ocurrencia de ciertos sucesos **sincronísticos** entre personas que tienen una **relación estrecha** o *vínculo estrecho*,[98] **"transferencial"**.

En el **campo cuántico**, todo se organiza por **niveles y capas**; en cada capa hay un campo morfogenético organizador y en cada nivel el todo es más que la suma de las partes. Los campos morfogenéticos (C. Mf.) son **pautas de interferencia vibratoria electromagnética**.

[92] Backster C. Evidence of a primary perception in plant life. Int J Parapsychol. 1968; 10:329-348.
[93] West MA. Meditation and the EEG. Psychol Med 1980.
[94] Paulsen O, Sejnowski TJ. Natural patterns of activity and long-term synaptic plasticity. Curr Opin Neurobiol 2000.
[95] Lazar SW, Bush G, Gollub RL, Fricchione GL, Khalsa G, Benson H. Functional brain mapping of the relaxation response and meditation. NeuroReport 2000.
[96] Grad B. Some biological effects of the laying on of hands and their implications, in H.A Otto and J W Knight, eds. Dimension in Holistic Healing: New Frontiers in the Treatment of the whole person. Chicago. Nelson-Hall. 1979.
[97] Emoto Masaru. Mensajes ocultos en el agua. Beyond Words Publishing, 2004.
[98] Deepak Chopra. Sincrodestino. 2009

Teilhard de Chardin, en 1950, llamó Noosfera [99] a la capa o campo organizador del planeta tierra, (información común a la vida en la Tierra por resonancia planetaria); luego seguiría otra capa en la que la expresión morfogenética es común a un colectivo o especie, información creada por las radiaciones electromagnéticas, emanadas de patrones de comportamientos y sentimientos de **"colectivos de individuos"** (concepto solidario al de inconsciente colectivo formulado por Jung). **Cada especie animal, vegetal o mineral posee una memoria colectiva a la que contribuyen todos los miembros de la especie y a la cual conforman**; de este modo, si un individuo de una especie animal aprende una nueva habilidad, les será más fácil aprenderla a todos los individuos de dicha especie, porque **la habilidad "resuena" en cada uno, "al unísono", sin importar la distancia a la que se encuentre**; y cuantos más individuos la aprendan, tanto más fácil y rápido les resultará al resto.

En el proceso de gestación del Homo sapiens, el embrión reproduce morfogenéticamente el desarrollo palingenésico evolutivo de 3,8 billones de años; es decir, que el desarrollo del feto reproduce la forma en que fueron evolucionando todas las formas de vida en la Tierra, **el desarrollo humano repite,** (de manera abreviada) **el proceso evolutivo de todas las especies (palingénesis)**. La multiplicación celular del óvulo humano fecundado, se realiza más rápidamente, que en todas las especies, a las cuatro semanas empieza a desarrollar arcos branquiales, como la vida marina, pocas semanas después desarrolla una cola al igual que el reptil; y, comienza luego a diferenciarse con la morfología de un mamífero, para luego adquirir forma de primate, finalizando el proceso con las características humanas.

Para Rupert Sheldrake, la **morfogénesis** es "la forma" y ésta es de rango superior al organismo vivo, es el **campo de energía e información que gobierna la estructuración de los organismos,**

---

[99] La **noosfera** o **noósfera** (del griego *noos* (νόος), inteligencia, y *esfera* (σφαῖρα)) es la expresión energética del conjunto de seres vivos del planeta tierra dotados de inteligencia, según Vladímir Vernadski. 12 de marzo de 1863 - 6 de enero de 1945.

proceso que parte de los tejidos, órganos y abarca al organismo completo. Él sostiene que la ciencia mecanicista solamente se ocupa del **aspecto cuantitativo** de los fenómenos, porque considera que los organismos biológicos son máquinas guiadas por una **"causalidad energética".** Así, el mecanicismo no tiene en cuenta el aspecto cualitativo; es decir, el desarrollo de las formas **o la "causalidad formativa".** Los organismos vivos no son simples máquinas biológicas de gran complejidad aportada por el ADN, ni la vida se reduce a reacciones químicas. **La forma, el desarrollo y el comportamiento de los organismos son moldeados por "campos morfogenéticos"** pertenecientes a un género, que actualmente no somos capaces de detectar ni de medir y que la física no reconoce. *"Dichos campos son moldeados por la forma y el comportamiento de antiguos organismos de la misma especie, por conexión directa a través del espacio y del tiempo, y muestran propiedades acumulativas. Si un número significativo de miembros de una especie determinada desarrolla ciertas propiedades organísticas o aprende alguna forma específica de comportamiento, estas son adquiridas automáticamente por otros miembros de la misma especie, aunque no existan formas convencionales de contacto entre ellos."* [100]

Sheldrake explica un proceso, que se da a **partir de los campos mórficos;** para él, la **epigénesis** (al igual que en Piaget) **aporta nuevas estructuras, en este caso, son agregadas, por la forma y el comportamiento de antiguos organismos,** por **conexión directa del campo morfogenético, a través del espacio-tiempo.** Así, la **memoria colectiva se superpone sobre el individuo** mediante estructuras que ejercen una influencia, alterando la probabilidad de los sucesos o restringiendo la indeterminación espontánea mediante la **resonancia mórfica.**

La causalidad formativa es la influencia de lo similar sobre **"los similares"; a mayor similitud, mayor influencia,** compartimos algo con la forma embrionaria que se remonta a millones de años atrás.

---

[100] Rupert Sheldrake, A New Science of Life (1981)

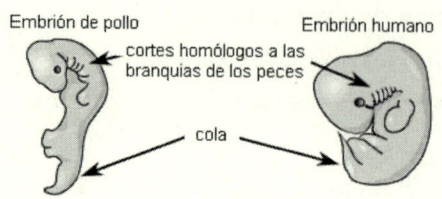

Embrión de pollo   Embrión humano

cortes homólogos a las
branquias de los peces

cola

El embrión humano tiene arcos branquiales, allí **la resonancia es general palingenésica, y se torna más específica, a medida que nos desarrollamos, se vuelve filogenética.** Se recibe información de muchas especies y **de los elementos más similares del pasado.** Así, la resonancia mórfica primaria viene de los **ancestros inmediatos;** tomemos a los canes como ejemplo, un Labrador, será influido por la resonancia de los labradores; pero, después por la de la especie "perro" y, luego, por los "cánidos", que incluye a los lobos y a los zorros, siguiendo luego con los mamíferos.

Colectivo mamífero: Oso, delfín, hombre, perro.

Sub-Colectivo: cánidos (coyotes, perros, zorros).

Suborden: perros, raza labradores.

Para Sheldrake, los humanos gemelos tienen la mayor resonancia mórfica; por otra parte, habría **atractores**, por ejemplo: un árbol adulto es el atractor; si cortamos una rama al árbol pequeño, crecerá hasta alcanzar la forma adulta. Los atractores residen en el futuro del individuo (es el tipo ideal de la forma), por ejemplo: conducta madura, reproducción; pero, es una resonancia mórfica, una memoria de lo que sucedió antes. En una entrevista realizada, en el año 2015, sostiene que: *"para el desarrollo de las formas (de los organismos) no se pueden utilizar ecuaciones causa-efecto, un óvulo no es un ser diminuto, sólo del ADN no emerge un organismo completo. **El proceso de la epigenética es el desarrollo de estructuras previamente ausentes,** nuevas formas, **a partir de campos invisibles que van guiando al organismo en su desarrollo,** en donde "el todo es más que la suma* *de las partes", principio organizador de cada nivel de las estructuras, en sistemas de complejidad creciente".* [101]

Los campos actúan como un "plano de obra" invisible; a medida que el organismo se va desarrollando, le confieren formas y guían sus estructuras. Según Sheldrake, *"habría una jerarquía de campos, una para el organismo íntegro, otra para los distintos órganos, extremidades y campos para las células de cada tejido".* Toda la naturaleza está conformada por estructuras dentro de estructuras, organizada en niveles jerárquicos de información y energía (**campo morfogenético)**, en cada capa de la **"naturaleza holística"** hay campos que la organizan.

La regeneración es morfogenética, sostiene Rupert: ***"las únicas cosas que tienen la propiedad de integridad son los campos morfogenéticos, de mantener todo, aunque uno corte sus partes.*** *El holograma es un patrón de interferencia de campos, persiste la imagen íntegra, los campos poseen una propiedad intrínsecamente holística. Al tritón se le regeneran las patas, a la lagartija la cola, los mamíferos no; sin embargo, aparece el miembro* fantasma. *Las ciencias mecanicistas piensan que debe haber una explicación matemática, sin embargo, las formas platónicas no evolucionan, un campo gravitatorio, en cambio, evoluciona."* [102]

En los campos morfogenéticos está contenida la historia, éstos poseen una memoria y se nutren de los miembros de una especie; es una memoria colectiva que actúa, como si se superpusiera sobre el individuo, y está determinada por la distribución de probabilidades, igual que los campos formulados por la física cuántica. ***"Son estructuras de probabilidad que ejercen su influencia sobre los organismos, alterando la probabilidad de procesos y restringiendo la indeterminación espontánea"*** [103]

---

[101] Entrevista realizada a Rupert Sheldrake, por Marisa Scasany en el programa televisivo Holograma, año 2015.

[102] Ibídem.

[103] Ibídem.

Hay resonancia entre especies; en los humanos gemelos se ve la mayor resonancia mórfica, similitud. Sheldrake sostiene que necesitamos tanto de los campos como de los genes para comprender la herencia. *"La resonancia viene de los ancestros inmediatos, después labrador, posteriormente la especie perro, luego cánidos, luego los mamíferos; creemos, como decía Jung, que el inconsciente individual se nutre del colectivo, primero de la familia, después de la misma cultura, luego del grupo étnico o racial, porque tenemos más factores hereditarios en común y también culturales en común, el mismo lenguaje; luego con una tribu de Sudáfrica sin conexión hereditaria cercana y posteriormente con toda la humanidad; pero, las más específicas provendrían de las personas de la misma familia, cultura, dotación genética y luego una influencia más general; hay algo común a toda la humanidad que ejerce su influencia en nosotros"*.[104]

Los atractores son caóticos; una piedra arrojada al agua, siempre terminaría en el lecho del río, ese es el atractor. Podemos modelar muchas variables, pero no necesitamos analizar el recorrido o el pasado, sabemos en dónde terminará. Existe una matemática, que funciona de acuerdo con la **cuenca de atracción**; hay un tipo de atractor periódico, donde las cosas entran en un ciclo como un péndulo y se acentúan hasta culminar el ciclo. El caótico no se asienta en un ciclo repetitivo simple, es complejo, pero dirigido por un atractor, que posee algún orden y estructura, parece azar, pero hay un orden detrás de esa aleatoriedad.

Todo sistema posee su propio campo, porque posee su propio principio de integridad; *"el principio genérico es campo mórfico y los campos morfogenéticos son una especie dentro de estos, son los campos del desarrollo"*[105].

Cuando un organismo está en desarrollo, no alcanza la forma; un embrión no permanece tal, tiende, apunta, hacia la forma adulta (el

---

[104] Ibídem.
[105] Entrevista realizada a Rupert Sheldrake, por Marisa Scasany en el programa televisivo Holograma, año 2015.

atractor). La forma adulta del árbol es el atractor, que perfila el crecimiento de los retoños; si le cortamos una ramita, se regenerará hasta alcanzar la misma forma adulta del árbol. La manera de alimentarse o de cazar serían los atractores; el atractor reside en el futuro del individuo, ejemplo: conducta madura, reproducción; pero, como una resonancia mórfica, es una memoria de lo que sucedió antes, como un ciclo; el futuro para un niño, a medida que crece, es una memoria de la forma madura, que ya sucedió muchas veces antes. La naturaleza es repetitiva; la **resonancia mórfica es como una memoria, las leyes de la naturaleza son**, más bien, hábitos.

> *"La imagen crea realidad, la imagen es anterior al pensamiento. La llamada realidad es, también, una construcción realizada desde las imágenes, "la materia es el inconsciente de la forma".* [106]

La epigenética es la ciencia que estudia, cómo el ambiente incide en la transmetilación y modificación del ADN; **la causalidad formativa** guía a los organismos en su crecimiento; **el campo mórfico al evolucionar, aporta información que no está presente en los genes.** El proceso evolutivo repite una desbordante diversidad: los anfibios una vez desearon volar y **"las aves"** fueron el resultado de esa intención; pensó Freud: ***"podemos poner a Lamarck enteramente en nuestro terreno, y mostrar que su "necesidad", que forma y transforma los órganos, no es otra cosa que el poder de la representación inconsciente sobre el propio cuerpo"*** [107], el deseo, "la **causalidad psíquica"**.

Veníamos trabajando en el comienzo del presente capítulo, "El Yo y el Ello"; Freud señala allí, que ***"el Ello hereditario alberga en su interior los restos de innumerables existencias-Yo,*** *y cuando el Yo extrae del Ello la fuerza para Su superyó, quizá no haga, sino sacar de*

---

[106] "Bachelard: del cientifismo a la imaginación de la materia" una filosofía de la imaginación.

[107] Sigmund Freud: carta a Abraham del 11/11/17.

nuevo a la luz figuras, plasmaciones yoicas más antiguas, procurarles una resurrección. Por otro lado, podemos pensar también, que posteriormente al dibujo de la "segunda tópica" de 1938, en "El Moisés", habló de la **persistencia de huellas mnémicas en la herencia arcaica** (o sea, representaciones y asociaciones, **"símbolos innatos"**). Estas huellas mnémicas, además de todo lo que podrían ser, son las **fantasías o fantasmas filogenéticos, los "fantasmas originarios"**.

De modo que, lo reprimido originario ontogenético recapitula lo reprimido originario filogenético; el Edipo, la premisa universal del pene, la castración, la represión, la fantasía del coito parental, la seducción por parte de un adulto, y también la desmentida, se encuentran dentro del patrimonio filogenético y, según se trate, con "diferentes soluciones de continuidad".

En la cita del Moisés, comprobamos que las últimas reflexiones freudianas intentaban saldar la "**deuda teórica**", que el Psicoanálisis tenía por haber silenciado algunas cuestiones, a fin de ser aceptado por la comunidad científica, puntualmente los conceptos de: "**inconsciente colectivo**", teoría del "**trauma no sexual**" y "**transmisión telepática**" desarrollados por Carl Gustav Jung y otros miembros disidentes de la política oficial. No podemos dejar de lado, que antes del alejamiento de **Jung**, Freud lo llamaba "**el heredero, el delfín y el hombre del mañana**"; **él** le decía a Jung que continuara con las investigaciones sobre lo oculto o paranormal; pero, que hablar públicamente sobre estos temas, era cometer un suicidio profesional.

Freud no solamente cuidaba el prestigio de Jung, sino el destino del movimiento psicoanalítico, asediado desde el origen por el positivismo y el **mecanicismo racionalista**, que intentaban desprestigiar la obra freudiana, con el fin de privilegiar la medicalización y la cirugía lobotómica de ablación encefálica, que resultaba más rentable y demandaba menos tiempo de intervención. Hoy, en día, quizás, sucede lo mismo con diferentes matices dentro del campo médico de las neurociencias; también hay una política al interior de las instituciones psicoanalíticas, que únicamente hacen lugar a lo que el sujeto puede integrar en el discurso, ajustado a los **parámetros racionalistas-mecanicistas de causalidad lineal**; marginando y persiguiendo a la disidencia.

En 1912, Freud ofrece a Jung un cargo como colaborador en la nueva revista que pretende crear. El 3 de diciembre de 1912, Jung responde a este ofrecimiento, interpelando psicoanalíticamente a Freud, acusándolo de tener una fijación sobre "la etiología sexual", respecto de la constitución de las "Neurosis de guerra". Ante esto, Freud le indica que "se ocupe más celosamente de la propia neurosis que de la del prójimo".

Jung, 18 de diciembre de 1912: *"Cuando usted mismo se haya liberado completamente de complejos y no juegue con sus discípulos a hacer de "padre con sus hijos", a cuyos puntos flacos apunta usted constantemente, y se preste usted alguna vez atención a sí mismo, entonces aceptaré extirpar mi pecaminosa falta de unidad conmigo mismo frente a usted de una vez para siempre".*

Entre octubre de 1913 y abril de 1914 salen a la luz diversas críticas de algunos miembros de la asociación de Psicoanálisis a la posición teórica de Jung. Son estas críticas y el carácter descalificador y violento, lo que provoca la dimisión del presidente de la IPA (Asociación Psicoanalítica Internacional) hasta el momento, Carl Jung.

"Hoy, igual que ayer, he sido solitario porque sé cosas y debo ocuparme de asuntos que otras personas no saben y normalmente no quieren saber."

Carl Gustav Jung.

Para comprender el desarrollo de la obra junguiana y sus principales conceptos es de suma importancia tener en cuenta, también, algunas de las nociones de **Nikola Tesla, sus consecuencias y derivaciones.** Nace el 10 de julio de 1856, dos meses después que Sigmund Freud, fue inventor de la electricidad y de formas de transmisión de los impulsos eléctricos; se dice que fue el hombre que "inventó al siglo XX". Decíamos anteriormente, que Tesla, fue un yogui meditador, influido por las enseñanzas de Swami Vivekananda. Tesla describe el "vacío" del **universo,** como un éter lumínico (iónico), en 1890, él lo denominó "Akasha", una red energética "holográfica", un campo vibratorio que conecta todas las cosas a nivel sutil, subatómico, concepto, que es solidario con los principios de no localidad y de entrelazamiento cuántico, desarrollados en varias décadas posteriores.

"Si quieres entender el Universo, piensa en energía, frecuencia y vibración".

Nikola Tesla.

También, hace unas décadas que se estudian las teorías de **Karl H. Pribram** y David Bohm; ellos propusieron el **Modelo holonómico del funcionamiento cerebral.** El hecho central en sus formulaciones es la analogía del funcionamiento holográfico universal y cerebral, "así como una célula posee toda la información genética del individuo, **una neurona puede acceder a toda la información del cerebro";** así, de esta manera, se podría acceder a toda la información del universo, extrayéndola de cualquiera de sus partes; nada extraño si pensamos en la no localidad y en que **somos energía,** la cual está **entrelazada cuánticamente** a nivel subatómico con todo el sistema del universo, **Akasha.**

*"**La capacidad** de percibir o **pensar** de forma diferente es más importante que el conocimiento adquirido. Aprender de los demás, leer, educarse, es algo esencial en la vida para el crecimiento personal. Pero lo que es realmente valioso es la capacidad para **pensar diferente** al resto. Ver lo que otros no ven."*

David Bohm.

Medio siglo después de que Tesla describiera el Akasha y tres décadas antes que Pribram y Bohm propusieran el **Modelo holonómico del** funcionamiento cerebral, Carl Gustav Jung había entablado una amistad profesional con **Wolfgang** Ernst **Pauli, discípulo** de Einstein; en 1952, nace el libro "Sincronicidad" (el primer intento de síntesis entre Psicoanálisis y Física cuántica).

Dijimos que el **pensamiento** occidental, **mecanicista** y **racionalista** parte del principio cartesiano *cogito ergo sum*, "**pienso luego existo**", identificando de esta forma al "**ser**", "racionalista", con el **pensamiento**. El principio racionalista *cogito ergo sum* generó, así, un desplazamiento metonímico: el cartesianismo, que **tomó "la parte por el todo**", la razón como la totalidad del ser pensante, en tanto, el efecto subyacente a este reduccionismo fue la "polarización normativizante": lo "no racional", es "no ser" o "pensamiento patológico".

> *La actitud racionalista occidental no es la única posible ni lo abarca todo, más aún, en muchos sentidos, es un prejuicio y una inclinación que quizá convenga corregir.*

Carl Gustav Jung, Sincronicidad.

El racionalismo tiene algo de infantil porque idealiza la razón, no es tan infantil como lo podría ser un animismo mágico medieval; pero, sí es infantil en lo **narcisista, ambivalente y autorreferente; el problema no es "la razón", sino la "actitud narcisista autorreferente", "el racionalismo"**. Decíamos al principio, y siguiendo a Ken Wilber, que es necesario trascender el racionalismo y abrazar el pensamiento global, holístico, transracional; pero, todavía **dudamos**.

La duda se debe a la **ambivalencia narcisista** (que trabajaremos más adelante), y como expresión del conflicto infantil de amor-odio hacia las figuras parentales, es proyectada a **las instituciones internalizadas** que **ocupan las esferas del pensamiento** (racionalismo idealizado amado, versus animismo odiado o viceversa); lucha antagónica que impide acceder al pensamiento complejo y global, holístico, superador del antagonismo.

Decíamos que **el** cartesianismo o **"racional_ismo" tomó la parte por el todo** (el pensamiento racional, como única expresión legitimada del "ser"); veíamos en ello el origen de la **dualidad narcisista: la antítesis "occidental"** marginó al hombre "diferente", "**oriental**", y a valiosísimos saberes ancestrales de pueblos conquistados, apartándolos de la razón, "superior". En Oriente utilizan una **técnica intuitiva** para **comprender** una **situación global;** no intentan comprender los **detalles** en sí, sino considerándolos como **parte del todo (ejemplo el insight de la Gestalt)**; teniendo en cuenta esto, dice Carl Jung: *"el razonamiento ha de depender mucho más de las funciones irracionales del conocimiento, es decir de: la sensación y la intuición".*

> *"La mente intuitiva es un regalo sagrado y la mente racional es un fiel sirviente. Hemos creado una sociedad que rinde honores al sirviente y ha olvidado el regalo".*

Albert Einstein.

Ya hemos aclarado la diferencia entre racionalismo, pensamiento infantil y pensamiento transracional; pero volvemos una vez más a especificar sobre las diferencias, ya que **el pensamiento ambivalente y dual no permite ni los matices ni las síntesis**; si decimos que la intuición es una percepción transracional, muchos piensan en lo pre-racional, el llamado pensamiento mágico animista y omnipotente que Freud describiera como perteneciente al niño y al salvaje; a una etapa primitiva de la humanidad. El niño y el salvaje habitan en los sueños, los modos pretéritos se encuentran entremezclados con las últimas adquisiciones, existiendo distintas soluciones de continuidad. En la actualidad, convivimos con el pensamiento animista-infantil y mágico, y cuanta técnica de "sugestología" exista, que "cura con hadas y duendes"; el "lodo negro del ocultismo", el que nos arrastra y embarra con el pensamiento PRE-RACIONAL.

Por eso decimos que está el **pensamiento mágico pre-racional,** que pretende curar con un pase mágico o hacer llover quemando hojas de alguna planta en peligro de extinción; y en las antípodas de este procedimiento fundado en la omnipotencia de las ideas, está lo transracional superlativo: se trata de una **categoría que trasciende racional y lo supera**. En matemáticas, los números irracionales son, entre otros, las fracciones infinitas y todos aquellos cuya expresión decimal no es ni exacta ni periódica. **Los hechos irracionales** son aquellos que, por **no** ser periódicos (**constantes**), no pueden ser predecibles o cuantificables y **escapan a la causalidad mecánica y a la estadística**. El principio filosófico que sustenta nuestro concepto de **ley natural** es la **causalidad,** cuya contrapartida es la **casualidad,** en la que un evento "casual" parece no tener relación **causal** con el hecho coincidente, al que la ciencia mecanicista racionalista llama azar o coincidencia (de allí el *Dios no juega a los dados* de Einstein).

El pensamiento holístico de la complejidad es transracional superlativo, Jung nos introdujo en él a partir de la **causalidad** de la **sincronicidad**. La **simultaneidad** genera una **coincidencia significativa**, un ejemplo es, "el escarabajo dorado": una mujer joven, en análisis desde hace tiempo llega a un **momento crítico** y **sueña** con un **escarabajo dorado,** y a la **sesión** siguiente, mientras relataba el sueño, un insecto **golpea la ventana,** Jung abre el portillo y al atrapar al bicho ve que se trata de **un escarabajo dorado**. Otro ejemplo, podría ser el del médico **David Forsyth** y el paciente "señor-prudencia" en **"Sueño y Ocultismo" de Freud; allí se producen muchas sincronicidades: el médico Forsyth, el paciente "prudente"** Herr von **"Vorsicht"** (homófono) y Ernest Jones; el tercero se había transformado en miembro de la asociación de psicoanálisis, asesor político y "productor comercial" (sostén forzado), una verdadera **pesadilla**. Podríamos enumerar una lista de fenómenos de esta índole; Jung nos dice que se trata de una cuestión temporal, que la mente (energía) se adelanta en el tiempo y hace ingresar en el sueño, al elemento que luego aparecerá en el futuro.

"todos nosotros tenemos ciertos poderes eléctricos y magnéticos dentro de nosotros, y nosotros mismos ejercemos una fuerza de atracción o de repulsión según entremos en contacto con algo semejante o diferente".

Goethe.

Para Carl Jung, **en la "sincronicidad", se da la combinación de sucesos causales más una conexión cruzada significativa, un acontecer "juntos" en el tiempo,** una *"relatividad del espacio y el tiempo condicionada por la mente"*[108]. El espacio y el tiempo son elásticos: *"si el espacio y el tiempo son propiedades aparentes de los cuerpos en movimiento, su relativización mediante condiciones psíquicas deja de ser asombroso".* [109]

La Sincronicidad es una coincidencia en el tiempo de dos o más sucesos no relacionados causalmente (no lineales), que tienen el mismo significado o similar (contrasta con el sincronismo que manifiesta solamente el acontecimiento simultáneo de dos sucesos), es un acontecimiento simultáneo de un cierto estado psíquico con uno o más sucesos externos que aparecen como paralelos "significativos". El principio de la causalidad afirma, que la relación entre causa y efecto, es algo necesario; el **principio de sincronicidad** asegura que **los términos de una coincidencia "significativa" están relacionados por la simultaneidad y por el significado.** *"Además de **la conexión** entre causa y efecto, hay otro factor en la naturaleza que se manifiesta en la disposición de los sucesos y que se nos presenta como significado"* [110], de esto trataría **la no-localidad (la sincronicidad).**

La causalidad lineal desaparece, al reducirse el espacio y el tiempo **por un estado emocional, que "altera el tiempo por contracción", dijo Jung.** La sincronicidad es provocada por un "descenso del nivel mental" que aumenta el "tono emocional" y lo expresa en latidos cardíacos con la potencia y frecuencia capaz de **proyectarse a modo de paquete de información y energía en la experiencia colectiva. El inconsciente colectivo recibe un quántum energético y organiza sincronísticamente la experiencia del tiempo compartido** (el tiempo del cuerpo no cambia);

---

[108] Carl Gustav Jung. Sincronicidad.
[109] Ibídem
[110] Ibídem.

pero el tiempo de la mente sí, la energía mental es la que se desplaza en el tiempo y conecta la experiencia significativa con otras mentes, acontecimientos o representaciones arquetípicas del pasado, del presente y del futuro. En el ejemplo del sueño del escarabajo (al ser sueño hay descenso del nivel mental), surge una imagen preexistente de la situación que ocurrirá al día siguiente.

Arribamos de este modo a las conclusiones Junguianas: agregar la **sensación y la intuición** como necesarias, dentro de las **funciones irracionales** del **conocimiento** y de la **comprensión**. *"Para la mente inconsciente, el espacio y el tiempo parecen ser relativos, es decir, **el conocimiento se encuentra en un medio continuo, espacio-tiempo**, coincidencia significativa, relación cruzada, cross-connection."*[111]

> *La unidad de la primera causa produce una simultaneidad de interrelaciones de acontecimientos que no están causalmente relacionados entre sí.*
>
> Schopenhauer

La "sincronicidad" es una relación entre tiempo y espacio psíquicamente condicionada; coincidencia temporal de dos o más sucesos relacionados entre sí, de una manera no causal, cuyo **contenido significativo sea igual o similar**. Los sucesos están conectados sincrónicamente, desde un punto de vista temático, a pesar de que no exista ningún tipo de causalidad lineal entre ellos. **Conexión acausal** (akausaler), **"acaecimiento simultáneo de cierto estado psíquico con uno o varios sucesos externos, con un paralelismo significativo en el estado subjetivo momentáneo"**. La acumulación del azar se explicaría por series acausales o por **coincidencia transversal significativa, sincronía.**

---

[111] Ibídem.

*Los miembros de una sincronía están vinculados por la simultaneidad
y el significado.*

Carl Gustav Jung

Cross – Connection: La "no-localidad", el entrelazamiento cuántico

La **coincidencia transversal significativa** o **sincronía** estaría determinada por el principio de "**no localidad**". Significa que por cierta predisposición o estado "psíquico" actual del sujeto, hay una "**rebaja**"[112] del estado mental "consciente" y se transmiten percepciones, representaciones o símbolos, huellas mnémicas o mitos; además, **se recibe información que, en ambos casos, traspasa las fronteras del individuo y la barrera del espacio-tiempo**. Ciertas configuraciones de este principio "**acausal**" o de **no localidad, como la repetición sucesiva de un número o un suceso** que no tiene explicaciones racionales o conscientes, **es lo siniestro:** "*la repetición involuntaria nos hace parecer siniestro, imponiéndonos así la idea de lo nefasto, de lo ineludible*".[113]

Podemos ver esta idea de lo nefasto e ineludible en los procesos sociales, a escala colectiva y global; la *cross-connection* **que se da con ciertas fechas, que traspasan las fronteras del individuo, las barreras del espacio, el tiempo y de las naciones: el 11 de septiembre se produjo un Bombardeo en Barcelona en manos de las tropas borbónicas (1714); la fecha estuvo prohibida (se prohibió hablar o conmemorarla), fue silenciada durante décadas; el 11 de septiembre de (1852) estalló la revolución en Argentina y se sucedieron luchas sangrientas; el 11 de septiembre se produjo**

---

[112] El término rebaja, es la expresión que se le dio en la obra de Carl Jung, podríamos describirlo como un eclipse subjetivo, un fading.

[113] Sigmund Freud: Unheimlich 1919.

el Bombardeo en Chile, donde murió el presidente constitucional Salvador Allende 1973; el 11 de septiembre se efectuó un atentado contra las Torres Gemelas en Estados Unidos (2001). Los sucesos se relacionan por una serie de variables locales, espacio temporales y también por variables no locales que aportan la conexión cruzada que nos aparece como significativa.

Hay quienes todavía dudan y piensan en el **azar**, como si Dios jugara a los dados; **el azar no es más que el nombre que se le da a una ley desconocida;** el hecho es, que los números representan **"harmónicos resonantes"** de procesos energéticos, que se ordenan en "una **geometría fractal de teselaciones complejas"**, lo que se interrelaciona recurrentemente son **"las resonancias"** y marcan "la **interconexión de las partículas en la distribución y concentración de energía intercambiada en los sistemas entrelazados e interconectados cuánticamente"**, **el orden se produce en distintas "escalas" y capas fractales, "holográficas", organizadas jerárquicamente en distintas dimensiones témporo-espaciales.** Pero, para el lector, que todavía considera que la coincidencia en las fechas de bombardeos se trata de un suceso puramente casual, vamos a desarrollar otro ejemplo muy estudiado dentro del ámbito de las coincidencias significativas, el aniversario de fallecimientos en la familia Fitzgerald Kennedy, y los Hickey.

Entre 1840 y 1850, Bridget Murphy se casó con Patrick Fitzgerald **Kennedy**, tuvo 5 hijos; Patrick murió a los 34 en U.S.A. (brote colérico) el **22-11**-1858. El único hijo sobreviviente a la epidemia de cólera fue su hijo Patrick Josep Fitzgerald Kennedy, nacido el 14-01-58 (ese mismo año). Bridget falleció tres décadas después, el **20-12**-1888. Por otro lado, James Hickey y Margaret M. Field fueron padres de Mary Augusta Hickey, el 6-12-1857, quién fue la esposa de Patrick Joseph K. (demócrata de Boston); James H. falleció el **22-11**-1900 y Margaret M., el (**05-06**-1911). Augusta Hickey y Patrick Josep K. fueron los padres de Joseph Patrick K. "Joe", el Padre de John F. K.

presidente de los Estados Unidos, quien fuera asesinado el 22-11-1963 (aniversario de la muerte de ambos bisabuelos hombres).

"Lo siniestro, sería aquella suerte de espantoso que afecta las cosas conocidas y familiares".

Sigmund Freud.

Jung habló de "**el inconsciente colectivo**" como **constituido por estratos**, entre los que se encontraban: los arquetipos, **el inconsciente familiar y el inconsciente racial**. Pensemos que los siniestros citados recientemente se encuentran **sobredeterminados**, porque están **entrelazados cuánticamente a nivel del inconsciente colectivo, en el estrato jerárquico "global"** (o de la "noosfera"); veremos más adelante, cuando hablemos de las jerarquías, que **en las teselaciones holofractales de la naturaleza y el cosmos**, existe una **simetría de "encastre" por niveles**, en donde **todo ciclo entra dentro de otro ciclo. Cada ciclo, o totalidad**, es una **capa u holón**, este último es una parte identificable de un sistema y es, a la vez, un sistema formado por partes subordinadas. Dentro de cada nivel de complejidad creciente hay heterarquía y cierta autonomía; entre niveles hay jerarquías, subordinación a ciertas reglas o pautas de los niveles superiores.

En el macrocosmos y en el microcosmos, cada nivel o capa de información holofractal representa una totalidad en sí misma (ej. inconsciente personal), que está interconectada cuánticamente con otras capas o sistemas de entrelazamiento sincrónico (inconsciente racial, inconsciente colectivo, noosfera, espirales intergalácticas). Hay entonces, capas holofractales en las que ciertas "simetrías", organizan "totalidades" en distintos estratos, ordenados jerárquicamente; las sucesiones de los acontecimientos obedecen, por un lado, de manera horizontal a un tiempo y a un espacio lineal (fenómeno diacrónico) y, por otra parte, verticalmente a procesos atemporales, "acausales" o relativos, sincronísticos. **La sincronicidad en su simultaneidad posee una causalidad no lineal, relativa y vertical (no local)**.

Hemos comprobado que no existen los fenómenos aislados y que hay información "recíproca" entre niveles; sin embargo, no hay fenómenos puramente "atemporales", sino que el tiempo y el espacio se expanden, pero también se contraen en interacción permanente; en este mar de sincronicidades, la psiquis entra en contacto con información de otras personas (telepatía) o de otro tiempo, o de otro espacio. Por lo tanto, se producen **saltos cuánticos de información atemporal, no local, de otros sistemas con los cuales estamos interconectados, mediante entrelazamientos cuánticos. El salto cuántico se produce cuando un sistema A, pasa al sistema C, sin pasar por B; lo que equivale a decir que se produce sin sucesos intermedios, al igual que el electrón al pasar de una órbita a la sucesiva, para producir el salto cuántico de menor escala.**

Decíamos, que los números presentes en las sincronicidades o síndromes de aniversarios, representan **harmónicos o resonancias** de procesos energéticos, que se ordenan en una "geometría fractal de teselaciones", una **intersección de formas geométricas y patrones de interferencia "de ondas electromagnéticas"** (trazos de vectores, confluencias, quiebres y divergencias), **que traspasan la barrera del espacio-tiempo; por ende, para su comprensión se requiere poder pensar en un tiempo no lineal, sino relativo. En los ejemplos que tomamos** (las fechas representadas por los sucesos acontecidos de los Kennedy o en el 9/11), los sucesos obedecen a distintas variables locales que se interrelacionan recurrentemente de manera siniestra con un vínculo "no local"; de esta forma, estos hechos imponen la idea de lo nefasto e ineludible, sin embargo, marcan **procesos energéticos que circulan recurrentemente por la intensidad y el dramatismo que tuvieron, y por "la falta de la debida tramitación", o elaboración psíquica. La energía y la información de todos los sistemas vivos se ordenan por capas de "información electromagnética" de complejidad creciente,** nada se pierde, todo se transforma y organiza mediante niveles jerárquicos, que determinan la distribución de las partículas y la concentración de la energía en conjuntos entrelazados e interconectados cuánticamente.

Jung sostenía que los **arquetipos** formaban parte del inconsciente familiar y colectivo; los conceptualizó como símbolos y **representaciones inconscientes, heredadas filogenéticamente. Por otra parte, vemos que estas "huellas mnémicas de la herencia",** presentes en los mitos **y otras representaciones, son estados emocionales transmitidos telepáticamente del grupo o colectivo, que es la especie humana, al individuo, sin contacto directo y sin continuidad espacio temporal.**

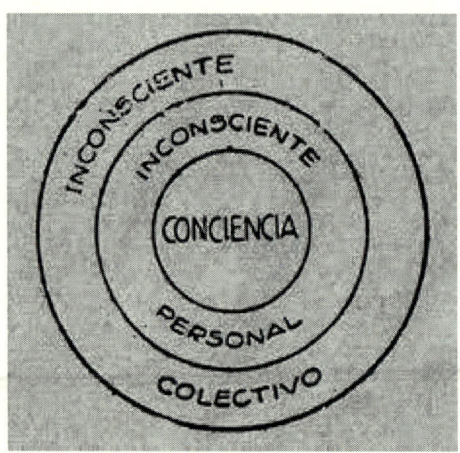

Debemos abandonar la idea de que la psiquis es algo relacionado con el cerebro; recordemos el comportamiento "significativo" o "inteligente" de los organismos inferiores que no tienen cerebro. El conocimiento absoluto, característico de los fenómenos sincronísticos, que no está mediatizado por los órganos sensoriales, mantiene la hipótesis de un significado preexistente en sí mismo. Incluso expresa su existencia. Tal es la forma de existencia que sólo puede ser trascendental, puesto que como lo demuestra el conocimiento del futuro, o de los sucesos distantes

en el espacio, está contenida en un espacio y en un tiempo relativos.
El sistema simpático, que es diferente del cerebro espinal, también puede
producir pensamientos y percepciones transcerebrales, un ejemplo son las
visiones en el estado de coma. En tanto, los arquetipos no se encuentran
exclusivamente en la esfera psíquica. [114]

En síntesis, decíamos que los **procesos de complejidad crecien-te, que ordenan jerárquicamente la información, la energía y la materia en capas holofractales o del inconsciente colectivo, se pueden presentar o "manifestar" como representaciones o "tese-laciones" numérico-fractales.** En la familia Kennedy, los sucesos que se representan en las coincidencias numéricas se dan en el nivel "jerár-quico" del clan al que pertenecen (inconsciente colectivo del linaje); además, concurren en un sustrato del alma de la nación o de los clanes afectados por la peste (una determinación no local, de otro tiempo y espacio); a su vez, el magnicidio de **JFK** posee influencias sociopolíti-cas "locales" de otro nivel jerárquico y del inconsciente colectivo de la nación o la etnia y se le agregan variables y entrelazamientos jerárqui-cos o superiores, globales, trasnacionales o universales. Al igual que los bombardeos, estos procesos, que **obedecen a capas superiores del inconsciente colectivo, se "propagan", debido a que se trata de problemáticas no tramitadas, no asimiladas por la humanidad;** como diría Freud *"es lo siniestro manifestado, es el retorno de lo "semejante" durante varias generaciones".* Aquí nos encontra-mos con que, muchas veces, lo semejante no es el hecho en sí, sino la fecha del calendario en la que se produce un suceso; sin embargo, en lo que atañe a los traumas no elaborados, **"lo similar atrae a lo similar o a su opuesto complementario",** la similitud podría ser un hecho, apetecible o aversivo, **temporal o atemporal.**

Entramos en contacto con algo "semejante" o "diferente" (complementario), cuando atravesamos las mismas coordenadas "temporales" o "espaciales" en que aconteció un suceso. El hecho

---

[114] Carl Gustav Jung. Sincronicidad.

acontecido se desplaza, luego porque (debido a su intensidad y dramatismo) fue "desmentido", generando la "atracción o la repulsión", como contraparte de la medida y el montante de la resistencia o negación aplicadas; es la resistencia o el anhelo desmedido lo que hace a *"la persistencia de la memoria"*. *"Lo que resistes, persiste"*.

Lo que condensa la energía, que pulsa para la repitencia de determinados sucesos no elaborados por la psique colectiva, es **la existencia de antagonismos de atracción y repulsión (como le decía Freud a Einstein), tendencias beligerantes y polarizaciones en torno a lo semejante-traumático, desmentido.**

Si el espacio y el tiempo son relativos, "la secuencia causa-efecto está relativizada o suprimida"; todo está interconectado, entrelazado cuánticamente; nada está separado o localizado fijamente, y todo responde a una "causalidad psíquica específica" o mejor dicho a la acausalidad o, como decíamos al principio, **a la no separatividad, no localidad.**

Lo transgeneracional

Si pensáramos "causalmente", veríamos los hechos de la familia Kennedy y otras sincronicidades como una **casualidad**; en cambio, si reflexionamos **"a-causalmente"**, como nos enseñó Jung, vemos que se trata de **coincidencias significativas,** él no pensó como muchos creen, como si fuera algo **sobrenatural**, sino que vio a **la sincronicidad como una** *"ordenación a-causal general"*, **un tipo especial de sucesos naturales.** En la conexión a-causal J.F.K. veíamos: primero, que sus bisabuelos maternos y paternos murieron, exactamente, el mismo día, aunque en años diferentes; si John se hubiera suicidado, podríamos afirmar que fue una identificación total con uno de los bisabuelos, pero fue un "magnicidio" y responde a un móvil colectivo que se enlaza con la historia familiar.

La explicación a-causal demuestra, que **hay una *sincronicidad relativa en el "inconsciente colectivo"*,** los "inconscientes familiares" o "inconscientes de los clanes" Hickey y Fitzgerald Kennedy tienen una ***"resonancia mórfica"***[115], un **"entrelazamiento cuántico", debido a una similitud**; estos sucesos están relacionados entre sí, **"lo similar atrae a lo similar o a su opuesto complementario"**; los sucesos están conectados sincrónicamente desde un punto de vista temático.

Lo traumático negado, lo NO DICHO, forma una memoria de alta capacidad y persistencia (en el fondo se encuentra la necesidad de evitar el suceso). Las catástrofes no elaboradas, los traumatismos no liquidados, **lo que no pudo ponerse en palabras, genera una gran resonancia mórfica; es un mecanismo de adaptación, "un grito biológico" que intenta transmitir cierta información para que los descendientes del clan eviten ciertas coordenadas o sucesos**; en el fondo se trata de lograr la adaptación y los aprendizajes necesarios para sortear o tramitar el obstáculo siniestro. Decíamos que el corazón era el que generaba la señal bioeléctrica con cierta intensidad, para que esta se transmitiera más allá del cuerpo; en este sentido, las parvadas o "colectivos" de abejas, los cardúmenes de peces y las bandadas de pájaros, que vuelan con movimientos sincronizados, **al "unísono"**[116], cambiando de dirección al instante, con una precisión exacta de la posición de cada individuo y girando en formación a altas velocidades: nos dan un ejemplo de **la comunicación no convencional, no verbal, de la "mente grupal" o colectiva; es un mecanismo electromagnético natural.**

---

[115] La resonancia mórfica alude a una especie de memoria colectiva heredada. Las cosas idénticas afectan a las cosas idénticas, a través del espacio y el tiempo. Todos los sistemas se organizan y tienen una especie de memoria inherente. La memoria, (capacidad de aprender), opera contra el fondo de una memoria colectiva heredada, (por resonancia), de los miembros anteriores de la especie. Ver https://www.sheldrake.org "Una nueva ciencia de la vida" y "The presence of the past morphic resonance and the habits of nature".

[116] Debemos esta explicación a Carl Jung en su libro Sincronicidad, 1952; y a Deepak Chopra, en Sincrodestino, 2009.

Agregamos algunos datos más para los **Kennedy**: Rose Mary, la hermana de JFK, fue lobotomizada a los 26 años porque sufría un tipo de desorden bipolar; su otra hermana, **Kathleen** Agnes **Kennedy**, murió a los 28 años el **13-05-48** en un **accidente aéreo**; el hermano Robert fue asesinado 23 días después, el **05-06-48 (aniversario de la muerte de la bisabuela).** El hijo de John murió el **16-07-99** en un **accidente aéreo**.

Josep Patrick "Joe", el padre de John, murió el 18-11-69 (cuatro días antes del 22-11); su padre, el abuelo de John, 18-05-99 y su mujer el 06-05-23, **Kathleen el** 13-05-48. Podríamos decir, que la repetición de los **sucesos trágicos** se debe a "**coincidencias de síndromes de aniversario**". **Repetición siniestra** de **traumatismos transgeneracionales.** Nos falta agregar el dato más evidente, el del asesino, quien también está relacionado biográficamente con las tendencias de JFK. Por otra parte, hay un **móvil colectivo**, el odio de la disidencia. En síntesis, trabajamos con las resonancias, una simetría fractal de causalidad vertical, "sincronicidad relativa"; es decir: relativa al tiempo y al espacio, según "el sistema o entrelazamiento cuántico multicausal que la afecta", una **interconexión** no local, **condicionad**a por el "inconsciente del clan", y además, por el inconsciente colectivo, el inconsciente racial y también el inconsciente global o la noosfera.

Cartografía de "lo" inconsciente. El aparato psíquico. Arquitectura de la constitución libidinal y pulsional. El Puente

Las últimas palabras de Freud, en "el Moisés", enlazaban la **transmisión filogenética** con la posibilidad de que la misma tendiera **un puente** entre la "**psicología del individuo**" y la "**psicología de la masa**", o mejor dicho, "**el inconsciente colectivo**".

El inconsciente colectivo posee una dinámica que excede a la organización que Freud supo describir para las masas; en las crisis sociales, por un lado, inciden las tradiciones (atractores: miedo y amor, instinto gregario o agrupación de la manada por la protección del líder o por identificaciones), por el otro, se producen movimientos "opuestos a la tradición", inducidos a partir del **colapso de información, que se produce como "síntesis de las disidencias" o "masa crítica", en un movimiento de oposición y complementariedad.**

En este sentido, vemos que la tradición se opone al progreso, lo instituido desplaza a lo instituyente. En el caso de las ciencias, el positivismo busca mecanismos de comprobación empírica para que el dato encaje en los supuestos perceptivos conocidos y, si se trata de hechos no observables, intenta comprobarlos estadísticamente para manipular las variables de sus causas y controlar sus consecuencias. De esta forma, la tradición positivista ha forzado el consenso en la comunidad científica, que condiciona el modo de pensar la realidad humana y global, imponiendo la hegemonía del pensamiento **causalista**–mecanicista, que intenta explicar a través del **monismo** de **una causa y un efecto**, todos los fenómenos; por ejemplo: la física clásica explica que **"los planetas se mueven por inercia".**

Por otra parte, la Física Cuántica demostró que, **debido al entrelazamiento cuántico del universo, los planetas "danzan" en una red hipercompleja de relaciones; de esta forma, sumada a la inercia mecánica formada dentro de los sistemas (como el solar), intervienen "variables no locales", procesos electromagnéticos ("cuánticos") de complejidad creciente, interrelacionados con una "causalidad energética": los planetas se mueven por inercia, y porque, su "masa gravitatoria" está en relación de entrelazamiento electromagnético "cuántico" con el núcleo de su propio sistema planetario (el sol), y este a su vez está omnideterminado por otros elementos de las espirales logarítmicas de las galaxias, en diferentes capas holofractales y espacio temporales.** Hemos descrito, que además, hay una interrelación entre los procesos psíquicos y los procesos energéticos; **hay vínculo entre la causalidad energética descrita por Albert Einstein y la causalidad psíquica descubierta por Freud; la psiquis incide en la causalidad energética universal y viceversa, los distintos estratos del inconsciente colectivo "inciden" en la psiquis individual; lo inconsciente entonces es todo aquello que existe entre el cielo y la tierra y el hombre aún no ha hecho consciente.**

La causalidad energética, que Freud introdujo dentro de la causalidad psíquica, es corroborada ampliamente en los tratamientos con "**estados ampliados de consciencia**", descritos por el psiquiatra Stanislav Grof, en la década de los 70. Su obra revolucionó el campo médico y psíquico, con la elaboración del trauma de nacimiento, pero aún, en la actualidad, la convicción médica mecanicista dominante sostiene que el bebé no es consciente del medioambiente perinatal y que no experimenta dolor. **La neurofisiología académica niega la posibilidad de la existencia de la memoria del nacimiento, porque la "corteza cerebral" del recién nacido no está formada,** (supuestamente porque los haces nerviosos no están suficientemente mielinizados e impedirían la conducción plena del impulso energético, que se involucra en la creación de la huella mnemónica encargada del registro de la sensación displacentera). Para Stanislav Grof, quien lleva escritos decenas de libros y goza un amplio reconocimiento internacional, *el nivel "perinatal" representa una intersección entre el inconsciente individual y el inconsciente racial y colectivo* [117] (pues este momento **en torno al parto -o a lo traumático del mismo-, activa repositorios, o huellas mnémicas filogenéticas, según su fase e intensidad**). Especulamos con que **podría tratarse de información "genética" y/o "morfogenética": ancestral, arcaica o palingenésica, la que se transmite en este momento de "inscripción" debido a la intensidad energética del suceso (parto traumático);** o, también, las memorias innatas pueden ser intensas y traumáticas

---

[117] Stanislav Grof. PSICOLOGÍA. TRANSPERSONAL. Nacimiento, muerte y trascendencia en psicoterapia.

predisponiendo una extrema sensibilidad que desencadena un trauma de nacimiento de magnitud considerable; cual series complementarias, estriban diferencias en ambos extremos.

> *"La transmisión transgeneracional hace un "puente" entre el inconsciente individual de Freud y el inconsciente colectivo de Jung".*[118]

Para la Física Clásica (newtoniana), el organismo está gobernado por el principio de conservación de la energía; Freud, partiendo de allí, ve al aparato psíquico como constituido en torno a una diferenciación celular, que se autoorganiza; la emergencia de un protoplasma "vital" unicelular, que se ordena a sí mismo hacia adentro, en una defensa contra los estímulos del entorno. Este mecanismo da como resultado un constructo pluricelular, que a su vez se ordena en niveles de mayor complejidad, guardando una tendencia hacia el equilibrio o dinámica homeostática, la cual siempre corre el riesgo de un eterno retorno a la vida inorgánica "libre de estímulos".

Si bien **Freud** toma en consideración el **"trauma de nacimiento"** descripto por Otto Rank, como un "montante de angustia" o angustia originaria, va a poner todo el acento en la **libido sexual**; es decir, en la experienciación de sensaciones placer-displacer, en torno al amamantamiento (fase oral), luego, el erotismo anal de la siguiente fase, después en la fase fálica y por último la **metamorfosis de la pubertad**, como lugar de emergencia y configuración de la libido, que se dividirá en yoica y objetal en tanto "invista" al Ego o a los objetos sexuales. Producto de los avatares activo/pasivo, sadomasoquistas de la constitución del ego y de su intento de liberación o de la compulsión a la repetición, **Freud** desarrollará, luego, el concepto de pulsión de muerte o vuelta a lo inorgánico; como decíamos antes, como complemento para la explicación del funcionamiento del aparato psíquico. Hacia el final de su recorrido va a marcar la importancia de **la herencia**

---

[118] Anne Schützenberger. Ay, mis Ancestros. 1988.

y del inconsciente arcaico, en la constitución del psiquismo, pero es un tema vedado y constituye casi un tabú en Psicoanálisis.

Cuanto más temprano sea el traumatismo recibido, mayor será la perturbación del desarrollo.

Wilhelm Roux 1881.

Otto Rank aportó al Psicoanálisis la conceptualización del trauma de nacimiento. A diferencia de Freud, Rank sostenía, que el trauma de nacimiento era el causante de las perturbaciones psíquicas, desestimando de esta manera el acento freudiano puesto en la etiología sexual como causación de la patología. Para él, *la angustia de nacimiento es angustia de separación y reinterpreta a la sexualidad infantil como un deseo de regresar al útero materno.*

Para el psiquiatra, psicoanalista, y uno de los pilares de la psicología integral transpersonal, **Stanislav Grof**: *los traumas infantiles no representan las causas patogénicas primordiales, sino que crean las condiciones que facilitan la manifestación de energías y contenidos de niveles más "profundos" y arcaicos de la psique.* Por otra parte, Alfred Adler, contemporáneo de Freud, sostenía que el neurótico no disfruta de la vida, porque, debido a las experiencias de su infancia, formó un **"mapa protector"**, y se **resiste al cambio, porque fue la única pauta de adaptación que fue capaz de construir.**

"Todo querer, es querer compensar algo"

Alfred Adler.

Wilhelm Reich concibió la economía psíquica como parte de otros procesos energéticos y, paralelamente, desarrolló un concepto análogo del de "mapa protector" adleriano al que llamó **"armadura del carácter"**. Si bien son conceptos solidarios al de **"narcisismo"**, desarrollado por Freud (en cuanto a la colocación de la **libido yoica y la de autoconservación**), el énfasis, tanto en Adler como en Reich, está puesto en que: **esta "estructura caracterial" se torna patológica, cuando su constitución es incrementada por la defensa creada en torno a grandes traumatismos o, por la disrupción de lo sexual;** derivando en una **pseudo sexualidad,** en palabras de Reich *"una sexualidad lastrada de impulsos pregenitales".*

El punto de vista reichiano es **biofísico**; concibe al psiquismo constituido por una única **energía universal**, lo mismo sostiene Jung. Estas formas de pensar el entramado energético de los procesos vitales se acercan a las cosmovisiones de las tradiciones védicas, en donde todo se encuentra interconectado energéticamente en una red de relaciones complejas, en las que "la consciencia" es una parte o "un elemento" del todo. Reich denomina a la energía universal "**orgón**", en honor al **orgasmo**; para él, cuando la energía universal queda encapsulada dentro de la **coraza caracterial**, genera una sintomatología biofísica "psicosomática", bloqueos musculares o contracción de la musculatura toda, tensiones, bruxismos, estructura, que es la base para la "biopatía del cáncer".

La pulsación, el latido, es la principal manifestación de la energía orgónica para Reich, quien mediante **técnicas de manipulación somática e hiperventilación**, logró la **liberación de los bloqueos corporales y energéticos. Posteriormente, Stan Grof,** descubrió que gran parte del "**montante energético encapsulado**" sintomático, provenía de las **experiencias traumáticas perinatales**, las cuales funcionan como **base** o sedimento sobre el que se yergue luego, como mecanismo de defensa, la denominada "**armadura corporal**" (muscular – caracterial). Actualmente, vemos que el mapa libidinal es de determinación múltiple, en tanto la defensa o "coraza narcisista", adquiere mayor importancia porque sobre lo traumático perinatal encapsulado, se agrega la energía pregenital de las pulsiones parciales e impiden el arribo a la sexualidad genital, el disfrute pulsátil sexual y la salud biofísica. Por otra parte, para Grof, **la energía biofísica perina-**

tal encapsulada, se entremezcla con la "libido sexual" bloqueada, persiguiendo una descarga periférica en los genitales. El individuo está inundado por la energía perinatal, que necesita ser descargada por cualquier medio posible, los genitales, en estas circunstancias, se convierten en el canal ideal para la descarga periférica de dicha energía, que puede liberarse explosivamente o bloquearse; **esta reacción limita la capacidad sexual (impotencia, frigidez, precocidad), y en la mayoría de los casos, impide realización del orgasmo pleno, realizando solamente un placer parcial.**

Reich sostuvo, que la base de las perturbaciones somáticas se encuentra en una pulsación limitada o inadecuada del aparato "sanguíneo y vegetativo", manifestándose en una **respiración atrofiada e incompleta.** Actualmente, se ha comprobado que el corte temprano del cordón umbilical, a la mayoría nos ha sucedido, provoca una anoxemia (falta de oxígeno en el cerebro, distintos niveles de muerte neuronal), lo que "estresa" al narcisismo fetal, con una intensidad para la cual no está preparado filogenéticamente en ningún caso. Entonces, los descubrimientos reichianos cobran un sentido mayor, ya que **la armadura del carácter conserva los traumatismos fetales.**

Se ha comprobado, ampliamente que el traumatismo de nacimiento es condicionado por las experiencias "traumáticas" en la madre, perturbaciones sexuales, abortos o accidentes, que han dejado secuelas físicas o psíquicas, las cuales a su vez están determinadas por traumas transgeneracionales y por las condiciones socio históricas. Entonces, el trauma de nacimiento es producto de un parto traumático, displacentero en sobremedida para la madre y para el feto, y es provocador de **distintos niveles** de anoxemia cerebral, lo cual será la base del montante traumático físico y de una **respiración inadecuada** que, a posteriori, creará una serie de **procesos anaeróbicos y patógenos,** en distintos grados. Reich sostuvo, que el cáncer es producto de una **respiración atrofiada;** la comprensión holística de los niveles de complejidad creciente suma las determinaciones, tanto de la **armadura del carácter, como de eventos traumáticos posteriores, "shocks",** que predisponen a la contracción de tumores. **Por otro lado, se ha comprobado que el ambiente anaeróbico, promovido por la respir**ación deficitaria, **oficia de medio apto para el posterior crecimiento de las células tumorales; sin embargo, no es la causa de su emergencia.**

Actualmente, hay información abrumadora, que comprueba que los traumatismos transgeneracionales provocan encapsulamientos y bloqueos energéticos uterinos, (úteros contraídos no pulsátiles, como sostenía Reich) derivando en partos traumáticos, los que a su vez, dependen de múltiples determinaciones, como por ejemplo los mecanismos culturales descritos por Reich: **una sociedad que crea soldados, competidores** en lugar de humanos solidarios y empáticos.

Asimismo, la expectativa creada en torno a las prácticas médicas invasivas, induce cierto estrés, o dispara, la **"angustia-señal"** de un trauma inminente, que se suma al montante psíquico condicionado previamente. En la parturienta, hay otras influencias tempranas, que perturban la vida fetal, como pueden ser los abortos previos "inscriptos" en el campo de la memoria celular uterina, o el estrés químico, presente durante la gestación, que es capaz de cruzar la placenta. Es importante remarcar que, el **vínculo primario** de amamantamiento, o, de "simbiosis primaria" positiva, será decisivo para **contrarrestar los traumas perinatales**, esta relación primordial oficiará como un determinante, que edificará, positiva o negativamente, la construcción de las improntas neurales, que serán la base del carácter.

En el complejo entramado de las enfermedades **psicosomáticas** influirá, por un lado, la constitución libidinal, y por otro, la **indebida** o frustrada **tramitación**, tanto **de la libido** como de los distintos **impactos conflictivos** del estrés medioambiental. Para Reich, la cura necesita el desarmado de la coraza caracterial; él lo logró incorporando a las distintas técnicas psicoanalíticas freudianas, elementos como la **hiperventilación** y otros ejercicios de respiración, que posibilitan el aprendizaje de la **"respiración total"**, completa, permitiendo la pulsación correcta, la vida pulsátil.

La amalgama de técnicas reichianas lleva el nombre de **Bioenergética**. Esta **visión integral** permitió, ya hace 100 años, la curación de las
neurosis y de patologías orgánicas severas. Los pacientes tratados por
Reich y sus discípulos lograron la superación de sus conflictos psíquicos y además, progresaron en la producción de orgón (energía psíquica,
libido), pudiendo llevar adelante una **vida pulsátil,** que se expresa en
movimientos del cuerpo naturales y en la disolución de las tendencias
pregenitales, propiciando el alcance del **orgasmo pleno y maduro,
cérvico-uterino en la mujer y de movimiento involuntario de la
pelvis en el hombre**. *"Sabemos, que lo que le mantiene confinado es
su disturbio genital básico, su impotencia «orgástica», "el núcleo bioenergético de la vida y su sentido cósmico es la función del orgasmo; es
decir, la convulsión involuntaria de todo el organismo viviente, durante
el abrazo macho/hembra en la descarga de la bioenergía de uno dentro
de otro".* Él sostiene que *la coraza caracterial es responsable de la
incapacidad del hombre para alcanzar el universo, entender
la vida alrededor de él y en sus recién nacidos*. Wilhelm Reich, el
asesinato de Cristo.

Carl Jung, también consideraba una única energía que, en el desarrollo del organismo, se transforma parcialmente en la "**libido sexual**";
Freud rechazaba la idea junguiana y luego, postuló el dualismo: "**pulsiones de vida" y "pulsiones de muerte**". **Sabina Spielrein**, paciente y amante de Jung y, luego, paciente freudiana y psicoanalista, pensó
que **la verdadera sexualidad, demanda la destrucción del ego.**

*"Los recuerdos de traumas físicos graves, tales como el haber estado a
punto de ahogarse, heridas, accidentes, operaciones y enfermedades,
parecen ser de mayor importancia que los traumas psicológicos en los que
hacen hincapié la psicología y la psiquiatría contemporáneas. Dichos
recuerdos de traumas físicos parecen estar directamente relacionados
con el desarrollo de diversos desórdenes emocionales y psicosomáticos, depresiones, ansiedad, fobias, tendencias sadomasoquistas. Esto se cumple*

incluso en el caso de experiencias asociadas a operaciones realizadas bajo anestesia general".[119]

Los recuerdos del nacimiento, "el trauma" del nacimiento, la angustia

Según **Jesús Fuenmayor Rivera,** miembro de I.P.A., "La escena primaria forma parte de la preconcepción filogenética" (FEPAL 2004). El momento de la **fecundación** es el **desencadenante** exponencial o sumatorio de las **fuerzas heredadas**, impregnadas de lo emocional aportado por los padres antes, durante y después del coito. Las experiencias de **amor y odio**, vivenciadas durante varias generaciones, dejan sus huellas psíquicas en los genes de todas las células, predisponiendo a su mejor funcionamiento o no.

Como decíamos anteriormente, la información de todo el universo se encuentra condensada en cada una de sus partes, las vivencias palingenésicas están presentes ya en el útero materno, inclusive en las células germinales; la unión de estas células es uno de los diversos "momentos" desencadenantes y habrá condicionantes de distinto grado e intensidad variable. Recordemos, que Otto Rank (1924) sostuvo que: *"el ser humano sufre un trauma al nacer y aspira volver al útero materno";* decíamos, que **Freud** prestó atención al trauma del nacimiento, y sostuvo, que es la **reacción de angustia aportada por el proceso de alumbramiento al representar la primera separación de la madre, destinada a repetirse en cada separación o pérdida del objeto**; la instancia intrauterina es el paraíso perdido, el cuerpo materno como sede de una situación ambiental ideal de nutrición y de registro térmico perfecto.

La idea de Otto Rank, era que a la neurosis la provocaba la **angustia de nacimiento**; para Freud, la angustia vivida en el trauma de nacimiento es solamente una especie de **"molde"**, **urbild o arquetipo**,

---

[119] Stanislav Grof, Muerte y Nacimiento en Psicoterapia.

de lo que serán los posteriores desarrollos de angustia en el individuo; el desprendimiento del seno materno (fin del amamantamiento), el aprendizaje del control de esfínteres: **una parte del cuerpo propio que se separa**, las heces, y luego se sumarán a estos, una serie de pérdidas que "el yo" tendrá que aprender a **elaborar, enfrentado antitéticamente contenidos placenteros y displacenteros.**

El yo, Ego, quedará más o menos fijado a ciertos modos "económicos" de apartar el dolor y buscar el placer. Así, retomamos la idea de **Otto Rank**, de considerar que el **parto** podría ser un **traumatismo duradero** y favorecedor del desarrollo de la patología, pero, no lo elevamos por encima de la "causación sexual" freudiana, sino, como dijimos al principio, citando a Freud: **debería tenerse en cuenta en igual proporción que otros factores constitucionales, ya que existen relaciones de cooperación y no de exclusión.** Entonces, tanto en el nacimiento como los otros estadios del desarrollo psicosexual, libidinal, **una fase determina a la otra, habiendo asimismo efectos retardados, fijaciones y regresiones.**

Al trauma de nacimiento, también, **debemos tenerlo en cuenta según su magnitud, o porque potencia los avatares previos de la vida intrauterina, y también por otras determinaciones preexistentes en los ascendientes inmediatos, incluso hasta "varias generaciones en el pasado".** Otro de los discípulos disidentes de la ortodoxia, fue Sandor Ferenczi, quien en su "epopeya filogenética", THALASSA[120], nos describe a la situación intrauterina como una repetición amenguada de la palingénesis, diciendo: *"la complexión sufrida en el canal obstétrico despierta, no sólo la angustia, sino también la cólera, y esta se repite en el coito, Consideramos tanto al sueño como al acto sexual, regresiones a la vida intrauterina".* [121]

---

[120] Thalassa: escrito en 1914, entre el requerimiento militar de la guerra y la sexualidad, la pluma de Sandor Ferenczi traza una continuidad entre la muerte y el coito.

[121] Ibídem.

Para Sandor Ferenczi, "**el coito** representa la **descarga parcial del "efecto de choque" traumático del nacimiento, que aún no ha sido liquidado**".[122] En la vida intrauterina, el desarrollo embrionario, reproduce "abreviadamente", toda la evolución de las especies; en la embriogénesis el cuerpo materno se transforma en el mar de la salamandra: allí el feto vive toda su fase branquial, (complemento perigenético de la ley biogenética).

> *Vemos al coito como acciones simbólicas, mediante las cuales el individuo revive el placer de la existencia intrauterina, la angustia del nacimiento y, por último, la alegría renovada de escapar felizmente a este peligro. Restablecer la existencia acuática en el útero materno, húmedo y rico en alimentos es el deseo de regresión talasal.* [123]

Según Ferenczy, **los rasgos mnémicos de todas las catástrofes filogenéticas, se han acumulado en el plasma germinal, al igual que las experiencias traumáticas no liquidadas, perturbadoras la vida individual, están acumuladas en el órgano genital y se descargan a través de él;** para Freud, actúan de idéntica forma que las excitaciones perturbadoras no liquidadas formadoras de las **neurosis traumáticas: obligan a repetir incesantemente la situación de malestar,** bajo una forma cuantitativa y cualitativamente atenuada, permitiendo en cada repetición, obtener la liquidación de una pequeña fracción de la tensión penosa. "*Lo que llamamos herencia es, posiblemente, la transferencia a la descendencia de la mayor parte de esta tarea penosa, que consiste en liquidar los traumatismos*".[124]

> *La muerte, como el sueño y el coito, presentan rasgos que la asemejan a la regresión intrauterina".* [125]

---

[122] Ibídem.

[123] Thalassa: escrito en 1914 Sandor Ferenczi.

[124] Thalassa: escrito en 1914 Sandor Ferenczi.

[125] Ibídem.

De este simbolismo expresado por Ferenczi, presente en representaciones místicas y de algunos saberes ancestrales, se extrae el razonamiento de que **los procesos de muerte o de nacimiento** son **permutables en el sustrato del inconsciente colectivo, por lo tanto, se habla de muerte-renacimiento**. Los desarrollos de Ferenczi tienen importantes corolarios y también se cuentan entre los más significativos que dan continuidad a la obra Freudiana.

Unos años más tarde, y ya en *Inglaterra*, Donald Woods Winnicott, a quien el árbol no le tapó el bosque, nos dice que *"el efecto general del nacimiento es, por medio de su enorme estimulación sensorial, organizar y convertir el narcisismo fetal"; "el nacimiento deja unas huellas individuales únicas que se superponen a las pautas de angustia y libidinales genéticamente determinadas. Un severo trauma de nacimiento puede provocar un estado, al que denominaré «congénito», de paranoia, aunque no hereditario. En el nacimiento no traumático, la reacción ante el ataque que entraña el nacimiento no sobrepasa a la reacción para la cual está preparado el feto.* **(Winnicott,** Los recuerdos del **nacimiento**, el **trauma** del **nacimiento** y la angustia, **1949).**

Recientemente, se ha descubierto que, en el momento del nacimiento y en el de la muerte, se libera naturalmente gran cantidad de DMT (dimetiltriptamina); esta sustancia participa, también, de la formación de los sueños y en otros estados no ordinarios de conciencia.

> *"Estamos hechos de la misma sustancia que los sueños".*
>
> William Shakespeare.

Stanislav Grof, investigador en estados ampliados de conciencia, y creador de la **psicoterapia Holotrópica**, sostiene, que ***"La sexualidad está íntima e inseparablemente conectada con las sensaciones y emociones asociadas, tanto al nacimiento como a la muerte".***[126] En sus experiencias clínicas sobre las vivencias y reproduc-

---

[126] Stanislav Grof. PSICOLOGÍA. TRANSPERSONAL. Nacimiento, muerte y trascendencia en psicoterapia.

ciones del traumatismo de nacimiento, **"lo perinatal"** (sucedido en el preparto y en el alumbramiento), "aisló" IV "fases" o "matrices" **(microsistemas con experiencias positivas y negativas "condensadas") asociadas al nacimiento**, las cuales, además de poseer su propio contenido emocional y psicosomático, están dotadas de las mismas sensaciones físicas, y funcionan como material organizador en circunstancias similares.

Tanto en las experiencias de Stan Grof, como en los historiales de pacientes de la clínica psicoanalítica profunda, se demuestra que **las experiencias intrauterinas y perinatales activan repositorios filogenéticos, positivos y negativos,** que se organizan como sistemas de experiencia condensada, Grof los llamó "COEX" (constelación dinámica de recuerdos condensados). Los sistemas COEX tendrán los "principios organizadores" de todos los niveles de la psique, con sus correspondientes fantasías asociadas, de diferentes períodos de la vida del sujeto, que lograran tener una fuerte carga emocional.

Para nosotros, el proceso alrededor del parto, lo perinatal, será el **inicio** de la **primera metamorfosis**; el feto y el organismo materno constituyen un todo indiferenciado, y con la expulsión del feto, en el canal de parto se producirá la **separación física** del bebé. Luego, vendrá el corte del cordón umbilical; pero, la simbiosis psicoafectiva con el organismo materno continúa con el amamantamiento y los demás cuidados, que prolongarán la vivencia de **fusión indiferenciada** con el "cascarón", que constituye la madre como un **todo orgánico**: nutricio y protector de ese **yo de placer purificado**. El proceso de separación de la madre, o primera metamorfosis, continuará pasado el destete y probablemente hasta que el niño pueda ir a jugar con otros niños. Será de vital importancia, el ejercicio de la terceridad para madurar esta etapa y arribar a la **segunda metamorfosis**, descrita por Freud como **"metamorfosis de la pubertad";** allí, comienza la tormenta hormonal, y el desarrollo de los caracteres sexuales secundarios, continuando, luego, con **la tercera metamorfosis:** la sexualidad la de la vida adulta y el proceso de individuación. En cada etapa, se debe abandonar cierto equilibrio y confort, desorganizar la experiencia para transformarse, transmutarse, en un proceso de **muerte-renacimiento**. El crecimiento implica el dolor de morir a la vieja forma de la oruga para convertirse en mariposa.

Para comprender el inicio de la primera metamorfosis, la separación con el organismo materno, Grof vinculó las IV matrices perinatales con las fases iniciales de desarrollo libidinal freudianas:

Matriz Perinatal Básica I: "Universo amniótico", de **deleite fetal**, representa la unión simbiótica con el organismo materno, fuente de seguridad y alimento (será la base para una constelación dinámica de recuerdos, interrelacionada con el denominado "pecho bueno"); diversos factores físicos, químicos, biológicos y psicológicos pueden entorpecer gravemente dicho estado, como por ejemplo, insuficiencias en la placenta. El **aspecto negativo se vincula con perturbaciones uterinas**, el denominado "**vientre malo**", y se relaciona simbólicamente con sueños de aguas contaminadas, entidades destructivas o **con síntomas** como **náuseas, desórdenes intestinales, distorsión paranoide de la realidad.** Esta matriz está **interconectada dinámicamente** con la fase oral freudiana.

Matriz Perinatal Básica II: en el inicio del parto se produce una perturbación del equilibrio intrauterino, con la aparición de señales químicas de alarma, cuando aún el útero está cerrado. El feto es constreñido por espasmos uterinos y angustiado por el peligro vital inminente. Si el bebé no permanece demasiado tiempo, y logra junto a la madre, que se produzca la dilatación uterina, inmediata, se produce la vertiente positiva que permitirá la expresión de una vida libre y pulsátil. El aspecto negativo se asocia al simbolismo de aguas contaminadas, y peligros subacuáticos; la personalidad, puede desarrollarse sobre la base de sensaciones de: no hay salida, infierno, prisión-claustrofobia, retención fecal, náuseas, desórdenes intesti-

nales, y, arribar, a una visión pesimista de la vida y del mundo. Esta matriz se interconecta con las fases oral y anal freudiana.

Matriz Perinatal Básica III: Es la segunda etapa del parto "normal", cuando el cuello del útero está dilatado y el bebé recibe las presiones mecánicas, producto de las contracciones naturales. Si esta fase se prolonga por la falta de dilatación uterina o por el tamaño superior a lo normal del feto, se produce una "ansiedad vital profunda", por la aparición de contracciones anormales, o por la presión desmedida del vientre sobre el naciente; asimismo, por la demora del proceso comienzan a desarrollarse ciertos niveles de **anoxemia**, es decir, la falta de oxígeno, debido a las demandas energéticas de un proceso dilatado en el tiempo, y a una placenta que ha agotado su función. También, podría haber asfixia por el estrangulamiento o repliegue del cordón umbilical, y podría producirse contacto con sangre y heces (en nariz o boca, incluso, aspiraciones de meconio). Si estas presiones mecánicas se superan rápidamente, se dará el aspecto positivo de esta vertiente, y la vida del sujeto estará coloreada por el simbolismo de una lucha titánica, excitante; una vida "pulsátil", con una sexualidad placentera, equilibrada y un espíritu optimista.

Esta matriz está interrelacionada con la fase fálica freudiana, si el dolor u obstáculo, del canal de parto, supera el "umbral fetal", se dará el aspecto negativo, que se expresará, simbólicamente, en el horror a la castración y a la "vagina dentada"; con las consecuentes dificultades en la vida sexual. La vertiente sadomasoquista proyectará, los espasmos uterinos introyectados, como pensamientos **religiosos, que imponen el sacrificio propio.** Es fuente de toda simbología bélica o perversamente destructiva, la tortura, la asfixia, la violación (como venganza contra la vagina), la pirocatarsis (proyección del ardor recibido en el canal de parto), las orgías satánicas, el juicio final; también, es la base de ciertas parafilias como la defecación y la micción (coprofagia-urolagnia), la naturaleza tortuosa de la sexualidad, y el incesto.

La transición de la Matriz Perinatal Básica 3 a la 4 es comúnmente representada, simbólicamente, por el Ave Fénix, la pirocatarsis se asocia, arquetípicamente, con la "*calcinatio*" y con el elemento fuego, en el simbolismo de los procesos de muerte y renacimiento. **Recientemente, se descubrió, que en esta parte del proceso se produce la liberación de gran cantidad de DMT; al igual que en el momento de morir,** es muy posible, que el DMT tenga un sinnúmero de efectos, sobre el psiquismo fetal, más allá del alivio de la angustia o del dolor.

Matriz Perinatal Básica IV: Se trata de la expulsión final del feto del canal de nacimiento, seguida por el alivio, la relajación y el encuentro con la luz. Si el corte del cordón umbilical es muy rápido, podría agravar el principio de anoxemia. Hay que pensar -como decía Winnicott-, que la vertiente positiva se dará, cuando este proceso doloroso, resulte inferior a lo que el organismo es capaz de soportar. A lo que sobrevendrán el alivio y el deleite de vivir.

La Terapia Holotrópica comprobó que el encapsulamiento de las **emociones** y sensaciones físicas, originadas en el **trauma del nacimiento,** representan, solamente, una **fuente potencial** de los **trastornos** mentales; el desarrollo de la patología y **su gravedad, quedará codeterminada por el historial postnatal** del individuo y por la naturaleza dinámica de los sistemas COEX. **Estos sistemas** son "los núcleos de las formaciones simbólicas" y están multideterminados, por experiencias de contenidos condensados; provienen **de huellas mnemónicas arcaico-ancestrales y filogenéticas, que logran recombinarse con elementos de distintas áreas de la experiencia vital** (mientras guarden un vínculo emocional o temático-simbólico); a posteriori, logran organizarse en una relación espacio-temporal, cuando el individuo adquiere el lenguaje y madura las categorías racionales; **la psiquis reorganiza y reinterpreta la predisposición y el vivenciar de las experiencias en cada etapa de desarrollo.** Algunos hechos cobrarán, luego, un efecto retardado, como intuyó Freud.

Las huellas mnemónicas ancestrales, activadas tempranamente, ya sea en experiencias intrauterinas o posteriores, tendrán la fuerza para generar un determinado color, en lo que Freud llamó **fantasías originarias o protofantasías**, las cuales son patrimonio filogenético "universal". En tanto, al cobrar efecto la represión en lo real, las fantasías serán **resignificadas** en la fase fálica y adquirirán además un "efecto retardado", que alcanza su cúspide **en la madurez genésica**; encontramos, también, como universales los hechos que se considerarán **"fantasías de seducción"** por parte de los adultos, **la escena primaria sexual** (protofantasía de **concepción filogenética o ancestral**), las teorías infantiles de la "**cloaca**", la **mujer fálica**, y la de la **castración** en el sexo femenino.

Como resultado del pasaje por las distintas etapas "constitutivas", hallaremos una **dinámica entre tendencias de amor y odio: polarizaciones de atracción y repulsión,** que fueron descritas en el **dualismo pulsional freudiano,** ya antiguamente conceptualizadas por los sistemas filosóficos como **el yin y el yang**, o, el bien y el mal. El entramado dinámico del psiquismo, que parte de las constelaciones de recuerdos originados en el proceso perinatal y de las fantasías originarias, continúa con las experiencias en las "fases freudianas" y, junto al desarrollo del complejo de Edipo, determinarán la base emocional del carácter y la madurez psicofisiológica. Así, en los distintos fenómenos asociados a la **gestación** y al **parto**, se **activan los repositorios o las huellas mnémicas filogenéticas**, según su fase e intensidad. De ello, se desprende la **predisposición** o **fijación** a mecanismos relacionados con las distintas **fases, mediatizados por** el placer y el displacer, aquí, la introyección, la ingesta o la repulsión, serán la base de la relación oral; la retención o la expulsión, de la relación anal; a igual que la fobia de la situación del sin salida, y otras experiencias que serán la base de los futuros desórdenes o "estructuras clínicas".

En los casos de estrangulamiento con el cordón umbilical, partos con fórceps y otras complicaciones, encontramos en su basamento, un fuerte estrés gestacional. Hay amplísima bibliografía sobre el tema;

en cuanto al "enroscamiento" del cordón umbilical se da por shocks emocionales o cuadros de ansiedad generalizada en la madre y predispone a una grave dependencia vital y a conductas autodestructivas, el simbolismo asociado por distintos autores es que *la fuente de vida se transforma en fuente de muerte.*

La experiencia terapéutica llevó a Grof, a realizar una técnica complementaria, al encuadre psicoanalítico clásico, la ya mencionada Respiración Holotrópica, al principio, obra al modo de una "regresión no inductiva"; sin embargo, cabe aclarar, él la realizó, únicamente, en aquellos pacientes que ya habían avanzado en el **"aspecto biográfico"** psicoanalítico. Así, lo holotrópico, es ir más allá de los recuerdos asequibles a la conciencia y al lenguaje; se trata del trabajo sobre los "recuerdos" (representación-cosa), de la **fase preverbal** y del período perinatal; aunque, de este modo, no se evita el previo y necesario, tratamiento de los síntomas biográficos, descritos en la literatura psicoanalítica.

Pudimos observar, que los genitales se convierten en el canal ideal para la descarga periférica de la energía perinatal y que (mediante este efecto, debido a la solicitación del "recuerdo" del nacimiento), se pretende lograr una liberación explosiva, lo cual conduce a la eyaculación precoz o a una inhibición ansiógena, en los casos de impotencia. Dicha energía, se asocia con impulsos sadomasoquistas, angustia vital, culpabilidad profunda, temor a la pérdida de control, y a un conjunto de síntomas psicosomáticos, característicos de la MPB III (tres). Entre las principales manifestaciones fisiológicas y psicosomáticas, encontramos: el miedo a la asfixia, angustia "panicosa" (cardiovascular), dolores musculares y espasmos intestinales, calambres uterinos y preocupación por la pérdida de control de la vejiga o del esfínter anal. Esta energía, representa la gestalt incompleta del parto, y es la manifestación de un estado orgánico, que intenta responder a una amenaza vital.

Más allá de las raíces infantiles del miedo a la castración, la representación de la vagina dentada se suele asociar a los recuerdos somáticos y arcaicos un pasaje por el canal de parto dificultado, situación de la que quedaron secuelas como sensación de "quemazón", desmembramiento provenientes de "un todo" "desgarrador"; **los genitales femeninos han matado numerosos seres.** [127]

Para Grof, **la necesidad de crear una situación sadomasoquista es un intento de purgar e integrar la expresión traumática del nacimiento.** Entendemos, que el incremento de la pulsión de "erotoagresividad", sufre múltiples influencias: intrauterinas, vividas como amenaza física o vital; residuos de la preconcepción **"filo-morfogenética"**; luego, se incrementa en la lucha por la vida, intentando respirar en el canal de parto, mucho más cuando es prolongado (ya que la placenta hace horas que está suministrando poco oxígeno), **el naciente introyecta los espasmos uterinos "hostiles" y los combina con los impulsos agresivos innatos, que le sirven para hacer frente a la situación, mientras tanto sufre espasmos entérico-anales como contrapartida** (producto de la prolongada constricción). En el posterior desarrollo del bebé, se podrán sumar a este montante energético, la agresión oral del período lactante (de la relación con un pecho malo), y otros avatares de padecimiento físico en la situación generalizada de "inermidad del infans"; destacamos, que la relación ambivalente con el pecho materno (Klein), generara frustraciones orales y emocionales; el castigo en la etapa de aprendizaje del control de esfínteres agravará los espasmos entérico-rectales, que intentarán controlarse con la musculatura periférica anal, surgiendo así la porfía, la terquedad controladora y ahorrativa del carácter (o su opuesto), tal como lo describió Sigmund Freud en la fase anal, con la emergencia de la ambivalencia sadomasoquista.

La repetición de estas influencias y determinaciones en el simbolismo de la vida diaria y en la actividad sexual (lastrada de impulsos pregenitales), tendrá como objetivo malogrado, la tramitación de la

---

[127] Stanislav Grof. PSICOLOGÍA. TRANSPERSONAL. Nacimiento, muerte y trascendencia en psicoterapia.

energía no ligada, que quedó presa de las pulsiones parciales en estos distintos jalones. De esta manera, **los genitales se convierten en la vía de descarga de la energía erotoagresiva "pregenital" y "perinatal", conceptualización solidaria a la de** *coraza caracterial*, **planteada por Wilhelm Reich.**

La Psicoterapia Holotrópica ha comprobado, que además, otros elementos quedan registrados en el ámbito de la memoria somática. Un ejemplo de ello, son los individuos nacidos bajo la influencia de anestesia general, los cuales experimentan dificultades para completar proyectos; también, cuando hubo manipulación o fórceps, el sujeto en cuestión, necesita ayuda para finalizar emprendimientos, lo mismo sucede cuando el bebé hizo un trabajo prolongado, debido a que faltaba dilatación y se suministró oxitocina a través del suero. La sensación y el "registro", que quedan inscriptos, determinan una necesidad imperiosa de recibir **ayuda desde el exterior para lograr la liberación, explosiva.**

El neonatólogo Marshall Klaus, observó, ya en 1967, que las madres de los prematuros, de regreso a sus hogares, tenían muchas dificultades para vincularse con sus bebés. La causa hallada fue que no se les permitió acceder a ellos mientras estuvieron hospitalizados, hecho que a nivel teórico permitió la conceptualización de la noción de **"período sensitivo".** El período sensitivo es **crucial para el restablecimiento del vínculo madre-hijo, luego de la pérdida del paraíso intrauterino.** Si a continuación del parto, se sumerge al recién nacido en agua tibia, simulando las condiciones intrauterinas, esto constituye un poderoso elemento tranquilizador y curativo, dice Stanislav Grof. *"Es como si se le dijera al recién nacido, en un idioma que es capaz de comprender: «No ha ocurrido nada horrible e irreversible. Las cosas han sido difíciles temporalmente, pero ahora te encuentras, más o menos, en el mismo estado que antes. Y así es cómo es la vida; puede ser dura, pero si uno persiste mejora de nuevo». Este enfoque parece imprimir en el niño, casi a nivel celular, un optimismo general o realismo con relación a la vida, una seguridad sana en sí mismo y la habilidad de enfrentarse a retos futuros. Responde* *positivamente, para la totalidad de la vida del individuo, a la pregunta que Einstein consideraba fundamental, con relación al problema de la existencia:* «¿Es el universo un lugar amigable?» ".[128]

Si, por el contrario, el recién nacido es sometido al tratamiento médico clásico, la experiencia es diferente. El cordón umbilical se corta, casi siempre inmediatamente, (no permitiendo la paulatina administración de oxígeno placentario, hasta que la respiración pulmonar esté establecida completamente), se limpian los conductos respiratorios y se le da un golpe para estimular la respiración, se lo limpia y muchas veces se lo pesa en una balanza helada, se lo separa de la madre, devolviéndoselo en el transcurso de los próximos días. *"El registro de la pobre y **adversa interacción humana** que el niño recibe, **no permite contrarrestar el traumatismo por lo cual emerge con un mensaje "inoculado", según el cual el paraíso intrauterino ha sido perdido para siempre y jamás recuperará una pizca del bienestar percibido en la simbiosis con el organismo materno, queda grabada así, una sensación de inseguridad, ya que el medioambiente es un lugar hostil"*[129], sostiene Stan Grof**.

Es de extrema importancia considerar, que: si luego del trauma de nacimiento, en los primeros años de la infancia, **predominan experiencias positivas, se contrarresta el impacto** de las emociones, sensaciones y energías perinatales; por el contrario, **la traumatización prolongada a lo largo de la infancia**, no solamente deja de crear la protección, sino que **contribuye a la aparición e incremento de las reservas de emociones, y sensaciones negativas, almacenadas en el nivel perinatal**.

> *"Los individuos que reviven su nacimiento aseguran frecuentemente haber descubierto un profundo vínculo entre la pauta y circunstancias de su nacimiento y la calidad global de su vida. Parecería que la ex-*

---

[128] Stanislav Grof. PSICOLOGÍA. TRANSPERSONAL. Nacimiento, muerte y trascendencia en psicoterapia.

[129] Ibídem.

periencia del nacimiento determina los sentimientos básicos sobre la existencia, la imagen del mundo, las actitudes hacia los demás, la relación entre el optimismo y el pesimismo, la estrategia global de la vida e incluso elementos tan específicos como la confianza en sí mismo y la capacidad de resolver problemas y proyectos." [130]

Los síntomas compulsivos son inducidos por accidentes o frustraciones, que impulsan la regresión tópica, temporal y formal; o simplemente, se recrean por la atracción emanada del quántum de energía libre, en **un intento de liberación incompleto, de las fuerzas constrictoras, introyectadas en el canal de parto**; se pretende lograr, nuevamente, una **"lucha"** (emergen instintos canibálicos, el odio a la vagina y el deseo de muerte hacia el organismo materno), que intenta reproducir la descarga de la tensión, (igual a la que se produjo "**explosivamente**" en la finalización del parto, la 4.ª matriz). Estos síntomas sufrirán, luego, "sobredeterminaciones" en la fase anal y pueden provenir de otros determinantes transgeneracionales. Por otra parte, la ansiedad e inseguridad características de las neurosis histéricas (que, generalmente, se alivian en el confort sensorial, que aportan los vínculos simbióticos y de dependencia emocional), se interrelacionan con vivencias de la MPB 1, en donde la unión con el organismo materno era el paraíso nutricio y acogedor.

Al activarse estos repositorios de energía perinatal, producto de otros traumatismos en las distintas fases de desarrollo "freudianas", se inervarán zonas erógenas parciales, que "fijarán" una sexualidad pregenital. Sigmund Freud observó, que las neurosis obsesivas, además de las compulsiones, manifiestan distintas ambivalencias afectivas, un ejemplo es la rebelión contra Dios o fuerzas superiores de la sociedad que se alternan con la beatería religiosa (someterse y obedecer). Stan Grof sostiene que: ***"el correlato biológico de la «divinidad-castigadora» es la influencia constrictora del canal del parto"*** (la

---

[130] Stanislav Grof. PSICOLOGÍA. TRANSPERSONAL. Nacimiento, muerte y trascendencia en psicoterapia.

intensidad de los espasmos intrauterinos introyectados en el proceso de alumbramiento); los demás traumas perinatales constituirán los cimientos sobre lo que se edificará la severidad del superyó, al igual que en la fase siguiente las experiencias, pueden intensificarse si predomina el vínculo con un pecho malo, según las descripciones de Melanie Klein. Hace ya medio siglo, que la obra de Grof ha encontrado confirmaciones a sus desarrollos. Adicionalmente, hay otros autores, que demuestran más elementos subyacentes de la experiencia traumática del alumbramiento; en muchos casos, la constricción del canal de parto sumada a los espasmos uterinos, generan tanta presión entérica que se producen hemorroides, protrusiones anales (salida de un trozo de intestino por el ano).

Colegimos que las neurosis obsesivas reciben influencias transgeneracionales de hechos "constrictores" y de "carencias materiales" o mandatos ahorrativos "restrictivos", y son los responsables del carácter obstinado de estos neuróticos; además de la introyección de la hostilidad materna en el canal de parto, los determinantes incluyen posteriores experiencias traumáticas relacionadas con la zona anal y aprendizaje del control de esfínter, enemas dolorosas y enfermedades gastrointestinales; castigos corporales, la amenaza de castración o heridas genitales serán un sumo agravante.

En una amplia bibliografía psicoanalítica, muchos historiales coinciden en que las conversiones orgánicas datadas en períodos pregenitales, tales como el asma, diversos tics y el tartamudeo, representan una combinación de elementos que comúnmente hallamos en las obsesiones, fobias e histeria de conversión; el trabajo de Grof supo mostrar que estos síntomas tienen una raíz común en la tercera matriz o etapa del parto biológico, los elementos orales, en este caso, se vinculan directamente al elemento de agonía y asfixia experimentado durante el nacimiento biológico.

Veíamos, que las determinaciones transgeneracionales participaban desde el momento de la concepción, hemos comprobado (en sujetos obsesivos y en otras estructuras mixtas) que muchas catástrofes subjetivas productoras de situaciones de miseria y escasez en los ascendientes, determinarán un carácter o una coraza constrictiva en la madre embarazada que, sumada a una expectativa angustiante, generará una **"restricción extra del canal de parto"**, provocando de esta manera la constricción del feto que lucha por nacer. Esa lucha, si fue prolongada y marcó la imposibilidad de nacer con un esfuerzo "natural", a la par que se empleó una intervención externa, como los fórceps, episiotomía anestesia o cualquier ayuda; inoculará **la necesidad de estar constreñido, de tener que hacer las cosas con esfuerzo y, asimismo, el anhelo de que se les ayude de alguna manera a concluir con determinados proyectos.**

La marcada necesidad de ayuda exterior es signo de que sin ella el sujeto no hubiera nacido; el tránsito por la fase anal, luego, puede contrarrestar o agravar los síntomas; la vida de los sujetos obsesivos halla un placer en la retención de heces, posteriormente, en la vida adulta el dinero y la vida misma se torna un escenario de lucha y necesidad de encontrar placer en el ahorro, el control y la retención o en su opuesto, la **"liberación explosiva"** (defecar rendido en lugar de luchar y abrirse paso ante la "vagina dentada").

En la mayoría de los nacimientos se sobrepasan los umbrales de tolerancia fetales normales, debido a que **vivimos en sociedades altamente traumatizadas (con altos niveles de estrés)**; los efectos de la falta de dilatación y las demoras generan constricción y aplastamiento, a la par los espasmos uterinos, que se abaten prolongadamente provocan: angustia extrema, asfixia y agonía; estos elementos dan como resultado una extrema tensión y una **estimulación neuronal perturbadora, que permanece almacenada como energía libre** e intenta descargarse posteriormente a través de diversos canales. El bruxismo, los tics psicogénicos y otros síntomas, representan un intento de liberar dicha energía acumulada proveniente del nacimiento; se sumarán luego, conflictos de la zona oral y la ambivalencia propia de la fase anal (en la que se produce una relación sadomasoquista en torno al contenido de los intestinos), desplazándose en la vida adulta a otros elementos biográficos.

Reich había descubierto que algunos de sus pacientes sufrían una **respiración deficitaria;** en parte, la provoca la **anoxemia** por el **corte prematuro del cordón umbilical** (efectuado cuando el bebé todavía está recibiendo oxígeno de la placenta); se observa en el carácter restringido (un ejemplo es el encorvado), que hubo una lucha "demoledora" en el canal de parto, en la batalla, el bebé **intentó respirar** y mientras, ensanchaba sus pulmones recibió prolongadas **contracciones uterinas** (introyectadas y resignificadas a posteriori como "**castigo**"), rindiéndose en el intento de respirar para entrar en una profunda **agonía**. Coincidimos con Grof, en que el naciente introyecta las fuerzas hostiles del canal de parto, en una especie de lucha en la que **el niño intenta respirar** y **la madre intenta dejar de sentir dolor**; de este modo, **es el momento paradigmático, en donde se transmiten las mayores tensiones maternas actuales, y las transgeneracionales**.

Las parálisis histéricas de las extremidades, la ceguera psicógena y otros síntomas conversivos están basados en inervaciones conflictivas, producidas en la gestación, a las que se suman montantes energéticos de los procesos perinatales y de la vincularidad de la primera infancia; son conflictos de **inervaciones "antagónicas"**, que se contrarrestan y anulan mutuamente. Observamos en la epilepsia, la ya descrita extrema tensión y estimulación neuronal, que intenta descargarse a través de diversos canales, a la que se agregan conflictos de inervaciones contrapuestas entre los hemisferios cerebrales, el masculino en antagonismo con el femenino y otros choques, debido al quántum energético de ciertos traumas o representaciones sexuales irreconciliables; incluso, puede haber desbalances hormonales durante la gestación. Por otra parte, se comprueba que entre los descendientes de epilépticos hay *zurderas*; hemos datado un número importante de familias en las que los descendientes de varones epilépticos son todos zurdos.

Los síntomas de compromiso o **conversión**, como lo son las enfermedades psicosomáticas, el asma, el pánico, la ansiedad, los raptos de **ira**, la **epilepsia** e incluso, el brote **psicótico,** son originados por la **tensión neuronal entre áreas cerebrales representantes de conflictos antagónicos que intentan tramitarse**. La naturaleza y cronología de los fenómenos de inervación neural son de constitución múltiple, parten de determinaciones transgeneracionales, se sobreestimulan en el proceso perinatal, son coloreados en las investiduras parciales de las fases freudianas y hallan su corolario en el complejo de castración, intervinculado con el complejo de Edipo y con "las voces de la cultura toda".

Freud interpretaba a las conversiones como expresión de un conflicto psicológico; Rank creyó, que su verdadera base era fisiológica y reflejaba la situación original existente en el nacimiento; nosotros, ahora, podemos verlo como un complejo entramado, filo y ontogenético entre los extremos paroxísticos de lo que Freud llamó "series complementarias", para la formación de síntoma. Para Grof, existe una relación directa entre las fobias y el trauma del nacimiento. Es evidente, en el miedo a lugares pequeños y cerrados (claustrofobia); sin embargo, vemos que el tinte de otras fobias está determinado por sucesos trágicos en los ancestros (es decir, que se heredan, determinados animales fobígenos, también, coordenadas témporo-espaciales, como los "síndromes de aniversario", que son desplazamientos por proximidad temporal, o por similitud y contigüidad espacial; creemos que se heredan, estos sistemas de experiencia condensada (COEX).

La claustrofobia tiene lugar en situaciones de encierro, tales como los ascensores o las habitaciones pequeñas, desprovistas de ventanas. Grof considera, que está más específicamente relacionada con la fase inicial del parto, en la que el niño tiene la sensación de que se le cierra el mundo entero, aplastándolo y asfixiándolo, simbolizando, de este modo, la situación de "sin salida típica del inicio de esta etapa". Incluso, en niños nacidos en cesáreas de urgencia, está presente dicha fobia sobredimensionada; en los casos más marcados, llega a inducir angustia vital y paranoia.

Por otra parte, Grof afirma, que el miedo patológico a la muerte (tanatofobia), tiene su origen en la angustia y sensación de catástrofe biológica inminente, asociada con el nacimiento, no incluyendo en el análisis otras posibles determinaciones de mayor intensidad jerárquica, como: guerras, accidentes, crímenes o suicidios transgeneracionales. Sin embargo, en otros pasajes de su obra, atiende a otros determinantes, por ende se hace necesario reordenar los niveles de manera jerárquica y holística. En síntesis, podemos encontrar determinaciones paroxísticas en los niveles planteados (perinatal o transgeneracional); o en otros niveles, como el genético, social, ambiental, etc., constituyendo multideterminaciones intermedias y extremas, en cualquiera de ellos.

Los investigadores fijan su interés en un determinado nivel de la consciencia y generalizan, luego, sus descubrimientos a la totalidad de la psique; se obra con igual proceder, en distintos ámbitos donde se pone el énfasis en el nivel de investigación propio, y se pretende establecerlo como superior en términos jerárquicos; considerando así también, de importancia exclusiva, al hecho investigado para incidir en la causación de la enfermedad, y a la par, se menosprecia el abordaje integral, porque se propuso, egocéntricamente, como único y superior el método propio.

Además de las predisposiciones peri y postnatales, debemos mencionar otras consideraciones. Describimos, algunos desarrollos de Wilhelm Reich en los que *sostiene* que: ***"Los niños ven frustradas sus necesidades emocionales***, *su expresión de la vida emocional, justamente antes de su nacimiento y después de él. Se frustran antes de su nacimiento, por el frío, por lo que llamamos **anorgonosis*** (falta de orgasmo uterino), *es decir, morbilidad biológica*, útero contraído" [...] "A menos que la medicina, la educación y la higiene social logren instaurar un funcionamiento bioenergético en la masa de la población tal, que el útero no quede contraído, que el **embrión** crezca en cuerpos en perfecto funcionamiento, que los **pezones** no queden hundidos y los pechos de las madres se hallen, sexual y **bioenergéticamente vivos**, nada cambiará [...] pues los humanos no recuperarán su capacidad «orgástica».[131] Ser

---

[131] Wilhelm Reich 1952: Reich habla de Freud.

gestados en un útero distendido, de un cuerpo relajado por el placer, no es lo mismo, que ser gestado en un **"cuerpo acorazado"**.

Si profundizamos un poco las cosas, vemos, que la constitución subjetiva posee, además, de las influencias filogenéticas, las transgeneracionales, las perinatales, las fases freudianas y una sobredeterminación proveniente de la educación cultural, de "los ropajes de la época". Sostiene Reich, que: *"el cuerpo acorazado es un cuerpo lleno de defensas, en donde **la sexualidad genital se encuentra disminuida, al estar lastrada de impulsos pregenitales"**.* Centra la causa en que la evolución, desde un estado primitivo hasta la civilización, exigió una considerable restricción de la gratificación libidinal. *"La evolución humana se ha caracterizado por el aumento de la supresión sexual: en particular, el desarrollo de la sociedad patriarcal fue paralelo a una creciente **disrupción** y restricción de la genitalidad"*.[132]

El cuerpo acorazado impide la erección en el hombre o causa la eyaculación precoz, al igual que la falta de orgasmo uterino, se debe a la coraza caracterial: *"El carácter toma la forma de una coraza caracterial conformada por defensas que mantienen y producen una estasis, (fijación) libidinal. El carácter es, en esencia, un mecanismo de protección narcisista"*.[133] La coraza narcisista, será entonces, el resultado de la sumatoria del montante traumático del conflicto sexual infantil, al reservorio energético encapsulado, previamente, en el traumatismo perinatal. La magnitud y los modos de defensa aplicados en el conflicto encapsulado, predispondrán a una mayor o menor coraza, o, acorazamiento del carácter, fijaciones y traumas infantiles, para Reich, está condicionado, mayoritariamente, por la estructura o el modo social imperante.

Seguimos a Reich en la conceptualización de la **coraza** caracterial, decimos que es un **mecanismo de defensa infanti**l e incluso, de supervivencia, **creado en torno a las carencias afectivas y materiales, sufridas en la primera infancia**; una multiplicidad de sucesos prenatales se desencadenan, imprimiendo, su marca en el momento

---

[132] Wilhelm Reich, Marxismo y psicoanálisis.
[133] Wilhelm Reich Análisis del carácter.

de la concepción y van adquiriendo complejidad en la gestación, en lo perinatal y a posteriori, en el desarrollo de las fases libidinales. El individuo no neurotizado y el que atraviesa una cura **psicoterapéutica** profunda, acceden a una sexualidad adulta, en la que hay un placer y una descarga total (que no necesita ser repetida al poco tiempo). Allí reside, la importancia del reflejo del orgasmo (en el hombre y en la mujer), la cura para Reich es el Psicoanálisis y no las pseudo resoluciones (intelectualizaciones). *"El análisis consiste en la evolución de la estructura neurótica, permitiendo el pasaje del carácter neurótico al carácter genital"* (la primacía genital y la producción del reflejo orgónico) *[...] "El carácter genital alterna entre la tensión libidinal y la adecuada gratificación libidinal; esto es, posee una economía libidinal ordenada".*[134] *[...] "Con el análisis y penetración de la coraza se libera la energía vegetativa.* Luego, de la cura analítica, el acto sexual no estará estorbado por la energía vegetativa acumulada, y de esta manera no buscará la descarga periférica en los genitales (acortando o bloqueando el acto), así, la pulsación libre permitirá la aparición del **reflejo del orgasmo**, que es un movimiento involuntario, ante el arribo del placer superlativo, adulto.

Esta energía "vegetativa", que quedó encapsulada por los traumatismos en los músculos, en distintos órganos, tejidos del Sistema Nervioso, incluso en la epidermis, se expresa en los tics, en el bruxismo y en otros intentos de liberación, como en las adicciones; también "solapada" en otras actividades, como en el deporte extremo: *Se trata de una identidad funcional entre la coraza caracterológica y la hipertensión muscular. Todo aumento de tono muscular en dirección a la rigidez indica que ha sido ligada una excitación vegetativa, una angustia o la sexualidad" [...]" Esto coincide con un bloqueo afectivo".*[135] Los bloqueos psicoafectivos abarcan muchas funciones de la vida anímica; se pueden ver en la postura, en la marcha, en el habla y en las fijaciones de las pulsiones parciales que van desde las prácticas onanistas, a otros

---

[134] Ibídem.

[135] Wilhelm Reich Del psicoanálisis a la biofísica orgónica. 1935

placeres "parciales", como las adicciones y excesos en general. Reich percibió, que en la mayoría de los pacientes se encontraba presente una respiración deficitaria, por lo cual comenzó a aplicar técnicas de respiración, provenientes de distintas escuelas alternativas al paradigma hegemónico.

El trauma de nacimiento produce distintas marcas en el aparato psíquico, debido a la constricción, la aspiración de heces y material biológico, los espasmos, la anoxemia y algunos otros efectos del proceso perinatal que generarán distintas deficiencias respiratorias; por ejemplo el asma y otras patologías orgánicas, que Reich supo curar con terapia psicoanalítica y técnicas de aprendizaje respiratorio, de ampliación de la capacidad pulmonar, a la par que adicionó principios de "kinesiología" revolucionarios para la época. Decíamos al principio, siguiendo a Freud y a Reich, que el orgasmo (y con él la regulación de la economía libidinal) solamente, queda asegurado, si la pulsión psico-genital se encuentra bien desarrollada, en tanto, **son un estorbo los traumatismos perinatales, los de la infancia temprana y los transgeneracionales**.

Si el desarrollo alcanza el grado adecuado y puede concentrar la excitación sexual somática, no perturbada, en la zona genital, se alcanzará la "potencia «orgástica»", *"la regulación de la energía sexual depende de la potencia «orgástica»: es decir, de la capacidad del organismo para tolerar plenamente las contracciones y expansiones clónicas del reflejo del orgasmo"* (en donde la descarga energética es total y no parcial)[136]; hecho que Freud describiera, como la capacidad para tolerar "el incremento de tensión en el acto sexual".

El desarrollo de Reich, en este sentido, arroja luz sobre la impotencia sexual, pues, supo conceptualizar el "**drang**" de la pulsión: esa **urgencia que provoca tanto la impotencia como la precocidad del acto**. El organismo acorazado, no admite las contracciones y dilataciones «orgásticas»; al yo narcisista, la excitación le resulta intolerable y abrevia el camino; también, la "coraza" puede generar el caso

---

[136] Ibídem.

contrario, la inhibición, la poca sensibilidad o la eternización del acto, volviéndolo poco satisfactorio, pues no hay descarga total.

En términos freudianos, ante la descarga parcial, el "**drang**" es "permanente", este anhelo parcial, será vivenciado en los "**arcaísmos**" de las prácticas pregenitales, dentro del acto sexual, en diferentes sujetos, con mayor y menor acercamiento al acto genital y al orgasmo pleno. Recordemos, que asimismo, la energía de los traumatismos perinatales irradiará en determinadas zonas erógenas, aportando tensiones y elementos erotoagresivos a la sexualidad, que estará lastrada y contaminada de impulsos pregenitales y perinatales, impidiendo el **orgasmo pleno**: cérvico uterino en la mujer y el reflejo orgónico en el hombre.

Todo proceso psicoterapéutico debe incluir el análisis de la estructuración psíquica, sobrevenida en el atravesamiento de los "complejos fundamentales" del alma humana: el Edipo y la castración. Bajo la ley fundamental de la prohibición del incesto subyace el pasaje, más o menos traumático, por estos complejos "**universales**", constituyendo el mecanismo para la formación de neurosis (lo normal), allí: *"la libido se extraña de la realidad y es acogida por la actividad de la fantasía en el acto onanista, reforzando las imágenes de los primeros objetos sexuales (incestuosos) y fijándose a ellos, pero sustituyéndolos por objetos sexuales ajenos a causa de la prohibición del incesto".*[137] La consecuente formación neurótica arroja como resultado la partición de las tendencias psíquicas anhelantes, en **"corriente tierna"** (para los objetos idealizados simbólicamente, sobreestimados psíquicamente, aunque prohibidos) y la **"corriente sensual"** para los objetos degradados simbólicamente y sobreestimados sexualmente. Sin embargo, nos encontramos con que "no" todo ser humano permanece en el mismo grado fijado, a esas fantasías incestuosas en el acto masturbatorio, ni sufre los mismos accidentes, ni en el mismo grado las múltiples determinaciones; Freud, decía que, *"la degradación psíquica del objeto sexual y la sobreestimación que nor-*

---

[137] «Sigmund Freud. Sobre la más Generalizada Degradación de la Vida Amorosa (Contribuciones a la Psicología del Amor). 1912

malmente recaería sobre éste, es reservada para el objeto incestuoso y sus objetos sustitutivos. Tan pronto se cumple la condición de la degradación, la sensualidad puede exteriorizarse con libertad".[138] Volviendo a la noción de *series complementarias*, tenemos una multiplicidad de factores y soluciones de continuidad, entre los contenidos formadores de síntoma biográficos (la vida sexual y el vivenciar accidental perinatal e infantil), y las determinaciones, los elementos transgeneracionales, que suman **tensiones imposibles de descargar en el acto sexual**.

Observamos de esta manera, que la coraza caracterial del yo narcisista es producto de los traumas infantiles y de otros arcaísmos "residuales", familiares y filogenéticos; cuanto más temprano es el traumatismo, mayores secuelas deja, porque mayor es la energía que queda encapsulada que predispone a desórdenes en los siguientes estadios; en este sentido, cuando se acumulan impulsos pregenitales a la "sexualidad", más se impedirá la emergencia o el establecimiento de la sexualidad genital "normal". Nuestra cultura ha sabido aprovechar la **degradación de la vida amorosa de los sexos**; sin embargo, lo que subyace en esta formación cultural de síntoma, es la falta de amor; la actual civilización ha creado vínculos humanos, basados en la competencia y el interés económico; el estrés, que produce esta sociedad "competitiva", junto a ciertos avatares de la herencia, genera, en mayor o menor medida, las **complicaciones del alumbramiento**, base para todo el desequilibrio. Las tendencias erotoagresivas, introyectadas por el *infans* en el canal de parto y en otras instancias "perinatales", **se expresarán como sadomasoquismo a la postre; entremezcladas en distintos grados y variaciones en las polaridades "ternura" y "sensualidad**. De esta manera, los impulsos sádicos y las aspiraciones perversas de venganza contra la vagina dentada, serán reservados para las "prostitutas" o mujeres degradadas, pudiendo también alternarse con la tierna y amada esposa. A la inversa, se producen en el género femenino, las degradaciones hacia el masculino y, por otra parte, las ge-

---

[138] Ibídem.

nerales, de la vida amorosa de nuestros tiempos, que Freud ni siquiera pudo imaginar.

Gran parte de los psicoanalistas, sostuvieron y sostienen, que la histeria es una fijación a la fase fálica, producto de algunos avatares libidinales o traumáticos, y más que nada, la mujer, según Freud, deviene "fálica" por "envidia al pene"; decimos, que esto último, es producto del sistema patriarcal "falocéntrico". Se escuchan voces, hace más de 125 años; "viejo retrógrado, misógino, machista", se ha respondido desde la trinchera feminista (hoy: "armada hasta los dientes"), "viva el clítoris",[139] . Visto así, el Psicoanálisis freudiano, habría contribuido a fijar a la mujer en la fase fálica, tal vez, por haber generado resistencias generalizadas a la propuesta de "asunción de la castración", o quizás, lo que promovió la histerización masiva ha sido un mecanismo cultural previo, el **"fetichismo de la mercancía"**. Sea como fuere, esto no queda solamente allí, ni reducido al Psicoanálisis tampoco: plantear el relevamiento del **"orgasmo clitoriano"** (que a Freud "se le escapa de la mano"[140]) para la asunción de la **"erogeneidad vaginal"** (por superación del conflicto imaginario con el varón), no le daría a la mujer la justeza que merece, en su vastedad cosmobiológica. Recordemos que Freud, en 1923, intercaló, tras las dos **organizaciones pregenitales en el desarrollo** infantil, la etapa oral y la anal, una tercera fase; ya **genital**, que: muestra un objeto sexual y cierto grado de convergencia de las aspiraciones sexuales sobre el partenaire, pero se **diferencia** en un punto esencial de la organización **definitiva de la madurez genésica**; en efecto,

---

[139] Viva el clítoris, es una de las consignas del movimiento feminista, que se opone al "patriarcado falocéntrico", o podemos decir, es producto del mismo, ya que la sexualidad clitoriana es falocéntrica.

[140] Ay, Segismundo, ¡cuánta vanidad! Infantiloide malsano, el orgasmo clitoriano. ¡Ay, Segismundo, cuánta vaginalidad! El orgasmo clitoriano, se te escapa de la mano. ¡Ay, Segismundo! De tan macho, ya no encaja. No me digas, que el placer es pura paja. Por lo demás, corresponde a tus teorías: estoy llena de manías, sueños, fobias y obsesiones; sólo tu envidia del pene y el diván de tus eunucos, administra mis pulsiones compulsivas. ¡Ay, Segismundo, cuánta vanidad! Liliana Felipe - Las histéricas

dice Freud, que el niño no conoce más que una clase de genitales, los masculinos; por un lado, la teoría sexual infantil supone que "**la niña es un niño castrado**", a la par, la niña cree que el pene le va a crecer en algún momento; todos los niños sostienen, por un tiempo, la creencia de que algunas mujeres poseen pene, sobre todo su propia madre. De acuerdo a cuánto tiempo se permanezca en este estadío, mayores serán las dificultades en la vida adulta; Freud lo llamó organización fálica; decimos nosotros: estadio "**pregenital fálico narcisístico ambivalente**", al cual se encuentra adherida gran parte de la población, ya que el lazo social materialista, junto a la ciencia mecanicista-racionalista, ha ido **eliminando los matices de las diferencias sexuales para hacer funcionar a los individuos en "masa indiferenciada**".[141] Veamos sino el auge de ciertas consignas como el "orgullo gay"; no puede haber orgullo ni gay ni heterosexual, "el orgullo es siempre narcisista" y en estos casos "levanta las banderas de la desublimación de la cultura consumista".

Las teorías sexuales infantiles están atravesadas por la forma en que la cultura moldea la economía libidinal. Cuando se explica que la sexualidad femenina es clitoriana, esa interpretación, parte de la base de que el sexo es falocéntrico y patriarcal. Las conclusiones a las que arribó Freud fueron que la mujer alcanza la genitalidad, la madurez sexual, cuando supera la fijación fálica clitoriana y luego transpone la energía libidinal hacia la vagina como órgano de principal satisfacción. No es que Freud fue patriarcal, es que **la sociedad patriarcal provoca la fijación clitoriana;** lo que hizo Freud es describir la atmósfera de su época; si hoy viviera vería a la *Matrix Recargada*.

La fijación a la sexualidad clitoriana **es producto de la violencia patriarcal,** desatada por las guerras del imperialismo, de las mujeres violadas en esas guerras, y de la **competencia fetichista** sembrada **más re**cientemente. En el estado natural, la erogeneidad clitoriana es solo un jalón de la infancia temprana, ya que luego del desarrollo, el erotismo es traspasado a la vagina. **En la mujer adulta, el interés**

---

[141] Debemos el concepto de masa indiferenciada a Erich Fromm.

mayor está en alcanzar el orgasmo cérvico uterino, al cual arriba cuando "no" está altamente traumatizada. Será necesario, y es de importancia capital para el progreso emocional de nuestra civilización, recuperar la sensibilidad y el movimiento uterino, y de esta forma, salvarnos de una catástrofe. Si falta esa sensibilidad uterina es porque, además de la fijación clitoriana patriarcal (que inhibió la transposición erógena), **el útero alberga una morbilidad a causa de los traumas propios y ancestrales**, lo que provoca que sigamos creciendo en vientres contraídos, que estemos restringidos y traumatizados por el proceso gestacional y perinatal.

El orgasmo femenino, es una vibración del útero; el reflejo «orgástico» en la mujer equilibrada, lleva a que el útero palpite, para luego irradiar, el placer a todo el cuerpo. La ortodoxia margina a Reich, haciendo un reduccionismo de su planteo. Aquí, la cuestión no es el orgasmo, sino que, su carencia o disminución provoca toda una serie de traumatismos, que arriban al parto doloroso, producto del sistema de defensa, "el acorazamiento", ya que el alumbramiento natural es indoloro y orgásmico. La creencia de que "dar a luz" es necesariamente doloroso, es sostenida por nuestra sociedad beligerante y competitiva, y fue consolidada por los discursos de la iglesia y la medicina ortodoxa; dice Dios: **"por comer el fruto prohibido** (el conocimiento), **serás expulsado del paraíso, te ganarás el pan con el sudor de tu frente y parirás con dolor el fruto de tu vientre"**. Dice el doctor que, él se encarga de todo, desde la fertilización asistida "sin padre", hasta el parto indoloro por cesárea, que todo está en sus manos; desconociendo la noción de traumatismo psíquico, incluso, desconociendo la noción de "inconsciente". De nada sirven las cesáreas, pues, se evita el trauma del parto, pero se anula el mecanismo fetal de "hacer fuerza para salir", y además, sin la oxitocina y el proceso natural del parto, tampoco habrá pezones turgentes con la cantidad necesaria de leche templada para restituir la necesaria simbiosis con el organismo materno.

Por otra parte, se nos ha inoculado, desde el dogma religioso, la creencia social que creó la expectativa del parto doloroso (expectativa que se encuentra incrementada, por el nivel de estrés en que vive la sociedad occidental), además, existen tensiones estresantes en los descendientes de personas altamente traumatizadas, que poseen un mayor "acorazamiento". La coraza es la armadura que generan las tensiones de defensa y es la responsable de los dolores: imaginemos, que la mujer traumatizada, tendrá un alto nivel de defensas que la predispondrá a arribar al parto con el útero contraído, podrá parir con dolor o necesitará una cesárea y las cosas se podrán ir agravando luego, con la imposibilidad de amamantar por complicaciones como la "mastitis", falta de leche, etc. Cuando se superan los traumatismos, las experiencias "satisfactorias", permiten la apertura del cérvix y la liberación de la oxitocina, arribando así, a un parto o alumbramiento orgásmico.

Con la evolución libidinal, la subrogación de las pulsiones parciales en la primacía genital, permitirá que el útero se desarrolle como el centro del placer mayor, el latir del orgasmo "cérvico uterino". Este orgasmo femenino pleno, es conocido ampliamente por las civilizaciones no imperialistas, escaso en nuestra sociedad beligerante, mecanicista, todavía popular en algunas tribus no sometidas.

Para lograr un alumbramiento placentero el organismo materno debe tener ejercitado el mecanismo liberador de oxitocina, esta posibilidad dependerá tanto de la evolución de las pulsiones parciales sexuales, como de la elaboración de los traumas transgeneracionales y "perinatales", que permitirán la subrogación energética a la actividad "orgonómica superior", la primacía genital freudiana.

La ambivalencia narcisista, el antagonismo pulsional (la causa de la guerra)

Freud, describe al narcisismo, como un estado intermedio entre el autoerotismo y el amor; presente en todas las personas y en distinto grado: algunos más cerca del autoerotismo (regresivo) y otros más cerca del amor; los menos pasan al siguiente estadío y logran amar, en el sentido maduro, superando el narcisismo y la ambivalencia afectiva. Citamos, al principio de este libro, la frase freudiana fundamental, expresada en: "Sobre la más Generalizada Degradación de la Vida Amorosa (Contribuciones a la Psicología del Amor) 1912, **"aquellos que aman renuncian a una parte de su narcisismo".** Las psicoterapias de superficie llaman al narcisismo "autoestima", y basan su práctica en elevarla, sin renunciar a nada. Las psicoterapias de lo profundo, en cambio, intentan "perforar" al yo narcisista, para que se haga permeable a su sombra, pues, integrar lo desintegrado es hacer consciente lo inconsciente, y de esta manera, modificar el siniestro destino; quien no integra la sombra, repite los sucesos desagradables de su vida. La psicoterapia de lo profundo o transpersonal implica, la llamada "muerte del ego", no la desaparición, sino su desvanecimiento, para el advenimiento del sujeto y la posibilidad del "amor maduro".

Las distintas estructuras psíquicas, síntomas o patologías, nos muestran un especial desarrollo **"vanidoso",** como señal de un estancamiento en el estadío narcisista, que es acompañado por un correlato emocional, y muchas veces psicofísico, por ejemplo, la "voz nasal". Lo característico de todos los desórdenes narcisistas es una muy marcada ambivalencia afectiva, originada en los distintos traumatismos emergentes del "vínculo parental" competitivo, que luego, es proyectada al mundo social, a las instituciones y a las formas de pensamiento, que se polarizan en pares antitéticos como "la izquierda" y "la derecha".

Somos hijos de bárbaros que violaban mujeres en las guerras y que luego se hicieron católicos para tapar esa barbarie.

Claudio Naranjo.

El mecanismo principal que **polariza los bandos** del **narcisismo grupal** o social es la oscilación extrema del par antitético universal, la dualidad "**amor-odio**" ; conjuntamente, con el mecanismo de defensa de "la **proyección**": "**imputar al otro la propia tendencia rechazada**, mantenida así, en la **sombra**", en "lo **inconsciente**"; **la proyección es la negación de lo que realmente "Es"**. La dualidad narcisista se establece, porque el yo no puede alcanzar una organización afectivo-emocional autónoma, y se vale de **mecanismos identificatorios**, que puedan agrandar su "**autoestima**" o "sentimiento de sí"; y a la par, el "yo de placer purificado", utiliza **mecanismos proyectivos**, para alejar de sí todo lo que pueda empequeñecerlo, proyectando el "**odio**" en lo diferente. Esta **ambivalencia afectiva** es alimentada, también, por el "imaginario cultural", y el sistema sociopolítico en el que vivimos.

> ***La bella indiferencia:*** *"el narcisismo de una persona despliega gran atracción sobre aquellas otras que han desistido (resignado) de la dimensión plena de su narcisismo propio **y andan en requerimiento del amor de objeto**; el atractivo del niño reside en buena parte en su narcisismo, en su **complacencia consigo mismo y en su inaccesibilidad**, lo mismo que el de ciertos animales que no parecen hacer caso de nosotros, como los gatos y algunos grandes carniceros, y aun el criminal célebre y el humorista subyugan nuestro interés, en la figuración literaria, por la **congruencia narcisista con que saben alejar de sí todo cuanto pueda empequeñecer su yo.***

Sigmund Freud.

Freud habló sobre la "**indiferencia narcisista**," y también sobre "**el narcisismo de las diferencias**", en los grupos sociales: "el otro" de la "proyección narcisista" individual tiene su correlato en lo grupal o étnico, la xenofobia es el mejor ejemplo. En lo social, el **narcisismo** se expresa de diferentes maneras: en la "economía de mercado", la "**competitividad**" se manifiesta como un desplazamiento del "darwinismo social"; la supervivencia de los más aptos, se promueve desde un estereotipo puramente materialista, exaltando el éxito en los "atributos físicos" y lo ilimitado (unlimited) del ego narcisista; esa personalidad se asocia al **poder, que otorga el acceso al consumo, también "ilimitado".** En la formación de esta "masa artificial competitiva", **el "otro" imaginario al cual identificarse, cumple con la realización de ideales estéticos, basados en la satisfacción de necesidades materiales, más que nada creadas artificialmente, imaginariamente. El cumplimiento de este ideal imaginario,** provoca un **ensanchamiento del yo grupal, (narcisismo grupal),** alimentando la **creencia en la superioridad** propia, para apartar a los "no aptos" o "combatir" la disidencia, incluso, la guerra al "bando" contrario, al progresismo, al comunismo, a la pobreza, a los refugiados, etc. Y viceversa, desde las formaciones de masa opuestas.

> *"Si otro lazo de masas reemplaza al religioso, como parece haberlo conseguido el lazo socialista, se manifestará la misma intolerancia hacia los extraños que en la época de las luchas religiosas y si alguna vez las diferencias en materias de concepción científica pudieran alcanzar parecido predicamento para las masas, también respecto de esta motivación se repetirá idéntico resultado."*

Psicología de las masas y análisis del yo, Sigmund Freud, 1921.

La profecía de Freud se ha cumplido en distintos aspectos, "la ciencia ortodoxa", unida a la economía del "crecimiento sostenido" y del "consumo ilimitado" son el nuevo lazo, que manifiesta esa intolerancia a toda diferencia. **El estereotipo social,** creado por esta postmodernidad consumista, **funciona como "yo ideal", median-**

te el cual, el sujeto intenta alcanzar la completud o totalidad, identificándose con pautas de consumo social. Entretanto, la "conciencia moral" vela por el acercamiento a la satisfacción narcisista proveniente del yo; por consiguiente, todo apartamiento del estereotipo social será percibido con angustia por el yo.

La elección narcisista es lo corriente, se ama a lo que posee el mérito para alcanzar el ideal, el estereotipo social. En tanto, el estereotipo son los ideales de otro, el yo, los "alcanza" por idealización, no por amor; **el amor implica renunciar al narcisismo para investir el carácter productivo, ser creativo y dar "amor"**. Por ende, el proceso que comúnmente llamamos **enamoramiento,** es de "idealización", o de sobreestimación psíquica; así, **el ideal narcisista es el amor a la imagen de sí mismo**, completada por una **persona** u **objeto,** que le sirve como prótesis al yo para cumplir con el mandato social y el estereotipo. Decíamos, que el ideal, "**yo ideal**", es el sustituto del narcisismo, en la idealización, se ama a aquello que posee el mérito para alcanzar el ideal, en este caso, **el estereotipo social**. Por ende, **el proceso es de idealización, no de amor; el ideal narcisista es el amor a la imagen de sí mismo, completada por una "persona objeto" o "ideal", que le sirve como prótesis al yo para cumplir con el mandato social y el estereotipo**. Hemos desarrollado al principio, la idea de que **el amor no viene a completar al yo; el amor no es "cómodo", sino que parte de renunciar a algo propio y narcisista, para empezar a amar.** Se confunde socialmente la idealización con el amor, y más el amor erótico, se idealiza desde el narcisismo y desde el autoerotismo, creando la sobreestimación sexual y la patología narcisista de la inmediatez, "**el drang del yo ideal de placer purificado**".

Todo síntoma tiene sus determinaciones transgeneracionales y sociales (de los **niveles jerárquicos del inconsciente familiar y del inconsciente colectivo**); las estratificaciones "inferiores" funcionan como subniveles o capas de jerarquía (con interacción subordinada) para la formación de síntoma, haciendo que la subjetividad sea producto de una **interacción constante entre lo biológico y lo social,** en niveles de complejidad creciente. Recordemos que **"las aves"** fueron el resultado de la intención de los anfibios, **esa "necesidad" que, a través de las generaciones, transformó los órganos por el poder de la representación sobre el cuerpo.** Si bien, son necesarios centenares y hasta millones de años, para lograr modificaciones orgánicas, hay hechos, que propician "saltos" en la adquisición de habilidades en grupos reducidos de individuos, los clanes, o en estratos superiores como la etnia, el inconsciente colectivo; se ha comprobado, que en pocas generaciones, se produce un **"condicionamiento sensoperceptivo"**, por ejemplo: los mamíferos domesticados aprenden a alejarse de los alambrados electrificados, y legan este aprendizaje a la siguiente generación; de esta manera, vemos, que **las "sensaciones y percepciones" individuales son condicionadas por los aprendizajes que el colectivo** organizó, como campo de interacción dinámica con el entorno en las generaciones cercanas, dándonos de este modo, un **"condicionamiento sensoperceptivo transgeneracional"; cuando se alcanza el número necesario o masa crítica; la característica se incorpora en la especie** y habrá luego tendencias (como atractores), con diferencias en las subordinaciones de los niveles inferiores, es decir inconsciente: racial, familiar, etc.

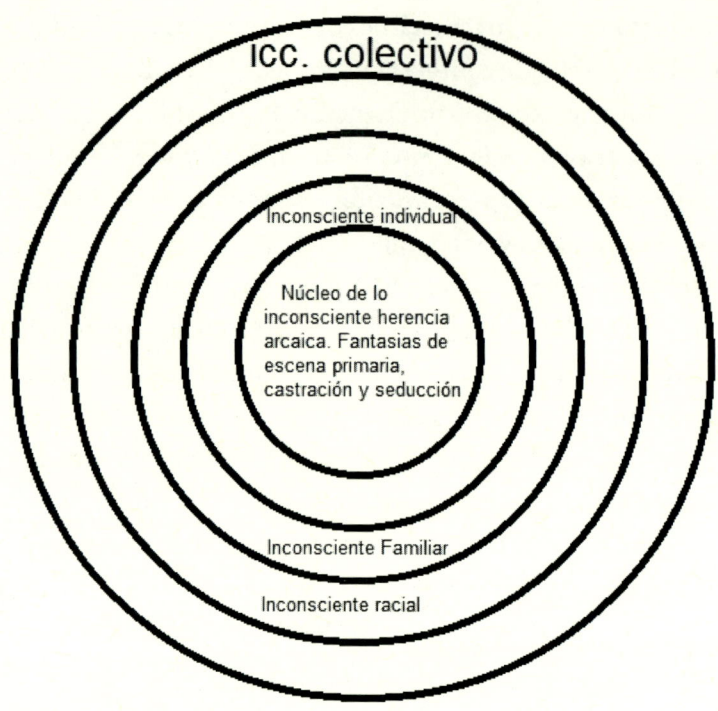

"La herida es aquel lugar por donde entra la luz."

Rumi.

En 1917, Freud publica: "Una dificultad del Psicoanálisis"; allí, habla de las tres heridas narcisistas, que recibe la subjetividad humana, dentro de la cultura contemporánea. Durante milenios, el hombre creyó que la Tierra se encontraba en el centro del Universo y que él mismo, al estar en ese lugar privilegiado, era el centro de la **creación**, una "emanación" de un Ser **Superior "pero antropomorfo"**, llamado **Dios**; adicionalmente, se sostenía que los astros se movían alrededor de la Tierra, geocentrismo. En el siglo XVI, Nicolás **Copérnico** provoca la **herida** al geocentrismo y en parte al **antropocentrismo** teosófico, mostrando que la Tierra no era el centro del Universo, sino que, al igual que otros planetas, giraba alrededor del Sol; se puede decir, que esta es la primera **herida**, la **cosmológica.** Sabemos que esta osadía no fue gratuita para Copérnico, pues, el dogma católico indicaba que la Tierra era el centro de la Creación, así el 24 de mayo de 1543, a sus 70 años, fue **incinerado en una hoguera,** cristiana de la Inquisición. Sin embargo, la Iglesia, dos siglos después, en 1767, se arrepiente y el **16 de julio,** Clemente XIII canoniza el alma de Nicolás Copérnico, declarándolo santo.

Darwin, en el siglo XIX, elaboró la Teoría de la Evolución, allí describió al **hombre** en una escala **junto al resto de los animales.** Con ello llegó, la **segunda afrenta,** la biológica, dañando al narcisismo humano una vez más, pues el hombre no solamente **no es hijo de Dios,** sino que **desciende "del mono",** y es igual al resto de los animales: **no posee alma.** Actualmente, la ciencia positivista mantiene a rajatablas la idea darwiniana; sin embargo, existe una corriente de pensamiento menos dogmática y que, sin recurrir al pensamiento antropocéntrico, sostiene que todos los seres poseen una energía que los anima. Más allá de eso, todavía, hay quienes se creen hijos de un ser Antropomorfo, Todopoderoso, que los observa desde una nube, con capacidades de castigo y gratificación.

Como Copérnico y Darwin, **Freud pudo herir una vez más** al ser humano: **no somos dueños de nosotros mismos**; el concepto de inconsciente desaloja al yo; **el yo no es dueño de su propia casa,** de la morada psíquica, esta herida es la **afrenta psicológica.**

Así como Copérnico fue incinerado, porque no se aceptaron sus ideas, de esta manera, el Psicoanálisis fue descalificado, incluso, la propia hija de Freud, **Ana, se encargó de deformar y pervertir las ideas de su padre** para hacer un Psicoanálisis digerible para el yo. Ana Freud junto a su tío E. Bernays sentaron las bases de la Psicología del Yo, al servicio del marketing y de las relaciones públicas, para modelar una subjetividad exitista en las masas, ocultando la herida narcisista; aunque lo llamen Psicoanálisis, la Psicología del Yo es el Psicoanálisis pervertido.

Asimismo, colegimos, que existen otras heridas **psíquicas o traumas**; somos menos libres de lo que pensamos, hay determinaciones transgeneracionales, que son **"heridas ancestrales"** (incesto, bastardía, miseria neurótica, neurosis de clase: "ser expulsados del paraíso"). Existen, también, las **afrentas físicas al narcisismo: cicatrices, marcas, o atributos, que no encajan en el estereotipo de lo bello o lo deseable de la época;** estas cualidades físicas particulares, en los años de la Inquisición eran consideradas **estigmas,** marcas o castigo divino, que hacían monstruosa e indigna la naturaleza humana. Como nuestra cultura desciende, imaginariamente, del pensamiento religioso, cuando se tiene una marca en el rostro, es considerada una peca, un pecado; de esta manera, por desplazamiento de la moral religiosa a la esfera pública, **toda marca o atributo, que nos haga diferentes al estereotipo construido socialmente, nos exilia del imaginario colectivo, también, de la categoría de lo humano o de lo digno.**

"La perfección es un extraño capricho de los dioses".

Eduardo Galeano.

Comúnmente, y para no quedar exiliado de las categorías de lo bello o de lo deseable, la herida es algo que se intenta "curar" o tapar, el hecho es, que **las heridas narcisistas son aquellas que no fueron aceptadas, que están "negadas", o tapadas,** por eso, para curarlas hay que "airearlas", superando de esta forma el narcisismo. Dice Rumi, que la *"herida es el lugar por donde entra la luz",* **"la herida" nos hace conscientes de la limitación, "la herida" es la oda a la castración.** Recordemos, que Freud desarrolla el mito de Edipo para explicar el vínculo incestuoso y las consecuencias del complejo de castración: **"la herida narcisista imaginaria".** En el mito, **Edipo,** luego de matar a su padre y acostarse con su madre, **se arranca los ojos;** dice Freud: **como sustituto de la castración genital,** ante el hecho incestuoso consumado.

."Porque donde dos cuencas vacías amanezcan ella pondrá dos piedras de futura mirada". Para la libertad.

Miguel Hernández.

"Para la libertad" es una oda a la castración; ¡nada mejor que la poesía!, para dar cuenta de que: la cura, **la libertad está en la aceptación de la falta, de la herida** (en la **toma de conciencia de los elididos "indignos"**). En **la canción de Hernández**, las piedras taparán las cuencas de los ojos faltantes, como (**metonimia**), porque el fin no es una ganancia estética narcisista (pues son piedras); el plus, en cambio, la **metáfora**, está en la mirada, en la posibilidad de ver a futuro libremente, y haber trascendido los límites, por haberse entregado a la castración; *"para la libertad voy a **los cirujanos"***; a los psicoanalistas.

Trascender el análisis, aceptar la castración, ir más allá del yo, es dejar de pensarse como un cuerpo, como una imagen o una entelequia ilimitada, que busca la perfección tapando sus defectos con **los ropajes de la época** (lo imaginario); superar la castración es dejar de creer que somos ese trágico destino, que inocularon en el cuerpo los traumatismos transgeneracionales (lo real). El narcisismo es **el cuerpo como imagen y como memoria arcaica de los traumas no elaborados por los ancestros.** La elección narcisista toma, como "suplemento" o "complemento", determinados "caracteres físicos" o "materiales" de los "objetos de amor"; así, por debajo de esas características, se desliza la **atracción del "rasgo psíquico", que concilia con el inconsciente familiar (*"Heimlich"*)**; los objetos o "vínculos suplementarios", vienen en auxilio del "ideal del yo", para tapar la herida narcisista, **la sombra del clan**; de este modo, el núcleo **arcaico de atracción inconsciente** replica el **narcisismo del linaje** y **lo siniestro, (*"Unheimlich"*)**[142]. Por primar la elección imaginaria, en lugar de la simbólica, el sujeto recrea un vínculo simbiótico, **acercándose al yo ideal (en lugar de dejar el sitio "abierto" al ideal del yo), persigue así "en la sombra" un fetiche familiar que, en el fondo, atrae el "siniestro" destino del traumatismo transgeneracional**; por ello Erich Fromm supo intuir, que **es ne-**

---

[142] **Unheimlich**, es el antónimo de «**heimlich**»: íntimo, secreto, y familiar. El sentido atribuido en el escrito es: todo lo que debía haber quedado oculto, secreto, pero que se ha manifestado. **Sigmund Freud. Lo siniestro,** Unheimlich.

cesaria la superación del narcisismo del clan y en él, el propio narcisismo.

"Nadie se ilumina imaginando figuras de luz, sino haciendo consciente la oscuridad".

Carl Jung.

El estancamiento narcisista conforma el síntoma de la **ambivalencia,** y determina tanto la **impotencia** como la **omnipotencia** (creer que se puede todo o que no se puede nada). Ante un mismo **drama transgeneracional,** el inconsciente familiar induce **resultados opuestos,** frecuentemente en las familias en que hubo carencias materiales por derroche, se verá aparecer en la descendencia: por un lado, un grupo de **histéricos despilfarradores,** que intentarán "ocultar" las "carencias"; y, por otro, un número de **obsesivos ahorrativos,** que intentarán "**evitar**" las "carencias", pero estas soluciones de compromiso, no resuelven el problema de la escasez. El drama induce la repetición idéntica o la **formación reactiva,** en su lugar debería producirse un **aprendizaje,** que permita poner el acento en la **productividad (en el carácter productivo, en el amor)** en lugar de la defensa; la rigidez ambivalente impide avanzar y se produce una polarización plagada de mecanismos defensivos, para cubrir la sensación o amenaza de carencia.

El fetichismo se desprende del condicionamiento sensoperceptivo transgeneracional y del condicionamiento social. Dice una canción de Gustavo Cordera: "***tu mirada se me nota, es mi cáscara y mi ropa***". La idea de cáscara remite indudablemente a la armadura del carácter, conceptualizada por la teoría reichiana, la personalidad se edifica sobre una defensa orgánica (arcaica, cuya base es la falta en lo real, la escasez), que se prolonga, imaginariamente, como intento de organizar las experiencias traumáticas, generadas por los estigmas imaginarios del estereotipo social. Además, aquí, la idea de que lo traumático mismo es la mirada del otro, es central, en tanto la ropa marcará, también, la subjetividad de la época. La nuestra, es la de la inmediatez de objetos, que vienen a tapar la herida (**ser - no ser, el estereotipo**). En términos simbólicos, la castración es un operador lógico, en algún momento, la creencia de que sólo somos un cuerpo, comienza a disolverse y a hacerse porosa, en el mejor de los casos, y de esta manera, comenzarán las preguntas existenciales, acerca de la naturaleza íntima del ser.

Este ser, que está detrás del cuerpo, posee una inteligencia que tampoco es tenida en cuenta, **la inteligencia emocional**; ella recibe una gran impronta en la fase preverbal de nuestra existencia; allí también, el autoerotismo aportará, **en las dos primeras fases del desarrollo libidinal, la energía pulsional** (en un interjuego con el otro materno, **del par placer/displacer**), que **irá creando la base tímica** de esta inteligencia. Las experiencias emocionales, junto al desarrollo libidinal, serán los "fundamentos" del narcisismo primario que, como fase de desarrollo, permitirá un primer pasaje **del autoerotismo al amor parental, para luego convertirlo en el narcisismo secundario del adolescente**, en una de las últimas fases del desarrollo libidinal.

Freud supo distinguir que, al concluir la fase anal —proceso que es mediatizado por el aprendizaje del control de los esfínteres y vivido como intento de control sadomasoquista de los excrementos—, aparece la voluntad propia sobre el deseo del otro (en la vertiente positiva), es el poder auténtico, que en esta fase del desarrollo se expresa en la habilidad manual. Si no se yergue la voluntad propia y hay sometimiento a la arbitrariedad del otro, o hay rebeldía, odio y lucha por la liberación; la habilidad manual y con ella, la inteligencia sensoriomotriz, sufre una limitación y se crea una personalidad, que tiende a bloquear el desarrollo, o intenta compensar la carencia por otros medios narcisistas, producto del miedo e impotencia ante el deseo del otro. Freud trabajó la investigación sexual en el arte en la historia de Leonardo da Vinci; la literatura psicoanalítica posterior demuestra, que los grandes pintores o artesanos son aquellos, que han podido trasladar el interés por las heces (y otros afanes del erotismo) a una actividad exterior (sublimación); **de darse**

esta vertiente positiva, la habilidad manual comenzará a producir las primeras obras de arte y creará una revolución en el centro de la personalidad emergente. De continuar con una vincularidad exterior positiva, se aprende el gesto de "regalar" al otro significativo, el producto de la habilidad manual (que representa el producto anal), fundamental, para el desarrollo del narcisismo secundario y del amor. Si la fase anal se desarrolla sobre la vertiente negativa (con una **sumisión al deseo del otro**), se produce, luego, el pasaje a **la fase fálica** con una impronta de **"humillación", de "no poder",** que la contaminará, agregándole un plus a la **tendencia de cubrir la sensación de castración** (falta o afrentas, impotencia física o psíquica).

Es función clave de la psicoterapia, trabajar sobre este bloqueo, a fin de crear o devolver al paciente la confianza necesaria para, desarrollar la creatividad y el amor propio, a través del producto de la habilidad manual, de todo aquello que se entrega a título de regalo "como señal de amor", valen las poesías y la música. Este empoderamiento permitirá, luego, "la salida del Edipo" y la **"cooperación en actividades con otros", en lugar de la "ambivalencia competitiva";** la **reciprocidad** hace posible la combinación e integración de las diferencias. **El acto solidario intervincular aparece, en este nivel, en una unidad, que permite la emergencia del individuo social. Los grupos formados, sobre esta base, son los que recrean los vínculos verdaderamente humanos, que supimos crear antes del advenimiento de la competitividad imperialista.**

Salir del narcisismo es salir de su impotencia y omnipotencia**, es renunciar al egoísmo ampliado** ("el narcisismo de las diferencias"); la humanidad debe tomar conciencia, de que la **"competencia por la supervivencia del más apto", no es necesaria y, por otra parte, agota los recursos del planeta; la aplicación de la tecnología y la cooperación recíproca, aleja los fantasmas de escasez, a la vez, que** permite superar la codicia de querer acumular y explotar a otros; se pasa, de esta manera, de la **orientación receptiva a la orientación productiva,** confiando en la propia capacidad creativa. En síntesis, **"trascender la identificación narcisista con el cuerpo, nos permite acceder al proceso de individuación y socialización"**.

Hasta aquí las cosas se podrían ordenar de la siguiente manera (anexamos un cuadro para ir ordenando los conceptos), hemos anexado al edificio freudiano la **fase "narcisística ambivalente"**, por otra parte, anexamos la **fase intrauterina** dentro de **"lo perinatal" descrito por Grof**, describimos brevemente estas fases y la fase adulta que, luego será desarrollada en profundidad al igual que otros conceptos, a la luz de los descubrimientos recientes.

Relato o novela familiar del neurótico, lógica del clan.

El núcleo de lo inconsciente anímico lo constituye la herencia arcaica. (1919 pegan a un niño). Torok.

Prot. Fantacías Primordiales: Escena Primaria   Seducción   Castración --> pratim. filogenetico 16/c23. 17.W.

Preconcepción filogentética. Desencadenante
de las fuerzas heredadas impregnadas de lo
emocional. Fuenmayor Rivera IPA

Casamiento / PS

Edipo: Esquema Congénito Freud 1918. Wolf

	FASE INTRAUTERINA	FASE ORAL CANIBALICA	FASE ANAL	FASE FALICA	FASE NARCISISTA AMBIVALENTE	FASE ADULTA
TG /PS	La Embriogenesis repite la Palingenesis, Ferenczy. Trauma intrauterino disp. psicosis, Winnicott. Matrices Perinatales, Grof. Trauma de nacimiento. Rank. Roux, perturbación embriologica F.c23	INCORPORACIÓN Klein (Súper YO) (Ambivalencia Destructividad: exterior interior). Identificación: introyección, expulsión Estadio del Espejo. Erotoagresividad. Lacan.	Sadico Anal, Ambivalencia: Sadomasoquista. (Cagar, Ser cagado) pulsión de prehensión). A/ O ? Objeto parcial: magrear las heces con la musculatura. Dar como (señal) de amor o retener autoeroticamente.	Premisa universal del Pene. Elección de Objeto Incestuoso. Genital ?. Madre Falica, Falo imaginario. Amor / Odio. DUALIDAD. Ambivalencia. Ser o Tener. Metáfora paterna.	Replegamiento de las investiduras de Objeto.N. 2dario.Fin de la latencia. Madurez genésica. Ambivalencia Afectiva. Amor / Odio. DUALIDAD. principios masculino y femenino Antinomia,narcisismo grupal político, xenofobia. Orgasmo parcial o multiorgasmo, disrupción: sexualidad lastrada de impulsos pregenitales. Bisexualidad no integrada. Orgullo. Dar sacrificial para recibir. Si no tengo no soy, pareja auto falo,bb, tetas, saber.	Renuncia a lo pregenital y perdida de los objetos parentales. Subrogación d. pulsiones parciales a la primacia genital. Superación del narcisismo: incorporación de los de manera equilibrada (Fromm). Ser esencia, arte vocación, Visión holistica de la realidad, fin de la ambivalencia afectiva. Dar como expresión de potencia y capacidad de amar. Aparición del Reflejo de orgasmo (total), pelvis, cervix. (Reich).

COEX

No localidad, memoria
celular. Campo mórfico.

Disposición pregenital: Perversa Polimorfa
autoerotismo - Narcisismo Primario.

Proyecto Sentido.
Percepción del entorno.

Fijación, inhibición del desarrollo/regresión (extremos de formación síntoma).Grados de conjugación intermedios. Disposición: constitucución sexual hereditaria y vivencial infantil (series complementarias), aqui como allí hallamos los mismos casos extremos y las mismas relaciones de subrogación. C23.

Ver nota al pie.[143]

<hr>

[143] *"Pegan a un niño"*, es un escrito de Freud, al igual que muchos otros, están condensados aquí; son de suma importancia las conferencias de introducción al Psicoanálisis, la XXIII, sobre todo, El hombre de los lobos: "Wolff" (W).

La abreviación PS: se refiere al concepto de Proyecto sentido, período de sensaciones, que abarca todo lo vivido por los padres en la preconcepción y en los primeros años de vida. Sallomon Sellam. TG, transgeneracional.

COEX, concepto de Grof, que se refiere a sistemas de experiencia condensada, que interactúan con todos los períodos y vida del sujeto.

Recordemos que Sigmund Freud ubica la **etapa** de **latencia entre la fase fálica y la fase adulta;** nosotros no la hemos puesto como fase en el cuadro. Para Erich Fromm, **en la fase adulta se da la incorporación de los principios masculinos y femeninos de manera equilibrada,** "lo que has heredado de tus padres, adquiérelo para poseerlo", sentencia Freud en el artículo introducción del narcisismo de 1914.

La cosmovisión holística. El paradigma cuántico relativista

Freud describe a la identificación, como el proceso por el cual el sujeto abandona la etapa autoerótica y pasa a la etapa narcisista, "**intermedia**", para luego pasar a la fase adulta y al amor en sentido pleno. El estadío narcisista post-edípico, o f**ase narcisística ambivalente**, es el correspondiente al narcisismo de las figuras parentales; dice Freud: "**el narcisismo es el narcisismo de los padres**", erigidos ahora en el superyó, heredero del complejo de Edipo.

La reflexión sobre los sentimientos amorosos se divide, por un lado, en las formas de amor erótico **y, por otro, en los modos de amor a las imagos parentales (tiernas);** sin embargo, **la idea del amor fraterno y de amor a las amistades (al grupo, en cuanto humanidad),** es consecuencia de **la función psíquica denominada sublimación,** de la cual nacen, además, **la empatía, la simpatía, la cooperación, y otras emociones y habilidades sociales. Quiénes no alcanzan el grado de individuo social, no pueden amar en sentido pleno, quedando fijados en la conflictiva del clan,** en las lealtades invisibles a los ancestros, en los vínculos incestuosos. **Esta subjetividad está plagada de impulsos pregenitales, de allí la ansiedad y el "drang" permanente; los mecanismos proyectivos y defensivos marcan la ambivalencia, en la que se intenta pro-**

yectar la "sombra inconsciente", al otro, al semejante "a" [144] del bando contrario.

La proyección ambivalente de lo reprimido al semejante, de lo negado o desmentido sobre la muerte y la sexualidad es lo patológico desenterrado por Sigmund Freud. Diría Jung, que integrar la sombra, lo desmentido y proyectado, es trabajo del proceso de individuación, que pondrá fin a la ambivalencia narcisista, a la dualidad.

Todos los grupos humanos, que rivalicen o marginen a otros, son narcisistas, **es necesario renunciar a las lealtades al clan**, al equipo de fútbol y a la **ideología, para crear verdaderos vínculos solidarios** con la humanidad y **acceder a la función psíquica denominada INDIVIDUO SOCIAL.**

El individuo social adquiere la visión integral; decimos que al superar la fase narcisística ambivalente, se produce la emergencia del pensamiento holístico integral y la visión global. **Es lo esperable en términos evolutivos para la humanidad, o como camino y progreso de la psicoterapia profunda.**

La Edad Media atribuía un valor "sobrenatural" a la jerarquización de las normas; con la religión, **Dios tenía el mandato** absoluto con su omnisciencia y omnipotencia (**estadío pre-racional, pensamiento mágico-animista, teocéntrico, omnipotencia de las ideas**). El hijo de ese Dios omnipotente y superpoderoso era el humano narcisista, "de tal padre, tal hijo", el pensamiento medieval es similar al mágico animista de los primitivos.

La modernidad, inaugurada popularmente en la Revolución Francesa, llevó **la razón al poder** y, con ella, cayeron siglos de pensamiento mágico y religioso; sin embargo, **el pensamiento mágico y la religión insisten**. Más allá de la insistencia de la religión, o producto de su antagonismo con el racionalismo, **la razón se transformó en el pensamiento hegemónico occidental** y desplazó jerárquicamente a

---

[144] Pequeño otro, u otro imaginario, con el que se rivaliza. Concepto desarrollado por J. Lacan.

todo lo que consideró irracional. Durante el siglo XX surgieron críticas apuntadas al racionalismo, el cual limitó el pensamiento y la concepción ontológica, el "ser". Dice Jung: *"el racionalismo es un prejuicio* que deberíamos desterrar", la máxima de Einstein es: *"Dios no juega a los dados"*; **nace el transracionalismo y el trans-egoísmo.**

Para el principal filósofo de la psicología integral, Ken Wilber, el individuo pasa de ser **autocéntrico a ser sociocéntrico y, luego, cosmocéntrico (el individuo social y el pensamiento global); conceptos, que coinciden con los estadíos de desarrollo psíquico, denominados: pre-egoico (pre-racional-mágico), egoico (racional) y trans-egoico (transracional); o el pre-personal, el personal, y el transpersonal, este último es el de la visión holística o lógica global.**

Las jerarquías

En la naturaleza, la complejidad y la jerarquización surgen por etapas, en las que los seres vivos tienden a organizarse por un mecanismo básico de autoagregación o autoensamblaje; la **agrupación se da así** por, yuxtaposición de entidades similares o idénticas, que, posteriormente, se integrarán en entidades más complejas o "jerárquicas", donde las resultantes constituyen las partes en "niveles jerárquicos de complejidad creciente", **desde las células a la organización logarítmica de las galaxias, los patrones fractales de autoorganización jerárquica conforman la Matriz Cósmica del Universo", "escrita en caracteres geométricos,** como "rezaba" el abjurado Galileo.

Georges Chapouthier propuso, para esos conjuntos compuestos por "integración jerárquica", el término **mosaico vivo**; en el arte del mosaiquismo, un "mosaico" es un conjunto que integra pequeños elementos, las **teselas,** (hemos descrito al comienzo del presente capítulo, las *teselaciones* en términos energéticos). En estos mosaicos, aunque se preservan las particularidades de forma y color, al incorporarse en el todo, adquieren una significación distinta. Llamamos **mosaico** "vivo", a las teselaciones holofractales presentes en la naturaleza y el cosmos, en su organización simétrica, todo ciclo entra dentro de otro ciclo; el todo (holón), está constituido por capas o divisiones (célula, organismo, comunidad), allí, la superestructura deja cierta autonomía de funcionamiento a esas las partes "divisas".

La palabra *holón* es una combinación de la palabra griega *"holos"* y el sufijo *"on"*, *"holos"* significa "el todo" y *"on"* es "partícula" o "parte", así, holón es algo, que es a la vez un todo, y una parte. Ken Wilber nos explica que "la jerarquía" es un "orden" de "holones" (sistemas-partes) crecientes, que representan un aumento de la totalidad y capacidad integradora; la frase *"to holon"* es la traducción griega de la palabra latina *"universum"*, en el sentido de "el todo", "la totalidad".

Un holón es una parte de un sistema "mayor" y es, a la vez, "en su interior": un sistema formado por partes subordinadas. **La organización jerárquica convierte a la "agregación" de elementos en conjuntos**, partes no conectadas, **en redes de interacción recíproca**; la jerarquización ocurre siempre en niveles de complejidad creciente, en ese sentido es "superior" y "asimétrica", ya que los procesos no ocurren de manera inversa. **Dentro de cada nivel del orden ascendente, se disponen a la vez la heterarquía y cierta autonomía** (lo instituido y lo instituyente). La organización jerárquica siempre implica subordinación a normas o pautas de los niveles superiores. En el desarrollo, a medida que se agrega complejidad y nuevas capacidades más abarcantes a los niveles de organización, también se incluyen algunos patrones de funcionamientos de la etapa anterior.

> *La holarquía recorta, tanto a la jerarquía como a la heterarquía, extremas*.
>
> **Ken Wilber. S.E.E.**

En el orden natural de los sistemas vivos, la toma de decisiones no está centralizada, así que, la holarquía, u **"holocracia organizativa"**, tiende a organizar las estructuras de modo que, **los niveles se** autoequilibran, acotando las injerencias heterárquicas de los estratos superiores, y limitando el intento de dominación de los niveles inferiores. Como un ejemplo burdo de este concepto, podemos decir que, a toda anarquía se le puede oponer un "orden" y a todo "orden extremo", se le impondrá un momento anárquico. Por otro lado, en lo que se refiere a la organización jerárquica de la psique, Jean Piaget, nos había propuesto el programa epigenético en el que los esquemas innatos se edificarán en interacción con el ambiente socioafectivo en las distintas "etapas del desarrollo". Agregaremos, el punto de vista del Psicoanálisis, y de otras disciplinas en estas etapas sugeridas por Piaget; de esta manera, a estos estadíos les agregaremos otras capas o niveles, que serán comprendidos en integración jerárquica (como sugieren Wilber y otros autores). Por ejemplo, en el estadío del pensamiento preoperativo, el nivel moral se basa en el propio punto de vista del individuo, "egocéntrico" (narcisista); en el siguiente estadío, el operacional convencional, se enfoca en el punto de vista propio, pero agregando, la habilidad de tener en cuenta los puntos de vista de otros, lo que conduce a una respuesta moral más equilibrada.

Los estadíos del desarrollo jerárquico de la consciencia

1. El primer estadío. Fase simbiótica intrauterina-perinatal

Lo podríamos caracterizar como fetal, descrito por Stan Grof, como MPB1 o fase simbiótica de fusión indiferenciada con el organismo materno en un medio acuoso talasal, proveedor de dicha nutricia y confort fisiológico; período que será mediatizado (con el siguiente o segundo estadío) por las tres MPB "fases grofianas" del proceso perinatal; la última, la MPB4 coincide con el parto propiamente dicho y con el corte del cordón umbilical. Aquí, se inaugura traumáticamente, el proceso de desarrollo humano en orden ascendente jerárquico, atravesando las distintas etapas descritas por el Psicoanálisis, la psicología evolutiva y desarrollos más recientes. Las distintas patologías de borde, incluso los estados de ansiedad del adolescente y otros estados emocionales paroxísticos, acaecidos en vínculos simbióticos; hacen alusión a determinadas circunstancias relacionadas con traumatismos en el parto (fases II, III y IV) o posteriores, por las cuales, se intenta revivir el vínculo simbiótico de dicha intrauterina en que se desarrollaban sensopercepciones paradisíacas de "fusión" con el organismo materno proveedor de confort nutricio y térmico ideal; tal como sostiene la literatura psicoanalítica: el Paraíso Perdido. Sin embargo, existen querubines con espadas flameantes, que incluso en los sueños nos impiden el retorno, víboras, reptiles, lagartos y gárgolas, acechan durante la noche, incluso las drogas, inducirán un estado "infernal", en lugar de la entrada al paraíso. De esta manera, se hará imperiosa la necesidad de **conectar con arquetipos paradisíacos del inconsciente colectivo para "anudar" la sintomatología** psi, ya a que el síntoma es una formación de compromiso entre las dos tendencias: por un lado, la recreación el vínculo simbiótico de dependencia placentera; y por el otro, el miedo a su pérdida o abandono, que significa enfrentarse a una nueva separación del paraíso, atravesando el proceso traumático de aplastamiento y abatimiento acontecido en el parto y a posteriori, por el pesar del hiperpoder del destino.

2. El segundo estadío: el equivalente al estadío piagetiano, descrito como "sensoriomotor"

Esta etapa está marcada por el vínculo posterior al parto, aquí debería establecerse una relación de amamantamiento positiva, la que contribuiría a contrarrestar los efectos del traumatismo de nacimiento. Este período es el que Freud describiera como fase oral (primeras emociones y relaciones eróticas con el seno materno).

La literatura médica dominante considera, que aquí, adquieren forma definitiva las **estructuras físico-sensoriales con capacidad de interacción y registro de las experiencias; sin embargo, los descubrimientos más atentos en este campo describen trauma-tismos, que afectan el desarrollo de estas estructuras en la etapa intrauterina, elementos que incluyen, no exclusivamente, a lo corpóreo material, sino además, las sensaciones y las percepcio-nes, "la inteligencia sensoriomotora" de la cual el feto tiene un esbozo, un narcisismo fetal.**

Este humano **"fisiológico"**, **"material"**, al decir de Wilber: *"no dual, sino **indiferenciado**"*, que emerge en el proceso perinatal puede haber sufrido un severo traumatismo físico, una asfixia, y una constricción paroxística (estrangulado por el cordón umbilical o sólo por haber permanecido durante horas en el canal de parto), a veces, con muerte neuronal. Debido a la neuroplasticidad, la importancia del efecto, no radica sólo en la posible merma celular; el efecto devasta-dor es económico, se produce una herida psíquica irreparable, produc-to del dolor extremo (angustia y ansiedad paranoide).

Ya que es un período de dependencia absoluta con el organismo materno, será clave la restitución de las condiciones intrauterinas; el ambiente cálido, el aporte de estímulos reconfortantes y la nutrición adecuada aportarán el equilibrio, para que la resiliente "plasticidad neuronal" restituya el daño psicofisiológico del proceso perinatal. In-clusive, hay estudios realizados en los que se comprueba la sincronici-dad de los latidos del corazón del bebé, conjuntamente con los de la madre, durante el amamantamiento; por eso, es fundamental, que el vínculo simbiótico continúe más allá del parto para contrarrestar, en parte, el daño psíquico acaecido. En cambio, el daño gestacional, ante-rior, es un proceso más crítico por ser más temprano y de despliegue en el tiempo; si hubo dificultades durante el desarrollo fetal, estas, difícil-mente, serán contrarrestadas durante la fase simbiótica; sin embargo, de frustrarse la simbiosis del lactante, el cuadro se agravaría llegando al desarrollo de un autismo de base.

Quizás no hubo secuelas físicas en la mayoría de nosotros, pero el traumatismo de nacimiento ha dejado una impronta a nivel sensoriomotor y, según su intensidad, ha creado una mayor o menor sensación de **constricción y limitación**. Las causas generales, se remontan a los traumas en nuestros ancestros; descendemos de las guerras atroces, de luchas imperialistas e invasiones, del hambre, de violaciones y de otros traumas de la "cultura del miedo", que perdió el placer sexual genital y que hoy afronta partos traumáticos, constrictivos, no placenteros. Este estrés transgeneracional induce la sensación de constricción, limitación y la desconfianza en el proceso de la vida, **las frustraciones acaecidas, luego de la ruptura de la simbiosis con el organismo materno, nos deja grabada fisiológicamente: la sentencia bíblica de haber sido "desheredados del paraíso" y la obligación de hacer cumplir la** profecía de parir con dolor y trabajar con el "sudor de la frente" para ganarse el pan. En las sociedades pre-imperialistas, de "afluencia" natural [145], el universo y la naturaleza eran un lugar amigable y proveedor de recursos, allí, los partos eran placenteros; estos hechos están datados y comprobados en la práctica de Stan Grof, también, por los enfoques neoreichianos y en la síntesis psicoanalítica y antropológica de la obra de Erich Fromm.

En esta **etapa "sensoriomotora"** de la "simbiosis madre-hijo", **no existe una representación de dos cosas** unidas, sino una **indiferenciación global,** señala Ken Wilber, *"unir sería juntar dos cosas en una organización superior"*, para él, no es posible juntar lo que no se ha diferenciado todavía. Psicoanalíticamente, podríamos pensar en una **simbiosis fragmentaria,** "indiferenciada", originaria, y en un pasaje a una etapa de **alienación primaria o simbiosis del vínculo de amamantamiento.** Durante el período de "diferenciación" de la simbiosis originaria, surgen las primeras imágenes, con las cuales, el proto-ego está intervinculado **"autoeróticamente"**, y poco a poco, va diferen-

---

[145] En dichas sociedades pre imperialistas, anteriores a las formas acumulativas, no se competía por los recursos naturales.

ciando las aferencias propioceptivas, interoceptivas de las exteroceptivas, las sensaciones físicas de su propio cuerpo de las del entorno.

Los descubrimientos freudianos, en este período, perciben a la identificación primaria como cuestión central y unificadora en la constitución del psiquismo; Jacques Lacan desarrollará, de manera solidaria, la trama que emerge de la relación con el semejante en el denominado estadío del espejo, las identificaciones primarias, que incorporan al objeto que es a la vez un espejo y un doble del yo imaginario, narcisista. **Margaret Mahler y otros** sostienen, que si, debido a factores fisiológicos, genéticos, a **un trauma repetido** en este período o a sucesos que no permitan contrarrestar traumas anteriores: se produce la **psicosis** autística, propia de este estadío. La traumatización sostenida, en esta fase, puede sentar por sí sola las bases para una futura psicosis en la infancia o más tardía. Creemos que la psicosis autística, también, puede deberse a una alta traumatización sufrida en este segundo período, capaz de provocar una regresión fallida a la MPB1.

3. Tercer estadío de la "moral preconvencional", descrito por Piaget como preoperacional.

Aquí, va **surgiendo el psiquismo propiamente dicho**, las **primeras imágenes mentales,** que creará esta mente, cuya inteligencia es sensoriomotora, provendrán, no solamente, **de las aferencias visuales exteroceptivas**, sino que estarán **entremezcladas con estímulos sensoriales interoceptivos alucinatorios**; de esta **fusión,** se originarán las **representaciones construidas, y, asociadas a los objetos primarios proveedores del par placer-displacer** y, a partir de los cuatro años, aparecerán los primeros conceptos. Recordemos, que el yo es una construcción hecha a partir de las imágenes, hay toda una **cosmovisión imaginaria,** propia de esta edad, que coincide arquetípicamente con la de algunos pueblos primitivos, el llamado **animismo mágico** o la **causalidad mágica**; dice Ken Wilber: *"el Sol y la Luna* *nos siguen cuando andamos, el mundo está lleno de tendencias e intenciones, centradas en las nuestras propias.*

Este período del proceso ontogenético, nos hace coincidir con un homínido, un ser antropomorfo, antepasado del humano, que está pasando de andar en cuatro patas a la posición bípeda, y tiene que erguirse e integrar el mundo desde el punto de vista visual (hasta ese momento percibido por el instinto olfativo y el placer gustativo "canibálico" predominante). Para esta mente primitiva, una imagen representa "la cosa" en la medida en que tiene su mismo aspecto, en ella predominan las relaciones de asociación por semejanza y contigüidad: la "representación–cosa", descrita por Freud en el "proceso primario inconsciente". La observación psicoanalítica comprobó, que en esta etapa hay una **"refundición" de las experiencias visuales reales con otras alucinatorias,** que provienen de las aferencias interoceptivas determinadas, "en el fondo", por la herencia filogenética, el cachorro humano **llena las lagunas de la verdad individual con una verdad prehistórica.**

El ser, aquí, tendrá que inteligir, "en el toma y daca de leche y caca" (que provoca placer y displacer), lo que es propio y lo que es del mundo exterior; el excremento oficiará de un pedazo del cuerpo propio del que hay que aprender a desprenderse. Hasta aquí, el cachorro humano cuadrúpedo, que cuenta con la **"teoría de la cloaca para la reproducción"** y con la **premisa universal del pene,** comenzará a recibir señales del mundo exterior, anoticiándolo (en el mejor de los casos), de que **la naturaleza sexual es "dual" y "polar".**

Lo que, filogenéticamente, se organizaba en torno al olfato, y a las feromonas (la sexualidad reproductiva), aquí tendrá una acometida en dos tiempos, mediatizada por el proceso de la represión. Los estímulos internos y externos, generadores del par placer-displacer, se han organizado y apuntalado, autoeróticamente, en las necesidades orgánicas, lo oral (alimentación) y lo uretro-anal (el control de esfínteres); de esta manera, se crea, "entre" **las determinaciones hereditarias y el vivenciar adquirido,** un "cableado", con mayor o menor intensidad, en esas zonas erógenas (cierta actividad o pasividad sadomasoquista), ante los estímulos que comienzan a ser interpretados como requerimientos del mundo exterior.

El niño pudo permanecer pasivo y receptivo ante la forma en que lo alimentaron, pero pudo permanecer activo ante el aprendizaje del control del esfínter anal, y rebelarse contra las imposiciones del mundo adulto o viceversa. Estas **posiciones serán resignificadas en este estadio una vez más, ya que se contrarresta la premisa universal del pene, agregando a la actividad y pasividad del mamar oral y de la prensión anal, la polaridad fálico-castrado**.

El proceso evolutivo se encuentra entre el autoerotismo y el pasaje al período siguiente, aquí, la fase fálica mostrará el apogeo del niño en el narcisismo primario, este elegirá sus **objetos de amor en las figuras que se encuentran a su cuidado y en el entorno próximo (incestuoso)**, de donde partirán sus identificaciones imaginarias, refundidas con sus fantasías sexuales. **Hasta aquí, los estímulos provenientes de los objetos parciales, como el pecho y las heces, han estado entremezclados con sensaciones de placer y displacer alucinatorias, "proyectadas e introyectadas" desde y hacia el mundo exterior.**

Ya que las fantasías sexuales combinaron estímulos sensoriales exteriores con alucinaciones orales y anales, el pecho y las heces pasan a cobrar un significado meramente fálico por efecto retardado, como describiera Freud en la **fase "genital fálica"**, porque hasta que no decline completamente **la premisa universal del pene, todavía "ambivalente"**, el niño sostiene, que **ciertas mujeres** (hacia las que dirige su atención) **poseen el genital masculino**; de esta forma, la genitalidad propiamente dicha, en este período es todavía imperceptible.

El mundo "adulto" atribuye valor fálico a la actividad y a la portación de objetos materiales como al dinero y a determinados atributos (físicos o simbólicos), el niño atribuirá naturaleza (fálica) a ciertos objetos; de esta manera también, lo hace la mayoría de los adultos, por adherencia a esta fase que denominamos narcisística ambivalente. La noción de **adherencia** en Piaget, no significa que algo está simplemente "pegado", sino que hay evolución en las esferas de la personalidad, pero que **se conservan modos pretéritos, quedan residuos pregenitales** como "hifas miceliales", un "lastre pregenital" en los adultos. Esta **adherencia pregenital** tendrá, así, el peso, según la intensidad, que haya tenido la afirmación de la premisa universal del falo en el complejo de castración, ya que de ella depende la demora en la aceptación del **principio de realidad**, de la "**incompletud**", de la presencia de **seres no portadores de falo**.

Las representaciones emergentes de la actividad pregenital: oral, anal y fálica (clitoriana en la mujer), tendrán como depositarios los progenitores y otros adultos significativos, en un interjuego dialéctico entre: actividad y pasividad, placer-displacer (sadomasoquismo), fálico-castrado, masculino y femenino, en distintas tonalidades y polaridades, en el fondo "ambivalentes" y entremezcladas, paroxísticas, en ciertos casos extremos, como defensa ante lo traumático. Esta **actividad "onanístico fantasmal"**, comienza a ser **inconciliable con la conciencia ascendente e inaugura reactivamente**, **el proceso de la represión**, en el que intervendrán, por otra parte, elementos de la herencia arcaica, que pueden haber emergido debido a que determinados accidentes los estimularon, o despertaron, la reactivación de las memorias de los traumatismos y excitaciones perinatales.

Por el momento, cierta amnesia sobre lo acontecido, irá marcando el **período de latencia** y luego, se continuará la serie como trayecto hacia la genitalidad propiamente dicha; una de las últimas improntas constitutivas será la "**metamorfosis de la pubertad**", con la tormenta hormonal y la emergencia de los caracteres sexuales secundarios. Por ahora, las tendencias libidinosas son sofocadas y el programa filogenético, impondrá, en mayor o menor grado, **la dominancia del neocórtex, que impulsará el desarrollo pleno del lenguaje, y otras funciones lógicas superiores**.

Si nada perturba dramáticamente este proceso, el simbolismo transformará la **mente imaginaria**, **el animismo mágico**, (el pensamiento fetichista, que atribuyó la presencia de pene y propiedades antropomorfas a los elementos de la naturaleza inanimada), **cederá ante el símbolo que representa la cosa**, aunque no se le parezca, (representación-palabra, proceso secundario-consciencia). Para Wilber es: *"el pasaje de la "mente preoperacional" o figurativa, a la mente que trabaja con los símbolos y los conceptos, por eso las palabras aparecen después que las imágenes"*.

El **desarrollo moral** de esta fase es llamado **"preconvencional"**, porque no se basa en "convenciones" o reglas mentales y sociales, sino en el placer y el dolor, en los **"premios y castigos corporales"**; es autorreferente, **"autocéntrico y narcisista"**. No hay posibilidades de ponerse en lugar del otro para comprenderlo, sino como autopercepción del placer y displacer (si lo que dice o hace me gusta o me disgusta); el ver a otros sufriendo u obteniendo placer, puede comenzar a convertirse en una fuente de aprendizaje, la frase "un niño es pegado"[146], expresa el **modo pulsional reversible** de este período.

Habíamos visto recientemente, que la voluntad y la **habilidad manual** comenzarán a producir las primeras obras de arte, si se posibilita la sublimación de la **pulsión anal** (de apoderamiento, prensil); se aprende, asimismo, el gesto de regalar al otro significativo, el producto de la **creatividad propia**, hecho que será fundamental, para el desarrollo del narcisismo secundario y base para el amor.

Si determinados accidentes, sean elementos presentes en el ambiente o provenientes del inconsciente familiar, impiden la superación del sadomasoquismo propio de la actividad anal, (por ejemplo: los traumas, los castigos corporales, los enemas o padecer carencias materiales), hacen surgir "reforzadas", la hostilidad y constricción introyectadas en los espasmos del canal de parto; se produce, de esta forma, una personalidad retentiva y constreñida, exagerada (ahorrativa), que por miedo a no tener y por el placer de retener, no podrá crear, dar ni regalar. Incluso, puede haber un placer sadomasoquista en la voluptuosidad, que producen los atracones alimenticios, ya que se asocian

---

[146] *"Pegan a un niño"*. Sigmund Freud. 1919.

a las fantasías infantiles de embarazo, o de un inmenso "niño – falo" gravitando en el vientre; procurando de esta forma, la espera de un placer mayor que se dará en la "liberación explosiva" al momento de la defecación. Esta última maniobra, también reproduce, mediante, una constelación dinámica de recuerdos (COEX), ciertas coordenadas del trauma del nacimiento; ya que los espasmos constrictivos del canal uterino, comprimieron los intestinos, a la par que restringieron la respiración, y produjeron la liberación explosiva, al momento del parto, muchas veces provocado (con intervención mecánica y/o química), a veces, acompañado con la defecación de la madre, del feto o de ambos.

Ciertas **adherencias al sadomasoquismo** se proyectarán en el combate, en el uso de la fuerza, incluso, en la guerra de los sexos; contaminando de este modo, los elementos de **la fase fálica** (fálico castrado), con la lógica **sádico anal** (activo – pasivo), y, posteriormente, cobrarán virulencia, según la intensidad, que haya cobrado dicho período y demás determinaciones múltiples.

Desde el punto de vista antropológico, este niño de edad "mediana", posee un desarrollo paralelo al del "medioevo humano", es de **visión mecanicista, monista-unicausal, uniforme y antropocéntrica.** De todas maneras, en la mayoría de los casos, las influencias del entorno o la ayuda del programa filogenético, harán pasar de la moral preconvencional a la **moral convencional, del egocentrismo (narcisismo) al sociocentrismo, narcisismo de las diferencias.**

4. Cuarto, la moral convencional: la mente concreta, operacional o del pensamiento concreto.

Aquí, el niño ya se ha identificado con sus objetos de amor: los padres, hermanos y miembros del clan, y ha tenido que resignarlos por incestuosos; el proceso de la represión, da como resultado que el narcisismo secundario se constituya a partir de la identificación con estos objetos marcados como perdidos. La represión, fijada filogenéticamente, iniciará la latencia sexual y la libido pregenital se pondrá al servicio de la maduración del neocórtex, proceso que acompañará la aparición de la mente concreta operacional o del **pensamiento concreto "regla-rol" entre los 7 y los 11 años de edad. El pensamiento de esta fase, disminuye la magia egocéntrica, al animismo mágico, en el que el yo era central al cosmos**; sin embargo, la adherencia autorreferente es desplazada y reemplazada por el **etnocentrismo**, en el que el propio **grupo**, la familia, cultura o raza es **"superior", el llamado "narcisismo de las diferencias" freudiano**. Este afán de superioridad del grupo de pertenencia propia sobre el "otro", "rival", está determinado por el replegamiento de las investiduras identificatorias ambivalentes sobre los padres y ancestros (el narcisismo es el narcisismo de los padres), que aquí se expresan como **adherencias sádico-anales** y fálicas, conformando el factor constitutivo del **odio al otro**, el deseo de hacerle sufrir **castigos corporales**, que sea **castrado** o sus **sustitutos**; también de manera regresiva **"eliminándolo canibálicamente"** como un **arcaísmo oral propio de los estados tribales**. Este último hecho está retratado, maravillosamente, en la serie televisiva de Freud, allí muestran cómo una regresión a un arcaísmo oral, provoca que el "gordito bonachón", cantante de ópera, se devore a sus padres; hay una representación más gráfica en la película "Estados Alterados" de 1980.

Si prevalecen las experiencias vinculares positivas, esta etapa es la que permite lo que Piaget llama **descentramiento, el yo puede descentrarse, y tomar el lugar del otro** cuando logra superar su visión del mundo "unicausal", en donde "la culpa la tengo yo o la tiene el otro"; así, podrá luego entender, que en los sucesos **todos tenemos responsabilidades compartidas**. La ambivalencia afectiva es un verdadero obstáculo para ponerse en el lugar del otro y alcanzar los **sentimientos de reciprocidad**, de **compasión y colaboración**. Si bien, se han erigido mecanismos de defensa ante las aspiraciones sexuales, la represión y la negación mantienen en la sombra la idea de que ciertas mujeres pueden poseer pene, la madre será la última mujer, sobre la cual el niño (y la niña), aceptará esta realidad, la "no portación de falo".

Piaget sostuvo , que la más importante de todas las adherencias en el proceso de desarrollo es el **egocentrismo**, *la temprana incapacidad de trascender la perspectiva propia*; es decir, no llegar a entender, que **la realidad puede ser diferente a lo que piensa, que no es auto-centrada, lo que le impide al niño ponerse en el lugar del otro, pensar en una perspectiva diferente de la propia**. En el juego, el niño irá aprendiendo a dar y recibir. Ello, estará mediatizado por la lógica fálico-castrado y por la actividad y pasividad; **las reglas y los roles comenzarán a incidir, ya no como castigos corporales, sino como donación o privación de objetos materiales,** y de esta forma, entrará en el universo en donde **los vínculos siguen el mismo interés y las reglas que los bienes de capital y trabajo.**

El sujeto emergente se instala en la **lógica mercantilista,** y llevará tiempo el descentramiento. La moral **se sigue basando en la coerción física, "desplazada", al control sobre los cuerpos.** Se sostiene que los grupos con escasos bienes materiales, como los pobres o los pueblos primitivos, son seres inferiores (castrados). En esta lógica (moral), **las posesiones cobran valor fálico y fetichista,** por el realce imaginario y estético. El mundo adulto deja entrever, que **los desposeídos o castrados se transforman en fuerza de trabajo,** mientras, que quienes transgreden las normas serán considerados **merecedores** de la **privación de la libertad,** o de una **punición económica** como castigo.

De todos modos, en mayor o menor grado, en esta etapa, el yo se ha descentrado y ha comenzado el pasaje de la identificación imaginaria con el cuerpo a la **identificación con las reglas y roles sociales; la adherencia imaginaria ambivalente, de la lógica-fálico castrado, impide a muchos avanzar**; el acento fetichista identifica "el sí mismo" con las extensiones "imaginarias" del cuerpo: la ropa, el auto y otras pertenencias materiales, que otorgan "identidad" al "ser", eclipsado en un objeto de intercambio material, y esto es, de esta manera, porque las condiciones históricas condicionan esa propuesta, ese "rol social", asignado para el yo, de esta forma, el sujeto piensa que **"es" "lo que tiene"**.

El mundo social avanza: al narcisismo de los padres, se le incorpora otra instancia legal, a la letra familiar, se le agregará el guion social: la novela neurótica, incluso, el mandato religioso hecho caricatura, el comunista y el del mercado. **Las reglas introyectadas conformarán el polo superyoico y, según, se trate la tesis, debajo "en la sombra" proliferará en "retoños" la antítesis; la sombra hará aparecer "el deseo inconsciente", proyectado en el mundo exterior, "antagonizado" en el semejante, inaugurando así, la polaridad ideológica.**

> *La verdad liberadora, superadora de las adherencias, no está en los extremos, es lo políticamente incorrecto.*

Hasta aquí llega el "adulto medio". Es la fase evolutiva de la "moral convencional", el sujeto **toma cualquier sistema de** "creencias" familiares y sociales, **de manera "literal-lineal", no puede ponerlas en duda, las toma por concretas-mecánicas; es el pensamiento operacional concreto, que supone que siempre a un suceso "a" le corresponderá uno "b"** (no pudiendo ser, x o z), **y se corresponde con la mentalidad que desarrolló el paradigma mecanicista, cuyo Interés se dirige siempre a "manipular" el mundo exterior, para adaptarlo al discurso del Otro, al "programa inconsciente", al que adhiere acríticamente;** *"el yo patológico, está estancado en la sociosfera, ensamblado en las reglas, mitos y dogmas particulares de una sociedad o grupo étnico, sin poder trascender esa participación"*, [147] piensa que, puede ser "excomulgado" de la cultura, ideología o grupo al que pertenece, y en consecuencia, quedar expuesto a los peligros de la jungla humana, si contradice el "sistema de creencias"; es el **nacimiento del superyó como enjambre de voces de la cultura.**

---

[147] Ken Wilber S.E.E.

"La creencia ciega en la autoridad es el mayor enemigo de la verdad".

Albert Einstein.

Para Piaget, en esta fase, los niños, empiezan a ser menos egocén-
tricos, y son capaces de "descentrarse", de pensar, sentir y **ponerse en
el lugar de otras personas**. El niño desarrolla la **reciprocidad**: si tú
haces hoy algo por mí, yo mañana haré algo por ti, logrando, de esta
forma, la incorporación de **perspectivas más profundas y menos
superficiales**. La revolución incorporada por el descentramiento, permitirá también, a **la mente concreta, practicar la reversibilidad**;
el niño aprende, que algunas cosas que han sido cambiadas, pueden
volver a su estado original. **Al construir una choza, o una bola de
masa, puede desarmarla y volver a construirla, sentando las bases
para el pensamiento hipotético deductivo; Piaget sostiene, que
"la reversibilidad es la característica más definida de la inteligencia**: *"si el pensamiento es reversible, entonces puede seguir el curso del
razonamiento hasta el punto del cual partió y ya no necesita la prueba
de ensayo y error que otorgan las operaciones concretas, de la experiencia sensorial directa";* [148] es el paso, fundamental, para **el siguiente
estadío, el hipotético deductivo.** La reversibilidad será el resultado,
que implica poder invertir las acciones propias, a fin de establecer su
estado inicial, para lo cual, es menester poder jugar y poder incorporar
reglas y roles; y con ellos, a su vez, asimilar las nociones de **jerarquía
y permutabilidad**, (por ejemplo: no me gusta que me hagan algo,
no debo hacer eso mismo a los otros). Estos procesos, generalmente,
se estudian con ejercicios matemáticos o algebraicos, con conjuntos,
subconjuntos y relaciones. Cabe destacar que, en ciertas culturas, no
"occidentales", se arriba a la maduración de estas funciones, sin la matemática, ni la aritmética, ni la teoría de los conjuntos; se llega porque:
**nuestro programa epigenético, madura funciones de aprendiza-
je jerárquico con el entorno vincular.**

---

[148] Piaget, Jean. (1979). Seis Estudios de Psicología. Barcelona. Seix Barral.

Cuando se desarrolla la moral convencional, las reglas dejan de ser vistas como arbitrariedades de los adultos, y comienzan a basarse en el respeto **mutuo** entre los compañeros de juego; surge la idea pacto, acuerdo y convención, y de seguir con la evolución, se incorporarán la honestidad y la justicia, que harán posible sostener en el tiempo los juegos y la vida en sociedad. Al transcurrir esta fase, el infante adquiere conocimientos sobre su rol en la comunidad y comprende que existen otros roles. En este momento, debe adquirir la habilidad de distinguir el suyo del de los demás y, posteriormente, incorporarlo en un nuevo ámbito. En la cumbre de esta etapa se desarrollan, en plenitud, las capacidades de reversibilidad y de construcción de hipótesis, dando lugar razonamiento hipotético deductivo.

5. Quinto. Formal operacional o "hipotético deductivo".

El "ego racional", se desarrolla entre los 11 y 15 años de edad y puede llegar al pensamiento mundicéntrico, emergente de la moral postconvencional: El VERDADERO INDIVIDUO SOCIAL

La mediocridad para algunos es normal, la locura es poder ver más allá.

Sui Generis.

A medida que el desarrollo avanza, se hace necesario un mayor descentramiento; Piaget, al igual que Einstein, consideraba que, *"el desarrollo procede por "saltos"*, **no de manera lineal**; de esta manera, en cada estadío, se requiere un forzamiento del "esquema mental" para modificarlo y que ingrese "lo nuevo", el dato de la realidad. Lo nuevo no elimina lo viejo, sino que lo transforma y le añade complejidad; si bien fue necesario construir un yo, es decir, un elemento fijo y central de la personalidad, **el proceso evolutivo le exigirá a ese yo, sucesivos descentramientos, para que pueda ser permeable a la** lógica de los niveles superiores "**transpersonales**", en los cuales, **hay menos egocentrismo, "narcisismo", y mayor complejidad e interrelación con la red vincular humana.** Si puede continuar con el descentramiento ascendente, el individuo social alcanza "**Estados Universales del Ser**".

La cultura consumista fija, a la mayoría, en la identificación con las reglas y roles competitivos egoico-materialistas. Se trata de una cristalización imaginaria, que imposibilita la superación de la fase narcisística ambivalente, obturando, de esta manera, la aceptación de la falta imaginaria, de la "castración", de la incompletud, de la incertidumbre. La interpretación convencional del Psicoanálisis, entiende, que la **represión** normal de las aspiraciones sexuales infantiles, arroja como resultado la estructura **neurótica**, la **negación** de esas aspiraciones, da como resultado la estructura **perversa** y el **rechazo** (forclusión), de eso sexual, sería el mecanismo que desarrolla la **psicosis**. Algunos, que leyeron a Freud por la mitad y **se escaparon del diván,** piensan que, con "**levantar la represión**", la neurosis se cura; o peor, que no hay que "reprimir" a los niños; en tales casos, lo que sucede es que termina operando otro de los dos mecanismos citados, pero no hay "cura".

Hemos inteligido, que hay series: la herencia y el vivenciar son mecanismos, que predisponen a la adquisición de síntomas, y que determinarán la "estructura": la represión y la negación están presentes en todos nosotros, en distinto grado, incluso, la alucinación es un mecanismo, que nos es útil a todos, ante determinadas situaciones de extremo dolor; lo que es diferente y lo que nos hace diferentes es en el nivel en el que operan, ya que estos tres (3) mecanismos, se interrelacionan compleja y holísticamente, con la predisposición, (lo innato) y el vivenciar accidental (lo adquirido), que arroja como resultado, singularidades únicas e imposibles de clasificar en un manual de trastornos psi.

No existe la diferencia sexual "en el inconsciente", sentencia cierto lacan_ismo, como si eso fuera excusa necesaria, para habilitar las prácticas pregenitales. Ya dijimos, que **"el inconsciente" no existe como sustancia, sino como índice o como sistema.** Hablamos de "**LO INCONSCIENTE**" y "no" de ÉL.

¿Para qué trabajaría el psicoanalista, si no es para reinscribir la castración?

El conflicto dinámico entre la aceptación y negación de la castración, se encuentra obturado y mantenido en "lo inconsciente", para evitar la emergencia de la angustia: sea reprimido, negado o forcluído, está allí -más que nada- como monumento para velar la ausencia de falo en la madre, luego, en uno/a mismo/a o en el compañero/a sexual. Ya que la premisa universal del pene, resulta inconciliable para la conciencia, se mantiene vedada como "inconsciente", y el sistema consciente, conserva el nexo con la representación inconciliable, mediante el **fetiche metonímico,** haciendo coexistir lo "fálico–castrado", en una formación de compromiso; una fijación de la mirada, que partió de un punto de desplazamiento, ante la angustia, que provocaron los genitales femeninos en la infancia.[149]

-¿Unos zapatos?, sí, pero de marca Fashion o Glamour; un pantalón, unas carteras "Buy_Ton", incluso, el saber como fetiche-

-¿Si "Eso" no madura para qué trabaja el analista?-

Si no es para hacer consciente "lo inconsciente", repetimos "lo" que "Es"; por eso "Ello" "debe advenir".

Si se logró la represión de las aspiraciones incestuosas pregenitales, y se conservó la pulsión de investigación, que siempre sufre ciertas admoniciones, al hacerle preguntas al adulto sobre, la naturaleza sexual (ej. *¿de dónde vienen los niños?)*; si esto se mantiene, si su afán pudo dirigirse a inteligir sobre la diferencia sexual anatómica, (más allá del

---

[149] Fetichismo. Freud, 1927

"naturalmente"[150]), todavía se encontrará activa y no seguirá acríticamente los postulados del mundo social. Si el desarrollo sexual hormonal, y de los caracteres sexuales secundarios, no lo precipitan, **el niño puede alcanzar las operaciones formales y racionales, antes de iniciarse en la sexualidad.**

Si la libido y las condiciones materiales no apremian, la racionalidad, y la moral "postconvencional", podrán desarrollarse en este estadío, "reflexivo formal", "... *es la primera estructura que no sólo puede pensar, sino que, puede pensar sobre el pensamiento, capaz de llevar a cabo un razonamiento hipotético. El hecho de poder pensar sobre el pensamiento, posibilita la auténtica introspección, así, el espacio psicológico interno se convierte en un nuevo territorio, **imaginando posibles mundos diferentes**"...*[151]. **La visión del mundo es "racional" y puede llegar a ser "global", si arriba a la moral postconvencional, donde logra comprender, que todos los humanos y demás seres vivos, son merecedores de la misma consideración, empatía o reciprocidad.** Cuando hay fuertes adherencias de las etapas anteriores, el mundo ideal del adolescente se prolonga hasta la edad adulta. Se idealiza, lo que no puede alcanzar el yo. Decíamos, que el ideal (yo ideal), es el sustituto del narcisismo: en la idealización se ama a aquello que posee el mérito para alcanzar el ideal, en este caso, **el estereotipo social**. Por ende, **el proceso es de idealización y no de amor; el ideal narcisista es el amor a la imagen de sí mismo, completada por una "persona objeto" o "ideal", que le sirve como prótesis al yo para cumplir con el mandato social y el estereotipo.** Hemos desarrollado, al principio, la idea de que **el amor no viene a completar al yo, el amor no es "cómodo", se parte de renunciar a algo propio y narcisista, para empezar a amar.** Se confunde socialmente la idealización con el amor, y más en el amor erótico, se idealiza desde el narcisismo y desde el autoero-

---

[150] ANÁLISIS DE LA FOBIA DE UN NIÑO DE CINCO AÑOS (CASO "JUANITO") Sigmund Freud. 1909. Así, una vez dirigió a su madre la pregunta siguiente: Juanito: -Oye, mamá, ¿tienes tú también una cosita de hacer pipí? Mamá: -Naturalmente.

[151] Ken Wilber S.S.E.

tismo, creando así, la sobreestimación sexual y la patología narcisista de la inmediatez, "**el drang del yo ideal de placer purificado**".

El racionalismo egoico es el pensamiento dominante en nuestra civilización; tiene su apogeo en el imperio romano, que supo apropiarse de los saberes de la época, para imponer, mediante la fuerza, la actual forma de civilización tecnocrática-beligerante, la "cultura" que mantiene traumatizada violentamente a la población mundial. La mayoría de nosotros desciende de abuelas o tatarabuelas violadas por los soldados en las guerras, incluso, de madres violadas en los matrimonios. Sin embargo, esta cultura que se construyó, a partir de los imperios, nos transmite la idea falaz de que "antes el hombre era más bárbaro que ahora"; pero, en realidad, el hombre es el mismo de hace milenios, y solamente avanzó en tecnología. **Los sentimientos humanos más elevados, como la compasión, la empatía, la reciprocidad y el respeto por todas las formas de vida, aparecieron antes que los imperios y la tecnología.**

Si bien el racionalismo nace como crítica al empirismo y al pensamiento animista, la reflexión filosófica que "inaugura" René Descartes es una forma de pensar, intencional, indirecta, no exclusivamente "sensorial". Las consignas de la Revolución Francesa, que llevaron **la razón al poder**, son la base del movimiento que destituyó el orden feudal, el cual imponía el gobierno de las élites mediante el argumento del "liderazgo natural", "del linaje heredero de los dioses". Al caer el régimen feudal, surge un nuevo orden, en éste, el ego comienza a percibirse como autocentrado en "la razón": "**una forma de reflexión, que no depende de la experiencia sensorial directa, ni de tener a Dios como garante.**" De todas maneras, el orden mundial ya dependía de la lógica imperialista, de esta forma, la razón comenzará a "practicarla": quien tenga el poder, lo que da origen al imperialismo egoico-racionalista.

El ego racional posee una visión fragmentada del mundo, nuestro lenguaje "**separativo**", carece del efecto Kymático, que sí poseían las lenguas originarias, ej. el sánscrito; "**el habla**", **producto del**

"romance" imperialista, separa profundamente el cuerpo y la mente, la cultura y la naturaleza, el espíritu y la materia.

Esta visión del mundo racionalista y "dualista", es todavía **antropocéntrica**, *"patológicamente jerárquica"*.[152] El antropocentrismo **separa al** "sujeto – **ego" del resto de la realidad** (objeto), y entroniza a este "ser imaginario", sobre el tejido o red de relaciones, que constituyen la naturaleza de la vida en la Tierra y en el Cosmos. Nuestro individualismo expresa la siguiente máxima: **"si Dios ha muerto, yo puedo reemplazarlo"**.[153]

> *Necesitamos reemplazar la visión fragmentada del mundo por una más holística, relacional, integradora, respetuosa de la tierra y menos arrogantemente centrada en lo humano.* [154]

La **mente separativa narcisista, al ser antropocéntrica-autocéntrica,** no nos permite vincularnos de otra manera con el entorno. La competitividad racionalista hegemónica **no incluye al psicoanálisis,** de este modo, la visión puramente economicista de los **líderes mundiales, nos llevó a la búsqueda del "crecimiento ilimitado", echando por tierra, los intentos de instalar la "lógica global", el "progreso sostenible";** así, de esta manera, **derrochamos** millones y **recursos no renovables**, para llevar adelante guerras y toda una **carrera espacial**, entre ellos proyectos como "Longshot", para buscar otros planetas habitables, a los cuales poder migrar, o evacuar a algunos pocos, **en lugar de destinar ese mismo dinero a acabar con los problemas climáticos, de la vida y de los ecosistemas.** En resumen, **la visión de superioridad antropocéntrica** frente a las demás formas de vida, **nos lleva a destruir lo esencial del planeta, para producir cosas superfluas.**

---

[152] Expresión que utiliza Ken Wilber.
[153] Al comienzo era el amor. Psicoanálisis y fe. Kristeva Julia.
[154] Ken Wilber. S.S.E.

Esta mentalidad separativa, imperialista y beligerante, no nos permite "abrirnos" para **transformarnos mutuamente, en el vínculo**. El egocentrismo presente, que jerárquicamente es la expresión del narcisismo, heredado de los padres, y demás ancestros, (legado de **información "cualitativa", y energía "cuantitativa", que se entrelaza con** ciertas determinaciones sobre "el ideal" de los sexos, en distintos grados y plasmaciones), influye tanto, en la **persistencia de la representación inconsciente de la premisa universal del pene**, como en la posibilidad "cronológica" de la **inscripción de la diferencia sexual anatómica**.

Producto de la herencia mencionada y de **cierta conflictiva social, que oscila entre un movimiento instituyente de igualdad ante la ley, y otro movimiento, que intenta el borramiento de las diferencias ante la ley**, el fe**minismo hege**mónico representa la revuelta contra los ideales "viriles" (patriarcales), y como tal, es **un antagonismo provocado por ciertas injusticias sociales**; sin embargo, Freud pudo pescar, tempranamente, que **la niña atribuye las injusticias a la sensación de discriminación emanada del "no tener"; la "ausencia de pene" la hace pensar, que fue privada del órgano masculino**, (no de la virilidad)**;** así luego, mediante la **"fuerza viril"**, las mujeres, que más sufrieron las asimetrías del patriarcado, se transforman en abanderadas de la castración, **luchadoras empedernidas contra el falocentrismo masculino**. Algunos hombres, también, luchan contra el falocentrismo señalando la impotencia de quién se propone como amo; en las últimas décadas y con la misma congruencia narcisista de la histérica, se ha instalado un discurso pseudo-anarquista, el llamado "discurso de género", en donde, **los abanderados de la castración, no luchan contra las injusticias materiales, el hambre, las catástrofes ecológicas y a favor de la equidad e "igualdad ante la ley"**, sino que sostienen, que los **hombres y las mujeres son idénticos ante la ley**; o sin la ley, esa **identidad de rebaño**, ensancha el narcisismo "grupal" y ensalza los yoes individuales, elevándolos a la categoría de un **"yo ilimitado de placer purifi-**

cado" (**unlimited-undifferentiated**); lo que promete, falazmente, este ideal consumista indiferenciado, es **hallar la felicidad, mientras se consuma y funcione en masa** (con sus amigos tome "tal cola" ahora, el sabor del encuentro es disfrutar el momento ¿por qué dejarlo pasar?), perdiendo en el consumo toda individualidad y ganando, de esta manera, una identidad simbiótica de rebaño, engañosa, des-sublimatoria, en síntesis: **alienada en el fetichismo de la mercancía**. Así, los no diferenciados, **desafiando al Otro,** interpelan al discurso jurídico, para promover una legislación que borre las diferencias (no con igualdad de derechos, sino con una **"negación de la diferencia de género"**). El respeto por las diferencias, no es lo mismo que querer borrar las diferencias; **"salí del closet"** es la máxima que utiliza el "orgullo gay", combatiendo de esta manera la diferencia "hetero", en lugar de aceptarla. Como ejemplo de lo aberrante, tomaremos el deportivo, en ciertos ámbitos, modificaron la legislación, para que los hombres transexuales o travestis compitan con mujeres (porque son iguales); con el resultado de que un amplio porcentaje de los **sujetos genéticamente masculinos, "contrariados"**, superó en las competencias deportivas a las mujeres. Lo importante, no sería que ganen, sino el ejemplo; esto sucede en toda la vida sociocultural y asimismo, la medicina impulsa "aberraciones sexuales". En otro escenario, la consigna feminista, que más pinta catedrales, en lugar de promover el desarrollo sexual de la mujer, enarbola la sintomatología de la fijación o de la regresión sexual, **"viva el clítoris"**.

Ken Wilber describe al feminismo y al discurso de género, como **"movimiento indiferenciado"**, una **"neurosis de identidad"**, en la que los individuos: *"pasan de afirmar, que todo debe ser juzgado de manera **equitativa** y **no egocéntrica**, **a que nada debe ser juzgado y que todas las posturas morales son equiparables, porque tienen <aversión a la jerarquía>**, solamente ven opresión y prepotencia en ella, las visiones igualitarias y uniformadoras, "heterarquías" patológicas, no significan unión, sino fusión, no integración, sino indisociación, no relación sino disolución. Todos los valores se igualan, y*

*se homogeneizan en una **uniformidad desprovista de valores individuales o identidades, (de nada se puede decir, que sea más
profundo, o más alto, o mejor, en algún sentido significativo,
porque es considerado fascismo),** todo valor desaparece en una mentalidad de rebaño, en la que los "no definidos" guían a los no definidos.
**Las feministas se centran en las patologías masculinas de domi-
nación, sin darse cuenta, de la igualmente catastrófica, patología de fusión indiferenciada"*.[155] El desarrollo filosófico de Wilber
es contemporáneo y sumamente descriptivo de las características de las
"formaciones" de masa actual; Freud pensaba que las masas se desar-
ticulaban sin un líder; sin embargo, las formaciones de masa actual se
destacan por "articularse" o **aliarse** (contagiándose en una infección
psíquica) **en el rechazo a las diferencias,** sean de los líderes, las instituciones o "del otro sexo", etc. Las masas postmodernas son, como
una multitud sin cabeza e indiferenciada, sólo hacen lazo para cuestionar el orden y **acceder un "placer indiferenciado-purificado".**

Dentro de la corriente feminista, la **alianza** propuesta por el "**feminismo extremo**", encarna un pseudo anarquismo, que intenta derri-
bar el orden para apropiarse del poder del **"vale todo"**, de esta forma,
el garantismo de derechos termina confundiéndose con la impunidad.
Se llega a este estado, luego, de varias generaciones, que cuestionan el
absolutismo patriarcal, sin embargo, la **crítica se tornó destituyen-
te**, derivando en un relativismo de valores y en una desublimación
catastrófica, que **desatiende la necesidad de poner límites.** En el
caso de las variantes polarizadas al extremo de la formación de síntomas renegatorios, "no" promueven una transformación social, para
instituir leyes, que permitan la superación del patriarcado imperialista y otorguen dignidad e igualdad de derechos a la mujer sometida
durante siglos; sino que, de manera antagónica, se han convertido en
un método de perjuicio y sometimiento a la población masculina, des-
virtuando, también, a "lo femenino", a la mujer y a la descendencia:
"las mujeres deberían proteger a sus hijos varones de la asimetría penal,

---

[155] Ken Wilber S.E.E.

propugnada por las mercantilistas de la ideología de género".[156] Así, el legado feminista llega a promover una asimetría normativa y legislativa, cuyo efecto sobre la subjetivación pone en riesgo a los hijos.

La **asimetría penal lograda por los efectos discursivos del rechazo a la diferencia y a la terceridad,** ya está causando estragos, tomamos como ejemplo un suceso en Argentina: un niño fue quitado de la custodia de su padre, mediante presiones "de género" en los organismos judiciales, Lucio, fue entregado a la tutela de su madre y su pareja lesbiana; luego de muchos maltratos, el niño fue asesinado por la pareja de mujeres. Lo más aberrante del caso es: que al niño le mutilaron los genitales oralmente, es decir, mediante la masticación.

El caso citado será encuadrado como violencia de género (diferente de la "normalizada") y pone de manifiesto, la vigencia de las interpretaciones freudianas sobre el complejo de castración femenino y su resultante envidia del pene, que varía en distintos grados, hasta caso el recientemente citado, en extremo patológico. El hecho, nos invita a llamar la atención, sobre la necesidad de no hacer lugar a los intentos de "relecturas" pervertidas del Psicoanálisis, muchas veces promulgadas por el discurso de género. La corriente, que domina enérgicamente al feminismo, y que se encuadra bajo el discurso de género, es también llamada, vulgarmente: "feminazi". Esta corriente no entra en disputa con el yugo absolutista del pasado, sino que lucha por relevarlo; la degradación cultural nos está llevando a la anomia, porque este "discurso" ha minado todas las instituciones, pervirtiéndolas al haber "reintroyectado", los mismos métodos que combatían: **"el oprimido tiene los ideales del opresor"**[157]. Esta formación reactiva, que arrojó como resultado la posición radicalizada, no propone un matriarcado solidario y pacifista, sino que es una **versión del padre,** "padre_versión", producto del deseo de venganza de esas mujeres, contra los excesos del hombre patriarcal; así, y debido a la relativización de los

---

[156] Cristina Seguí: «Manual para defenderte de una feminazi»

[157] Paulo Freire, en su teoría del oprimido, señala que este tiende a identificarse con el opresor y, al igual que la víctima en el síndrome de Estocolmo, idealiza el vínculo con el verdugo.

valores, se viene deslizando en las instituciones una asimetría penal, que en un gran número de casos deja a **"la madre patriarcal"** con todos los derechos mientras que priva al hombre de los mismos.

Continuando con el proceso del desarrollo madurativo, a nivel del "adolescente", nos hallamos en un momento crucial, la **premisa universal del pene, "debe haber declinado"**, el mecanismo de la represión, ha mantenido en el inconsciente, el conflicto mediante el "no querer saber nada de eso" (de la diferencia de los sexos); en cambio, si el conflicto ha sido mayor, puede haberse instalado el mecanismo de la **renegación, afirmando fuertemente** la presencia de mujeres con pene, a nivel inconsciente. La desmentida de la ausencia de pene en la mujer, se hace mediante un fuerte **desplazamiento fetichista, con un objeto que brilla en su reemplazo** (el *"Glanz auf der Nase"*), **logrando, de este modo ser, un contenido de la conciencia, con lo cual mantiene cierta ambigüedad y coexistencia**. Una tercera opción sucede, cuando **se rechaza de plano la diferencia sexual**, muchos sostienen que es decisiva la **ausencia de la metáfora paterna**; sin embargo, en la pubertad es una presencia muchas veces tardía, ya que, el **mecanismo forclusivo** se fijó, tempranamente en estados primarios perturbadores del vínculo materno.

En síntesis, los síntomas de, estancamiento en el quinto nivel **(racional)**, pueden llamarse narcisistas e impiden el acceso al pensamiento **global de la moral postconvencional**; hemos descrito la **etapa narcisístico ambivalente:** una expresión del **egocentrismo ampliado** y evolución truncada, adolescencia sin edad, que se prolonga indefinidamente.

Nuestra "cultura mediática" actual proviene del mercadeo de opinión y de los "focus groups", trasladados recientemente al algoritmo de las redes, de la perversión, de la Psicología del yo: si el yo está fijado a estadíos pregenitales, y ello lo hace consumir sustancias u objetos , los "mass media" influyen, para que el yo permanezca fijado a esa etapa, siempre insatisfecho, con lo cual consumirá cada vez más. Una forma de definir al narcisismo es la **vana-gloria,** una manifestación de **orgullo** exagerado que alguien manifiesta con respecto a sí mismo, ya sea una cualidad, un logro o la **posesión de un bien** (que engorda al narcisismo); por otro lado, la personalidad narcisista, se angustia, si no tiene posibilidad de afirmar esa posición, un ejemplo es el **orgullo:** si no se puede sentir orgullo, es decir, **tener una expectativa elevada de lo que somos, y que el otro nos la confirme constantemente,** —ser lindo, apetecible libidinalmente, inteligente, rico, poderoso, etc. — sentimos angustia, en lugar de tener una expectativa más responsable, y equilibrada del "SER", sin necesidad de pedir confirmaciones al otro.

"El auténtico valor de un ser humano depende, en principio, de en qué medida y en qué sentido haya logrado liberarse del yo."

Albert Einstein.

En el idioma español, hay otros sinónimos de orgullo: jactancia, engreimiento, arrogancia, soberbia, pedantería, o (el más común), la **vanidad. El término tiene su origen sánscrito,** *vana* **significa "YO".** En el budismo se tiene una palabra clave para la superación del narcisismo, del **"vana"** de la vanidad, es **nirvana** o cese del "vana" (yo), es la muerte del ego, pero no de la libido; es el **cese de la dualidad,** de separar al yo del otro, o de querer comerse al otro, porque la codicia de la personalidad **narcisística ambivalente, lleva al** deseo de incorporar y eliminar tanto al enemigo, como al amado o idealizado "otro", con el objetivo de identificarse con su parte envidiable.

"En términos evolutivos, un individuo podría estar en un nivel alto, en una línea cognitiva, en un nivel medio de desarrollo del nivel emocional, y en un nivel bajo en nivel moral" (ética). [158]

El narcisista desprecia la **"humildad"**; llama "pobre" a la persona humilde; **a quien no ostenta, se lo considera pobre** y al pobre,

---

[158] Ken Wilber, S.E.E.

también, se le dice humilde, "erróneamente" o culturalmente. **La mentalidad narcisista ambivalente puede haber alcanzado un alto nivel intelectual (cognitivo) e incluso, manejar equilibradamente sus emociones, pero posee adherencias egoicas al esquema de pensamiento, de la causalidad psicológica primitiva;** por lo tanto, **su nivel moral es bajo,** llegando de esta forma, a considerar, que la persona que no tiene bienes materiales exagerados, o que no los ostenta, **"el humilde",** es **inferior** o está inadaptado a la sociedad, en la que **la riqueza es "gracia divina".**

No podemos eludir la impresión de que el hombre suele aplicar cánones falsos en sus apreciaciones, pues mientras anhela para sí y admira en los demás el poderío, el éxito y la riqueza, menosprecia, en cambio, los valores genuinos que la vida le ofrece" [159.]

Cuando el individuo se cree poseedor del don de la "gracia divina", u otras **adherencias** a la causalidad primitiva, propia de los estadíos preoperacionales, ha de manifestarse en "la **ambivalencia narcisista",** cuyo modo es el "pensamiento **imaginario",** como describimos en la fase anterior: los castigos corporales son desplazados, hacia la posibilidad de **explotación económica,** que en esta esfera de pensamiento, recae sobre **"los humildes".** El narcisista **posee una fuerte adherencia preconvencional,** y también, un **animismo mágico autocentrado:** *"la visión del mundo y la visión de otras personas, es falsificada por las adherencias subjetivas, ya que **el punto de vista personal predomina, hasta casi excluir a los otros.*** Sólo hay un juego eterno, que transforma las *percepciones y crea situaciones de acuerdo con el placer del sujeto"* [160], **un residuo no elaborado del esquema de pensamiento del yo de placer purificado, de los primeros estadíos.**

Entonces, la principal adherencia que **impide la evolución de esta etapa es el egocentrismo** desarrollado durante las etapas anteriores,

---

[159] EL MALESTAR EN LA CULTURA. Sigmund Freud. 1929
[160] Ken Wilber S.E.E.

el narcisismo actual será su efecto, en el fondo determinado por el narcisismo de los padres y por las formas sociales dominantes. **Nuestras sociedades son fetichistas, por ende, generan una cultura de masas estancada en la fase narcisística-ambivalente.**

Cuando el entorno permite la construcción del sentido y de **aspiraciones intelectuales elevadas o espirituales**, el interés del cuerpo propio, se irá perdiendo, dando lugar a la **creatividad y al amor;** a la "**sublimación**". Dijimos, que si la pulsión de investigación no sufrió admoniciones, la pulsión de saber se encontrará activa y si el placer masturbatorio infantil pudo ser reemplazado por el **arte sublimatorio**, tendremos, un adolescente adentrándose en el mundo del intelecto y en la **construcción del conocimiento, de manera cooperativa, mutual y solidaria**; teniendo como fin, el bien común, una **vincularidad creativa y amorosa**, no competitiva. **Cuando se supera la competencia, o "competitividad", la actitud moral pasa de ser convencional, a ser postconvencional, y lo etnocéntrico (la nacionalidad, el equipo de fútbol o la ideología, "el narcisismo de las diferencias"), da lugar a lo mundicéntrico, EL INDIVIDUO SOCIAL.**

El sujeto puede descentrarse completamente, si accede a la **moral postconvencional**, logrando ver más allá de las normas de su propia comunidad, arribando en su reflexión a los principios en los que se basa cualquier sociedad buena; por ejemplo, las legislaciones internacionales sobre **los derechos humanos** y los pactos internacionales, como el pacto de San José de Costa Rica, establecen una serie de **principios** universales a los que la mayoría de los países han adherido. **Las mentes estancadas en la moral convencional, llegan a violar "democráticamente", estos principios**; algunos proponen la votación de la pena de muerte, otros promueven legislaciones, que atentan contra los derechos humanos en general. **La mente convencional piensa, que "el bien" es "el deseo de la mayoría"** (falacia ad populum), así por ejemplo, aunque existen tratados internacionales y convenciones sobre los derechos humanos, en donde se impide la sentencia de muerte, hay países o estados, en donde se aplican "puniciones" en las que se asesinan a los condenados, y hay otros, que pretenden hacerlo para cumplir con los "deseos" de las mayorías; otro ejemplo más común, pero poco analizado: **se aplica la censura** en determinados ámbitos públicos o privados, porque es aceptada o consensuada y hasta **votada** por una mayoría (silenciando a una minoría), **cuando la libertad de expresión es un derecho humano inalienable**. Sólo son sensibles a estos acontecimientos, los sujetos que llegan a incorporar estos **principios sociales,** de los derechos humanos, como proceso de maduración propia, y no por imitación, es decir, en la **moral postconvencional.**

Según Lawrence **Kohlberg,** [161] muy pocos adultos consiguen tener un juicio postconvencional. La moral superior, **postconvencional,** incorpora **los principios universales de lo esencialmente humano,** de la vida en sociedad y del respeto por las normas de convivencia armónica, emanadas del "contrato social", las personas **valoran el bienestar de la sociedad, y no "la opinión de la mayoría", pues, generalmente, las mayorías se equivocan.** *"Las leyes, que comprometen los derechos humanos o la dignidad, son consideradas injustas y "merecen" ser desafiadas.* [162] **Sin embargo, más allá del estado excepcional, en el que se pueda caer, la obediencia a la ley sigue siendo considerada lo mejor para la sociedad a largo plazo.**

La adolescencia es un estado intermedio, antes de la asunción de la visión global

Cuando se supera la fase narcisista, o se deshizo en gran parte **su influencia,** el sujeto puede empezar a pensarse como algo más que una subjetividad emanada de los sentimientos y necesidades materiales, (de un yo-cuerpo), operando en el mundo concreto; el ser puede

---

[161] Lawrence Kohlberg. La psicología del desarrollo moral.
[162] Ken Wilber S.E.E.

comenzar a pensar sobre el pensamiento, **puede reflexionar y penetrar en otras teorías y en otras mentes, puede, también, juzgar la moral de una sociedad determinada; pero, para hacerlo de manera correcta, debe aprender a ponerse en el lugar del otro**. La adherencia narcisista, **el egocentrismo, no sólo impedirá, en muchos casos, ponerse en el lugar del otro, sino que además, manipulará el mundo exterior, mentirá y falsificará la verdad, haciendo que predomine sólo el punto de vista propio, autocéntrico, lo que denominamos pensamiento absolutista**; Piaget sostuvo, que la construcción del mundo objetivo y la elaboración del razonamiento estricto, consisten en una **reducción del egocentrismo, en favor de la reciprocidad de los puntos de vista**.

Los niños, en sus primeras apreciaciones, sobre el concepto de "***verdad***", parten de un "**realismo**", ya que toman sus percepciones inmediatas como verdaderas y "**absolutas**", (lo que en literatura se considera **realismo mágico**); luego, mediante la interacción y el juego, pasan a poder diferenciar la verdad, según la "interpretación", concluyendo en que podemos acercarnos a la verdad, si aceptamos otros puntos de vista, **la verdad está en la reciprocidad y en la mutualidad de los puntos de vista**: "que el Sol está muy alto y no sigue a nadie".

Por otro lado, en la historia sociocultural, el realismo nace como respuesta e intento de superación del pensamiento mágico animista, que explicaba todo, recurriendo a la intervención sobrenatural o divina, por ejemplo: el sol tiene tendencias centradas en las nuestras; luego, el realismo derivó en una limitación para el pensamiento, "el naturalismo científico-materialista": un reduccionismo, que postula que las causas de los sucesos son puramente mecánicas, y que no existen procesos energéticos ni "**influencias misteriosas**", como el **entrelazamiento cuántico**.

Únicamente, podemos "**acercarnos a la verdad, si aceptamos otros puntos de vista**"; aceptar otras miradas sobre los fenómenos, nos permite comprender su "verdad", que son "**multicausales**" y no meramente mecánicos; el **mecanicismo** explica las causas de los acontecimientos, análogamente a una máquina de engranajes, en la que siempre se produce el mismo fenómeno **físico y lineal. Nuestra educación es mecanicista, intenta que reproduzcamos los saberes de manera repetitiva, antes que reflexiva y relacional.** Desde el punto de vista de nuestra evolución psíquica, el **naturalismo científico-materialista** es una **adherencia fetichista**, que interfiere con la posibilidad de pensar otros mundos posibles, ideales, "utópicos". **La mutualidad** no quiere decir, que sólo hagamos lugar al pensamiento del otro y moderemos nuestra posición, sino que debe haber **correspondencia mutua**; esto implica "pensar", que el pensamiento del otro: no es ni inferior ni superior al mío, en tanto **ambos se deben nutrir y modificar a sí mismos.**

Decíamos, que al principio, el niño considera sus percepciones inmediatas como verdaderas, su punto de vista es absoluto, no puede tener en cuenta, otro punto de vista más que el propio (absoluto). En las sociedades preindustriales, el absolutismo político y moral nace en el **feudalismo**: el rey tenía el poder absoluto y soberano (autócrata); hoy se considera pensamiento absolutista al **totalitario.** En el derecho absolutista, hay estándares absolutos, con los que se juzgan las cuestiones morales, "ciertas acciones son buenas o malas, independientemente, de su contexto" (no hay posibilidad de excepción). El razonamiento absolutista moderno es, además, negacionista (postula una causa como absoluta y determinante y "niega" el valor o la posibilidad de incidencia de otras causas, si es moderado, las minimiza eufemísticamente). El absolutismo es hijo del antagonismo del bien y del mal, de la tiranía de la mente discontinua, de la dualidad narcisista; cuando el joven logra acceder a una moralidad autónoma o al **relativismo moral**, una **moralidad basada en sus propias reglas**, es porque comprende, que no existen el bien o el mal absoluto y que **la moralidad, depende de las intenciones y no de las consecuencias.** Para el análisis de los hechos sociales, el paradigma **cuántico-relativista**, tendrá en cuenta el **contexto y las determinaciones socio-históricas**, en todos los procesos humanos; Freud, que era lector de Einstein, planteó el "caso por caso", la "relatividad", hace 130 años.

El pensamiento **formal operacional, o mejor dicho el pensamiento reflexivo formal,** posibilita la aplicación de **la reciprocidad, la mutualidad y la relatividad a todos los hechos externos, e internos, individuales y sociales.** En las **sociedades de afluencia natural,** anteriores a la racionalidad egoica imperialista, pudieron emerger la reciprocidad y la mutualidad, porque **la superabundancia de alimentos permitía trascender las necesidades materiales;** por lo tanto, la aparición de la reciprocidad y la mutualidad, se produjo antes de que existiera "lo racional". **En nuestra cultura científica, la conciencia realmente ecológica (el pensamiento global) emerge, si la mente puede superar el reduccionismo del naturalismo científico mecanicista e ir más allá de las necesidades materiales, que considera urgentes,** por ejemplo: las "económicas"; de ser así, **puede comenzar a entender las relaciones de reciprocidad y mutualidad de lo viviente,** por ejemplo: los árboles están vivos y sus sustancias (una de ellas es oxígeno) nos nutren y vivifican, de esta manera, somos con los árboles "parte de la vida".

El pensamiento reflexivo formal, cuando alcanza la **lógica global,** *"logra ir más allá de los vínculos fisiológicos con la naturaleza y sin "negarla" o mecanizarla, se permite reflexionar sobre la red de relaciones, que constituyen la intervincularidad de los sistemas vivos"* [163]. La **mente mecanicista** no duda en talar los árboles para su beneficio, aunque luego se plantea la necesidad de crear oxígeno artificial. El materialismo de la mente concreta, no logra entender la necesidad de vincularse respetuosamente con la vida en el planeta; **no puede pensar, que todos los cambios introducidos en el entorno serán recíprocos** (más tarde o más temprano), **mucho menos, puede conceptualizar un "sistema ecológico",** (o cualquier sistema, que esté entrelazado cuánticamente), **en el que uno o más cambios, puedan llevar a todo un sistema de cambios en el equilibrio existente en**

---

[163] Ken Wilber S.E.E.

el planeta; esto sí es logrado por el "**reflexivo formal**", cuando arriba a la madurez y pone las operaciones de "**reciprocidad y mutualidad en relación con lo vivo**", la "**biofilia**".

Podemos observar, que algunas personas para deshacerse de los **residuos**, deciden **quemarlos en una hoguera**, si nos acercamos y queremos explicarles sobre la contaminación, podemos tener respuestas de diversa índole, pero en la mayoría de los casos, vamos a encontrar la aseveración incuestionable, de que **con la "incineración" la basura "desaparece"** y que no queda ningún residuo, pues, "**no se ve**"; esto es propio de lo **imaginario-narcisista-autorreferente**, del mecanicismo. También sucede lo mismo con las cosas arrojadas al río, o los **papeles arrojados al viento; "ya no están", se los llevó el viento**.

Ken Wilber, considera, que el pensamiento operacional formal es el que permite la emergencia de la conciencia ecológica, porque como vimos *"logra ir más allá de los vínculos fisiológicos con la naturaleza"*; sin embargo, considera, que **no es suficiente para evitar una catástrofe ecológica, porque** la mentalidad racional, aún puede *"reprimir la biósfera"*; es decir, puede todavía delinquir contra la Tierra, cuando no arriba a la moral postconvencional y al pensamiento global, cuando no conecta con la biofilia, con el sentido de la tierra.

> *En otro tiempo el delito contra Dios era el máximo delito, pero Dios ha muerto y con Él han muerto también esos delincuentes. ¡Ahora lo más horrible es delinquir contra la tierra y apreciar lo inexpugnable ("***el fetiche***") más que el sentido de la tierra!* [164]

Lo fundamental para el arribo a la conciencia ecológica está determinado, en gran parte, por el sistema cultural; Erich Fromm y otros antropólogos consideran que **la biofilia se desarrolla en las sociedades de afluencia natural y la necrofilia fetichista emerge de los agrupamientos beligerantes, que dieron origen a los imperialismos**. Por eso, para nuestra evolución como especie, no alcanza con

---

[164] Así habló Zaratustra. Friedrich Nietzsche.

la maduración del racionalismo si no han emergido o no emergen, lo suficientemente, las **operaciones de reciprocidad y mutualidad, la cooperación, la empatía por lo viviente y otras funciones, que son, incluso, propias de los mamíferos y no solamente del ego racionalista.**

6. Sexto estadío: la imaginación radical, la visión global y la Moral-postconvencional.

Si se desarrolla esta fase, se adquiere la visión cosmocéntrica o mundicéntrica, allí el ser se siente parte del cosmos, del universo. El individuo social integra lo transpersonal.

La proyección ambivalente al semejante, (imputar la propia tendencia inconsciente al otro) **como mecanismo de defensa para reprimir, negar y desmentir los síntomas sobre la muerte y la sexualidad, es lo patológico, desenterrado por Sigmund Freud.** Siguiendo los desarrollos de Carl Jung podemos decir, que **hacer consciente esta defensa es integrar la sombra, lo proyectado al semejante; éste trabajo se denomina proceso de individuación, y es el que pondrá fin a la ambivalencia narcisista, a la dualidad.** Habíamos dicho, que **en la fase adulta, se da la incorporación de los principios masculinos y femeninos de manera equilibrada.**

El sepultamiento del complejo de Edipo es la elaboración de las cuatro aspiraciones mencionadas por Freud, contenidas en la doble aspiración erotoagresiva, (activa y pasiva), hacia ambos progenitores. Cabe destacar, que la "imago" de madre fálica", compone una de esas cuatro vertientes, que ha de resolverse en la superación del mencionado complejo, y no puede ser de otro modo, pues, allí, se asienta la estructura fetichista de la peste universal. Lo que Jung llama proceso de individuación es la integración en el "Sí Mismo", de las distintas aspiraciones, que mantenemos en la sombra, principalmente, las cuatro mencionadas , que incluyen lo femenino en todo hombre, y lo masculino en toda mujer; el ser andrógino originario, caído en la dualidad narcisista: **eso heredado de nuestros padres, también, debemos adquirir para poseer y dejar de ser poseídos.**

El individuo social adquiere la visión integral, cuando se supera la fase narcisística ambivalente, se produce la emergencia del pensamiento holístico de la complejidad y la visión global; es lo necesario, en términos evolutivos para la humanidad, y es lo esperable, como camino y progreso psicoterapéutico.

Dijimos, que la **mutualidad y la reciprocidad** existen sin "la razón"; sin embargo, a partir de la reflexión formal, la razón, se hace posible la aplicación correcta de **la reciprocidad, la mutualidad y también, de la relatividad a todos los hechos externos e internos, individuales y sociales.** También, por el contrario, la razón puede transformarse en un impedimento para aplicar estas categorías, a ciertos sucesos por considerarlos irracionales, o pre-racionales, y esto es lo que, quizás, no nos permite ver a un árbol como un ser vivo o entender **cierta interacción con lo real, sin considerarla patológica.**

"Importa más la imaginación que el conocimiento porque la imaginación circunda el mundo y el conocimiento es limitado".

Albert Einstein.

Todo lo que el racionalismo representa, es un cúmulo de conocimientos y procedimientos, que las distintas culturas han ido acopiando durante decenas de miles de años, porque la filosofía comenzó mucho antes que en los presocráticos; sin embargo, el conocimiento no se produce por acumulación lineal, no hay simplemente un conocimiento que lleva al otro, **"hay saltos"**, porque *"la imaginación circunda el mundo"* **(transferencia de pensamientos).** Para que una nueva capacidad sea adquirida por toda una especie, requiere de la interacción de mecanismos psicobiosociales muy complejos, hay que transformar áreas del cerebro, o, crear regiones neurocorticales, núcleos de neuronas especializadas, no es un simple dato de la realidad que ingresa. Los que estamos en el paradigma de la complejidad, por otra parte, especulamos con que, esos cambios se dan a escala planetaria, cuando una población (x), alcanza una **masa crítica**, un "salto" (y) en el campo morfogenético o inconsciente colectivo (**"que circunda el mundo"**) se da primero el cambio en un grupo, que lo transmite "automáticamente" al resto con capacidad receptiva, y no por un "ejercicio pedagógico de magnitudes bíblicas".

La razón o la reflexión racional existen hace decenas de miles de años, antes que el álgebra o la teoría de los conjuntos; sin embargo, en el comienzo de los "tiempos racionales", un número reducido de la población llegaba a su adquisición, luego, el número fue creciendo y, posteriormente con la pedagogía, se llegó a un número mayor; aunque, en la actualidad, en muchos casos, todavía no se desarrolla completamente la capacidad de reflexión y por ende, algunas otras capacidades, que dependen de ella. Habíamos visto, que **la razón es una forma de reflexión que no depende de la experiencia sensorial directa, procedimiento sumamente necesario, sin embargo, lo que hace obstáculo es el racionalismo, la polarización racionalista.**

Lo que polariza a la razón en el "racional_ismo" es el desplazamiento, la re-introyección, de la secularización religiosa, que **tenía a Dios como garante del conocimiento (el geocentrismo, el antropocentrismo), en síntesis: el egocentrismo que se aferra a la razón como garantía, ante el peligro de la locura. El egocentrismo racionalista enuncia: "yo tengo la razón", mi modo de operar es el correcto, el tuyo es incorrecto, primitivo o patológico. El pensamiento imperialista, egocéntrico, supo trazar una línea demarcatoria entre lo que consideró racional e irracional; sin embargo**, la tradición científica, que hoy se dice racionalista, se nutrió en todos los tiempos, de tradiciones **"vedadas", incluso, "prohibidas", académicamente, "irracionales"**. Tesla, el creador de la electricidad, era un "meditador", que practicaba una forma de espiritualidad oriental; Platón trae los sólidos geométricos de las reminiscencias del mundo de las ideas; hechos, que "no" son producto de un razonamiento, sino de **experiencias de percepción "sensible"**, a las que habían accedido luego, de aprender técnicas meditativas e introspectivas.

Dijimos que Jung, quien también era un meditador profundo, sostuvo que **la razón era un prejuicio que deberíamos desterrar**. Einstein, en cambio, no necesitaba meditar ni estudiar, su imaginación le traía fórmulas y respuestas, por eso la frase que acuñó es: *"la imaginación circunda al mundo"*, pues, venga entonces, **la** imaginación al poder:

-¡No, es peligroso!-

Acusa el statu quo racionalista. El conocimiento reglado y racional genera máquinas, que repiten procedimientos lineales, y, por lo tanto, controlables y "contrastables", **si la imaginación fuera moneda corriente, el imperio racionalista correría peligro**.

> *El amo ya no dice: "Pensad como yo o moriréis", sino: "Sois libres de no pensar como yo". Vuestra vida, vuestros bienes, todo lo conservaréis, pero a partir de ese día seréis un extraño entre nosotros. Permaneceréis entre los hombres, pero perderéis vuestros derechos de humanidad. Cuando os acerquéis a vuestros semejantes, huirán de vosotros como de **apestados** e incluso aquellos que crean en vuestra inocencia os abandonarán. Os dejo la vida, pero la que os dejo es peor que la muerte. Tocqueville* [165].

Es un imperio, el racionalismo, y es el amo, porque posee un ejército de autómatas, **centinelas del sinóptico** [166], que sancionan a los "apestados", replicando un cúmulo de conocimientos reglados e incuestionables; **se ha confundido**, académicamente, la **repetición de procedimientos normalizadores, con "la razón"**; **una capacidad de reflexión** que habría de adquirirse, no sólo por procedimientos reglados, sino además, por relaciones vinculares con el entorno social y natural, y que, al contrario, se intenta incorporar de manera artificial y mecánica por procedimientos aritméticos y algebraicos, o no se

---

[165] Alexis de Tocqueville Democracy in America" 1840
[166] Zygmunt Bauman: Modernidad Líquida, 2002; Vigilancia líquida, 2013.

incorpora, simplemente se repite lo **"asimilado"** sin haberlo **"acomodado"**. [167]

En cambio, la imaginación es intransmisible, pedagógicamente hablando, quizás, cuando se apela a la creatividad, se intenta que se desarrolle; sin embargo, se necesita desprenderse de lo material y de la manipulación en el exterior (del operacional concreto), porque si hay fuertes adherencias materialistas, no es posible imaginar; requiere además, la aplicación de las operaciones de reversibilidad, si el pensamiento es reversible, entonces puede seguir el curso del razonamiento hasta el punto del cual partió y ya no necesita la prueba de ensayo y error, que otorgan las operaciones concretas de la experiencia sensorial directa; el operacional-formal, lo racional o el hipotético-deductivo será el estadío que permitirá **separar la ilusión y la alucinación, de la "Imaginación".** [168]

La imaginación, una vez separada de la ilusión y de la alucinación, es lo que permitirá la superación de lo conocido, no solamente de los sentidos, sino de la mente, de las categorías dadas, a priori, **"el tiempo y del espacio".** Estas categorías kantianas de lo racional innato **son superadas** por **la imaginación, una capacidad innata** que obtiene la vida **mediante los campos mórficos,** para trascender "el estuche" que es, en cuanto a materia concentrada en un espacio y tiempo limitado; para nosotros, la imaginación (**al igual que** la telepatía, como diría Freud) en la evolución es "relegada por otros sentidos". Sin embargo, la relevación no debe ser absoluta, sino **la mente** se estanca en lo dado y aprendido, y no puede ver, que sólo **cobra alas con la imaginación,** Lamarck lo llamaba **"voluntad"**, una voluntad que puede transformar los órganos", decimos que por ende, también, los sentidos se modifican para ayudarnos a percibir de otra manera.

---

[167] Asimilación y acomodación son mecanismos descritos por Jean Piaget.

[168] El mecanismo del examen de la realidad puede estar alterado a partir de la gestación, por lo tanto, puede inducir la confusión de estas percepciones, no tanto así la ausencia de la metáfora paterna.

La existencia del funcionamiento psíquico inconsciente y la relatividad del tiempo y el espacio, llevan más de cien años de teorizaciones y comprobaciones; sin embargo, **es una muy selecta minoría la que acepta estas realidades, y procede, en consecuencia, tratando de comprender el universo en esos términos**, en lugar de ceñirse a lo dado por los sentidos y por la persistencia de la física clásica y la psicología de la conciencia. La percepción del continuo espacio-tiempo, que tenemos, está limitada por nuestras capacidades aprendidas, tanto racionales como pre-racionales.

La materia es una concentración de energía que, según su magnitud, altera por contracción y expansión el tiempo; nuestra mente, que es energía, tiene la capacidad de alterar la percepción del tiempo y el espacio. Dice Jung, que la sincronicidad es producto de esa alteración. Con este razonamiento, el discípulo más brillante de Freud, inaugura la "Psicología Transpersonal" y la reflexión sobre lo "transracional", por lo menos, en Occidente, pues en Oriente es moneda corriente.

Jung habla de la "**sensación y de la intuición como las categorías transracionales, de acceso al conocimiento**", igual que el concepto de imaginación para Einstein, Jung no pone el acento en el conocimiento concreto, sino en las formas no racionales de acceso a "lo sutil". Estas capacidades transracionales, también innatas como lo racional, pueden ser "desarrolladas" por cualquier individuo del planeta, y son las que permiten tener una sensibilidad "extrasensorial, transracional" que desborda todo marco racionalista y mucho más, disloca al mecanicista.

> "Un ser humano es parte del todo que llamamos universo, una parte limitada en el tiempo y en el espacio. Está convencido de que él mismo, sus pensamientos y sus sentimientos, son algo independiente de los demás, una especie de ilusión óptica de su conciencia. Esa ilusión es una cárcel para nosotros, nos limita a nuestros deseos personales y a sentir afecto por los pocos que tenemos más cerca. Nuestra tarea tiene que ser liberarnos

de esa cárcel, ampliando nuestro círculo de compasión, para abarcar a todos los seres vivos y a toda la naturaleza." [169]

Hemos tomado conocimiento de que para la física clásica existe la propiedad de la **localidad**, muy ligada al pensamiento operacional concreto y al mecanicismo; en cambio -en la física cuántica- la **información viaja en todo el universo, mediante, la Interferencia de pautas vibratorias (siguiendo el principio de no localidad y el entrelazamiento cuántico, en donde las acciones, que modifican un sistema, influyen instantáneamente, en otros que estén enlazados con él, a pesar de la separación entre ellos). Para Jung el conocimiento se encuentra en un medio continuo de espacio-tiempo, "no local"**, y se accede a él por mecanismos de percepción inconscientes, (sin conexión mecánica, del mismo modo, en que lo efectúa la telepatía), y esto es posible, porque como dice Einstein: *"**somos una parte** del universo que **no** está **separada**, sino sólo delimitada por el espacio-tiempo"*. Las teorizaciones de la biología y la física cuántica sostienen, que **los hechos sincronísticos (que necesitan de la contracción del tiempo y el espacio para su manifestación), están condicionados por patrones de interferencias de las mentes presentes pasadas y futuras, y se accede a ellos con "sentidos", que se alejan de la percepción ordinaria.** Si la **sensación y la intuición** influyen en la construcción del conocimiento es, porque la mente entra en contacto con **información "no local"**, colapsando dos o más conceptos (paquetes de información y energía) en patrones de interferencia; la información no local, no necesariamente es de este tiempo ni de este espacio, y puede provenir tanto del campo morfogenético del inconsciente familiar, racial y colectivo (presente o de otro tiempo); o de la llamada "conciencia cósmica". Son el pasado y el futuro que se manifiestan como información y energía pluripotencial, permitiendo a la vida superar las limitaciones de las categorías de tiempo y espacio.

---

[169] 'Dear Professor Einstein: Albert Einstein's Letter to and from Children. De Robert Schulmann.

La individuación y la comprensión holística es una maduración, que se da por un "**descentramiento egoico**"; al hacer permeable la experiencia, mediante, la empatía se superan los condicionamientos perceptivos, polarizados, del yo de placer purificado y, al cesar las resistencias, nos dejamos llevar por ese **magnetismo de atracción y repulsión descrito por el Tao, una danza** dinámica **de complementariedad interpenetrante y extrasensorial**; esta forma de percibir la realidad, no es un retorno al estado de fusión y percepción indiferenciada, si fuera así, lo real en lugar de aportar nuevos datos se volvería caótico. La percepción de lo transracional, se da por una sensopercepción, que va más allá del sujeto y el objeto; es una "**sensación**" **de pertenencia a algo mayor, no separado**. Lo transracional y extrasensorial es trans-egoico y transpersonal, como Romain Rolland le decía a Freud, es un sentimiento particular, una sensación de "eternidad"; **un sentimiento de algo sin límites, sin barreras**, por así decir: "oceánico".

Creemos, que las discusiones en torno a la forma de percibir la realidad, y la forma de dividir la **capacidad para reflexionar, sobre las percepciones** como: **racional e irracional, son un prejuicio del ego racionalista**. El sujeto psicótico, que comúnmente, es pensado por la "ciencia" como irracional, habita la racionalidad, pero para lograr una cierta estabilización psíquico-emocional (que parte de un déficit), se ve forzado a interpretar, delirantemente, un fragmento de la realidad. Wilber dividirá al pensamiento y forma de acceder al conocimiento, como **pre-racional, racional y transracional**; también, hará una clasificación de lo **pre-personal**, lo personal y lo transpersonal.

Nosotros, consideramos, que es válida la clasificación de Ken Wilber; sin embargo, creemos que lo central es "**la coraza o la máscara caracterial**" **al momento de examinar la realidad**. Si el ego, que se construyó, es demasiado lábil, no podrá descentrarse y arribar a la lógica transpersonal, pues, la sola idea de dejar de tener un yo, podría desencadenar los mecanismos de defensa alucinatorios. Wilber sostiene, que el racionalismo permite el acceso a la "imaginación de otros mundos posibles", porque la reflexión racional es la que nos permite ir más allá de los vínculos fisiológicos con la naturaleza. En este sentido, Wilber es demasiado "**continuista**", si bien considera **adherencias** en los estadios evolutivos jerárquicos, **no tiene en cuenta** la posibilidad de los "saltos", que proporciona la **imaginación** como capacidad **innata**. Wilber supone, que la "imaginación" solo aparece cuando se supera el nexo fisiológico con el entorno, en el estadío operacional formal de la adolescencia; su reflexión, también, lo lleva a pensar, que las conexiones previas con "lo real", **"lo prepersonal"**, se dan en un estadío de **"fusión indiferenciada"**, mecanismo cercano al de psicosis autística desarrollado por Margaret Maller. Wilber no conoce, en profundidad, el concepto de **psicosis**, la que **no es una mera fusión indiferenciada** (psicosis autística); no ha leído a Freud lo suficiente, como para comprender, que además, de la **fusión originaria**, por otra parte, hay una **escisión originaria**. Esta última es la que **separa**, tempranamente, un conjunto de **aferencias propioceptivas, aversivas,** del resto de las percepciones (pulsión de muerte, **sadomasoquismo** originario), proceso que, **si se efectúa en un estadío demasiado temprano, *embrionario, fetal o de amamantamiento, pecho bueno o pecho malo***, abruptamente marcado, **altera fisiológicamente los centros neurales** como la amígdala y el hipocampo (sede de los mecanismos del examen de la realidad y percepción del entorno), predisponiéndolos a **responder a ciertos estímulos, de manera confusa al "unir" y "separar"** (expulsar), tanto las **percepciones internas como** las **externas**; esta alteración, que quedará como marca, es una predisposición que "no" impide arribar al pensamiento hipotético-deductivo, "racional", pero, que puede ser motivo de alucinaciones, hasta en las "Mentes más brillantes", como la del Matemático Nash [170]. Dijimos, recientemente, que el pensamiento reflexivo formal permite separar la ilusión y la alucinación, de la "Imaginación", pero no impide, que puedan aparecer nuevamente, esas percepciones irreales, más aún, si

---

[170] John Forbes Nash fue un matemático, diagnosticado con esquizofrenia paranoide con alteraciones de la sensopercepción y alucinaciones, Cosa que no le impidió ser especialista en teoría de juegos, geometría diferencial, ecuaciones derivadas parciales, obteniendo el el Premio Nobel de Economía.

están condicionadas tempranamente; la evolución no contiene los estadíos en compartimentos estancos.

Nash tenía alucinaciones, en las que era perseguido por agentes comunistas, eso es una proyección paranoide; probablemente, si hubiera sido ruso, se hubiera sentido perseguido por agentes "capitalistas"; el yo lábil intenta proyectar la sombra inconsciente, al bando contrario, como vimos. Se trata de un estado, en el que hay un grado de indiferenciación, de fusión, con percepciones expulsadas, que retornan desde "lo irreal"; esa labilidad yoica, sin embargo, le permitió al matemático, no solamente acceder al reflexivo racional, sino además su imaginación le permitió llegar a premio Nobel. Nash decidió no prestar más atención a sus alucinaciones, quizás, esto es lo que aporta la reflexión (racional), pues, en caso contrario, no puede separarse la alucinación de la imaginación.

Sobre las distinciones, que propone Ken Wilber: **lo prepersonal, lo personal y lo transpersonal,** coincidimos en que quiénes están en el nivel personal o narcisista, **(autocentrados) transforman las percepciones de acuerdo al deseo o la intención del ego, y tienden a considerar, que cualquier fenómeno no racional es transpersonal (como que la luna los sigue o les habla).** Decíamos, que en las sociedades de afluencia natural, anteriores a la "racionalidad egoica", había emergido la **"reciprocidad" y la "mutualidad",** porque la superabundancia de alimentos permitía trascender las necesidades materiales, de esta manera, su aparición se produjo antes de que existiera "lo racional". Sin embargo, el principio hermético de acción y reacción, sostiene que **todo efecto tiene su causa**; incluso, la **causalidad primitiva o mágica,** no es un simple mecanismo primitivo ni un infantilismo o arcaísmo, producto de la fusión indiferenciada, cercana a la psicosis; es decir, que **toda psiquis está conectada con lo real,** pero no de acuerdo a la causalidad lineal, sino mediante, la **no-localidad** descubierta por la física de partículas, la **sincronicidad,** la **"acausalidad"** descrita por Jung.

La reciprocidad y la reflexividad hacían, que la mente primitiva supiera, que los cambios que ella introducía en el entorno, tuvieran consecuencias. El hecho problemático es, que el **primitivo** todavía confunde su **intencionalidad "autocentrada",** (animismo, magia y omnipotencia de las ideas) con la realidad de la respuesta, (siempre lineal) de los acontecimientos externos. En este sentido, habría que decir, que existieron y existen mentalidades primitivas **"autocentradas",** "omnipotentes", **"pre personales o personales",** que confunden su intencionalidad con la **respuesta (lineal)** de los acontecimientos externos; sin embargo, hay otras **mentalidades primitivas, que arriban a la lógica transpersonal, y** entienden, que el universo reacciona ante nuestras acciones **"no autocentradas". Para las autocentradas (narcisistas), el mundo está lleno de intenciones centradas en las nuestras, por ejemplo:** "el universo conspira a mi favor"; para las "no" auto-**centradas, "transpersonales" el universo posee una causalidad, "legalidad", y a toda acción, corresponderá una reacción, pero, "no" sólo a mi favor.**

El hombre, en su primera etapa, se siente "uno" con la naturaleza, pero, ya ha emergido de ella y no puede retornar a ese estado de **fusión indiferenciada,** pues, *"querubines con espadas flameantes, le impiden el paso si trata de regresar".* [171]

La experiencia de arribo al **estadío transracional,** implica, principalmente, descentrar al yo y a la forma de percibir y comprender la realidad, es **hacer porosa la experiencia del ego a sus "otras realidades" internas y externas,** ambas más allá, de la sensopercepción condicionada. Acceder a lo transpersonal, implica un fuerte descentramiento, para ir más allá del yo; la **"visión cosmocéntrica"** es un **trans_egoísmo, no un egocentrismo ni un animismo mágico auto-céntrico.**

---

[171] Erich Fromm, El arte de amar.

"Si quieres ver el panorama completo debes dejar de situarte en el centro." Sri Aurobindo.

El primer paso para arribar a lo **trans-egoico**, es hacer entrar en el ser (Sí-Mismo, sujeto) a la **sombra**. **Ir más allá del yo, no es mejorarlo, sino agujerearlo, mostrarle su oscuridad, lo que normalmente proyecta en el mundo exterior.** El acceso a lo transpersonal, permite alcanzar el nivel de conciencia integral o global: la reciprocidad, la mutualidad, la solidaridad y la compasión por todos los seres vivos, la conciencia verdaderamente ecológica.

"Aquel que no se sumerge en el infierno de sus pasiones no las supera nunca".

Carl Jung.

Entre 1907 y 1913, Freud consideró, públicamente, que Jung era su discípulo más sobresaliente, pensó que sería su sucesor, *"el hombre del mañana"*. Luego, del avance junguiano, el movimiento psicoanalítico comenzó a considerarlo "políticamente incorrecto". Freud intentó corregir la posición de Jung y el vínculo se rompió. Jung practicaba meditaciones, recurría a videntes y chamanes, viajaba a centros místicos. Con el paso del tiempo, el delfín de Freud, se convirtió en el primer **"psico-chamán"** de la historia, logró visualizaciones, que comenzó a interpretar como mandalas y figuras arquetípicas. Para la línea ortodoxa de la escuela francesa, lo de Jung es "delirio psicótico". *"Utilizado como figurita trillada, y facilonga, por los adeptos a los estantes de autoayuda en las librerías, ninguneado por los círculos intelectuales, defendido a capa y espada por sus pocos estudiosos serios, la dificultad empieza desde el momento de intentar presentarlo"*.[172] Si bien, la ruptura con Freud generó cierta crisis, la posición de Jung no se

---

[172] Soledad Barruti. Página 12. Argentina. 23 DE ENERO DE 2011: SE EDITA DESPUÉS DE 80 AÑOS EL MÍTICO LIBRO ROJO, DE JUNG, La noche oscura del alma.

debatió entre la neurosis y la psicosis, sino, entre el dogmatismo psicoanalítico positivista y la experiencia mística de un orden trascendental.

Jung decía, que la razón es un prejuicio, se opuso a todos los dogmatismos y sacerdocios, diciendo *"por suerte soy Jung y no un junguiano"*, unió las polaridades al repetir: *"prefiero ser un hombre completo, antes que un hombre bueno"*; nos indicó el camino a seguir en la terapia de lo profundo, al señalarnos que: *"quien no se sumerge en el infierno de sus pasiones no las supera nunca"*, *"lo que niegas te somete, lo que aceptas te transforma"*; resumiendo: al no hacer consciente lo inconsciente, no aprendemos nada de los sucesos desagradables de nuestras vidas, y de esta manera, forzamos a la **Conciencia Cósmica**, (Akasha, sistema holofractal de entrelazamiento cuántico universal) a repetir los mismos sucesos. ***"Lo que resistes, persiste",*** **la sombra propia proyectada en el semejante.**

La historia muestra, que el reconocido por la academia, fue Descartes y no Pascal, al igual que Graham Bell y no Nikola Tesla, el sentido común piensa, que el espacio cósmico es un vacío; igual vale el caso de L. Pasteur y A. Bechamp: el método aséptico, que "resiste" a lo natural, conquistó la ciencia médica de la era industrial, haciendo virus más fuertes, y humanos más débiles. La historia la escribieron los que ganaron, Bechamp proponía integrarnos con la naturaleza, para adquirir defensas "naturales" y no combatirla reactivamente. En nuestro tiempo, la disidencia al paradigma científico hegemónico, se ha convertido, junto a Jung, en "El oro de la sombra".

En el Libro Rojo, Jung desarrolla la idea de que "nuestro yo", está condicionado por necesidades creadas culturalmente, mediante la aprobación, (reconocimiento, premio o refuerzo positivo), de cualidades, ancladas a nuestras posesiones materiales o atributos físicos. **El proceso de individuación es la invitación a entregar ese "yo" a algo "mayor", "la conformación del sí mismo";** de aquí en adelante, el Sí Mismo, integra la persona y a la sombra en esa unidad superior.

"Se requiere entrega a un destino propio y único, y ese no es camino para holgazanes".

Carl Jung.

Jung retoma de la alquimia ocultista, de su relato de la Historia Universal (cosmogonía), la idea de la realización de la 'Boda Mística', de la unión de los opuestos; **lo femenino integrado en la personalidad del hombre, la asunción de la castración, la declinación del patriarcado**, y **lo masculino, integrado en la mujer; la asunción de la envidia del pene y la declinación del feminismo. En síntesis, la integración de la herencia filogenética-andrógina, de la unicidad caída en la dualidad polarizada, del mundo egoico.**

Los egipcios accedían a habilidades mentales superiores, llamadas el *Conocimiento de Horus*, al purificar el cuerpo y la mente; estas facultades, eran, también, denominadas *Siddhis* por los hindúes, Jung las interpretó, arquetípicamente, como: la sensación, la intuición y la imaginación. A través de la historia, distintos sabios y meditadores describen diversas formas de acceso a esas habilidades universales, pluripotenciales. Lo numinoso, [173] para Jung, es la vivencia "irracional" de acceso a esas cualidades arquetípicas de la **Conciencia Cósmica.**

En el **conjunctio oppositorum** o la "unión de los opuestos", proceso que propone Jung, se produce la integración de las distintas polaridades; primariamente, se debe unificar lo masculino y lo femenino en nuestro interior, para lograr una personalidad coherente, en el contexto general del proceso de individuación: integración de la persona y la sombra.

Jung practicaba meditaciones profundas, en las que percibía geometrías o patrones fractales, "mandalas" [174]; las meditaciones profundas, o las visiones de los estados no ordinarios de conciencia, son el comienzo del proceso de la individuación, y la apertura a la lógica transegoica, transpersonal.

---

[173] Para Jung y a diferencia de la religión, el sentimiento numinoso es lo más espiritual del individuo y aspira a manifestarse para restañar el lazo con la fuente, en este caso, con la "Consciencia Cósmica".

[174] Jung no pudo llamarlos de esa manera, pues faltaban 50 años para la acuñación del término, comenzó a nombrar algunas de sus visiones como "mandalas", cuando encontró su correlato en la iconografía hindú.

El siglo XX, al negar la sombra (lo inconsciente oculto), entronizó al egocentrismo, deformando "narcisísticamente" la realidad, perdiendo de esta manera toda objetividad. Al no haber reducción del egocentrismo, el **racionalismo materialista** imperante, constituye "un **prejuicio**" del sentido común -como diría Jung-, el racionalista tenderá a, operar de manera absoluta, y de esta manera, no puede haber correspondencia ni relatividad, ni reciprocidad, con ningún otro punto de vista ajeno, ni con nuevas percepciones sobre la realidad.

Así, la moral racionalista-absolutista, es unicausal y negacionista. En IV (cuatro) décadas han fracasado todos los acuerdos internacionales para revertir el cambio climático, porque la vertiente radicalizada del negacionismo mercantilista, argumenta que la causa del calentamiento global no es antropogénica, sino que es, únicamente, heliocéntrica; es decir que la temperatura aumenta, por causa de una mayor emisión de calor por parte del Sol y no por efecto antropogénico de acumulación de CO_2 en la atmósfera. El pensamiento transracional de la complejidad, integra diversos fenómenos en el análisis, atendiendo a las "**determinaciones múltiples**", en lugar un monismo causa-efecto; el racionalismo negacionista "autocéntrico" atiende más a la economía, que a las necesidades reales de frenar el inminente colapso de todos los sistemas ecológicos; el economicismo es un extremo polarizado, y mantiene la creencia dogmática, de que es necesario el **consumo sostenido** de máquinas o determinados objetos materiales para garantizar lo que considera "**calidad de vida**"; nosotros hemos comprendido que la polarización "necrofílica", es la madre del "**consumo sostenido**". El economicismo postula una causa como absoluta y determinante para el "bienestar": "el consumo", y "niega" el valor o la posibilidad de incidencia de otras causas para el bienestar, como el cuidado del medioambiente. **Toda política y moral polarizada tiende a la negación del otro polo**, si pusiéramos la causa **ecológica**, por encima de la **económica,** también, estaríamos generando una catástrofe, en este caso "social", por lo tanto, el desafío es superar el **antagonismo** corriente y **progresar económicamente**, junto al **restablecimiento de las condiciones ecológicas, verdaderamente sustentables**.

Debemos hacer consciente la sombra, integrarla en una unidad superior. La construcción del mundo objetivo y la elaboración del razonamiento formal, **"no"** polarizado en el racional_ismo, requieren de una **reducción del egocentrismo en favor de la reciprocidad de puntos de vista,** integrando de esta manera, el polo negado, pues **de la unión de los opuestos es de donde proviene la verdad, la resolución del antagonismo.**

"Donde gobierna el amor, no existe el deseo de poder; y donde predomina el poder, hay falta de amor. Uno es la sombra del otro".

Carl G Jung "El libro rojo".

El **pensamiento mundicéntrico** de la moral postconvencional juzga las acciones, de acuerdo a **criterios relativos y universales**, es decir, **no a lo que está bien y es adecuado para mi grupo, sino para toda la humanidad**. La **comprensión global** aprecia que, por un lado, la **competencia egoica sin sensibilidad compasiva es destructiva**, y que, por otro lado, el colectivismo **sectario es tribal y por ello antagoniza** con las iniciativas individuales, o de otros grupos, obturando la creatividad, **la producción-sublimación**; el carácter holístico posibilita la construcción de colectivos con iniciativas productivas, ya que **no anula las expresiones individuales y fomenta la cooperación empática.**[175]. En todo proceso de individuación e integración de los opuestos emergen la **reciprocidad**, la **mutualidad**, la **solidaridad** y la **compasión por todos los seres vivos**. Para Kohlberg, se arriba a estas funciones en el estadío de la **"Moral Postconvencional"**, de los principios éticos universales, un **pensamiento ético y espiritual, en cuya base, se encuentra una vivencia cósmica y existencial**

---

[175] Actualmente, las posiciones ideológicas se debaten en polarizaciones entre competencia individualista a la derecha del arco, y colectivismo cooperativista a la izquierda.

de la vida, en la que el ser se siente parte del cosmos, del universo; su visión es solidaria a la de Gandhi, Jung, Krishnamurti, Mandela o Martín Lutero, entre otros **"individuos excepcionales"**.

La **conciencia verdaderamente ecológica,** no es una visión romántica o un anacronismo hippie, **es una necesaria relación de interacción mutua y de mutua interpenetración** en la que totalidades (el **ecosistema**) y partes (el **hombre**) son vistas, también en virtud de las relaciones, que existen entre ellas; **es percibir, asimismo, que en todo existe un electromagnetismo de atracción y repulsión, de oposición y complementariedad, interpenetrante y extrasensorial.** Este nivel de **integración** y los "posteriores, son "**transracionales**", **posformales, o de jerarquía superior a la razón** y arriban, a una **Lógica Global. El pensamiento posformal** permite el desarrollo de la **conciencia holística.**

Sea la vivencia cósmica de Kohlberg, el sentimiento oceánico de Rolland, la Conciencia Cósmica de Jung y otros, lo numinoso, etc., el pensamiento superador de la razón, **lo posformal** es producto de un descentramiento definitivo de la personalidad, es "la individuación", el atardecer de la personalidad egoica y el amanecer del alma.

Pudimos desarrollar la idea de que el progreso no es lineal, el desarrollo no ocurre de manera, ininterrumpida, hay saltos, discontinuidades, rupturas y regresiones, también, adherencias o atractores; análogamente a las adherencias de las etapas previas del desarrollo individual, en los holones o capas del desarrollo de la aldea humana, se encuentran adherencias pertenecientes a las generaciones anteriores; memorias o atractores del campo morfogenético. Las formas y comportamientos actuales son guiadas por el inconsciente familiar, étnico o colectivo, en un punto de intersección fractal, una "zona de desarrollo proximal", entre la cultura y la biología.

Capítulo IV.
La transmisión transgeneracional de la información traumática. Lo no dicho, "el inconsciente como lenguaje del cuerpo", el síndrome aniversario, una ley, las leyes

Los traumatismos vividos por los miembros de un grupo, clan o familia, se transmiten al resto de sus integrantes a nivel energético, bioeléctrico; es decir, **mediante la interconexión o entrelazamiento cuántico.** Una parte de la transmisión se efectúa por medio de la herencia genética, pero ciertos **traumas y alguna otra "información mental",** emocional, **posee líneas de transmisión "electromagnética", transcerebral,** y **se propaga cualitativamente como un patrón fractal (de manera bioeléctrica, telepática) a todos los integrantes de una familia**; sin embargo, se **estriban "diferencias cuantitativas", en la intensidad con que es legada esa información a ciertos descendientes.**

"Provoca este sentimiento ante todo el tema del «doble» o del «otro yo», en todas sus variaciones y desarrollos, es decir: con la apari-

*ción de personas que a causa de su **figura igual** deben ser considerados idénticas; con el acrecentamiento de esta relación mediante **la transmisión de los procesos anímicos de una persona a su «doble» -lo que nosotros llamaríamos telepatía**-, de modo que uno participa en lo que el otro sabe, piensa y experimenta; con la identificación de una persona con otra, de suerte que **pierde el dominio sobre su propio yo y coloca el yo ajeno en lugar del propio**, o sea: **desdoblamiento del yo, partición del yo, sustitución del yo**; finalmente con **el constante retorno de lo semejante, con la repetición de los mismos rasgos faciales, caracteres, destinos, actos criminales, aun de los mismos nombres en varias generaciones sucesivas** [...] El carácter siniestro sólo puede obedecer a que el **«doble» es una formación perteneciente a las épocas psíquicas primitivas y superadas** [...] **en que el yo aún no se había demarcado netamente frente al mundo exterior y al prójimo".*[176]

Lo siniestro nos hace pensar que, somos -finalmente- menos libres de lo que pensamos. El Psicoanálisis es una herramienta para salirse del destino: podemos liberarnos de los siniestros legados y salir de la repetición, tomando conciencia de la profundidad del conflicto. La elaboración del duelo transgeneracional, como dice Ancelin Schützenberger *"nos permitirá vivir "nuestra" vida, "no la de nuestros padres o abuelos, o la de un hermano fallecido, por ejemplo, y que "sustituimos" a sabiendas o no".*[177] Estas imposiciones genealógicas descritas por Freud, como la sustitución del yo por el «doble», obedecen a un "legado" del clan familiar; sin embargo, el **mecanismo del que se valen** es una formación perteneciente a las épocas psíquicas primitivas, en que el yo aún no se había recortado frente al prójimo, y por ende, han requerido una **regresión "tópica" del funcionamiento psíquico**; así, la consciencia individual cede o es invadida, de antemano, por memorias e impulsos arcaicos, en donde la **"sustitución" de los pensamientos**

---

[176] Sigmund Freud: Lo Siniestro.
[177] Ancelin Schützenberger: ¡Ay, mis Ancestros!

y sentimientos, se hacen desde lo real del campo morfogenético, (al igual que el establecimiento de la voluntad en las parvadas o cardúmenes); la dinámica de funcionamiento psíquico retrocede, de esta manera, hasta la formación de horda, en donde no existen "diferencias" simbólicas; lo siniestro sume a los miembros del clan en impulsos filogenéticos, atávicos, de repetición de lo idéntico y reclama con un "grito del cuerpo", la puesta en palabras de lo silenciado en el drama transgeneracional; El desafío es lograr la articulación del pasado con el presente y requiere una visión ampliada, ya que el lenguaje solo rasga la superficie.

La compulsión a la repetición **transgeneracional, provocada por lo siniestro, al estar "velada en el discurso", es transmitida por lo real (información y energía fractal** del campo morfogenético), **que "sustituye al yo", constituyendo el atavismo de transmisión repetitiva, de lo negado;** y es, de esta manera por regla, ya que la compulsión se hace necesaria para anudar la **energía no ligada** sobre una verdad y, el retorno se produce como **metonimia de lo siniestro,** atravesando el **"discurso intergeneracional", para** solicitar la afiliación de la representación elidida (sobre el hecho traumático), con el objetivo de enlazarla y tramitar el quántum energético encapsulado.

Hoy, en Psicoanálisis transgeneracional, se habla de la **transmisión de un secreto** o de un no dicho, que se volvió un tabú: un hecho excluido, evitado, incluso indecible o impensable. Cuando se produce un suceso traumatizante siniestro, (actualmente, las imágenes de la guerra, nos muestran eso mismo) no existe representación mental posible; es un acontecimiento impensable (**no pensado**), por lo tanto, **no elaborado,** es una **energía libre** en la psiquis, **que no está asociada a representaciones-palabra,** que **sólo dejó huellas sensoriales o motrices,** (corporales o psicosomáticas), al modo de las *neurosis traumáticas o de guerra*, descritas por Freud.

Lo **Unheimlich** (no familiar), en palabras de Freud: sería aquella suerte de **espantoso,** que afecta las cosas conocidas, **secreto,** y **fa-**

miliar (Heimlich), que debía haber quedado oculto y que **aparece**, entre otras cosas, **mediante la sustitución del yo** (en procesos que debemos suponer "sincronísticos" y de "rebaja del estado mental", "**de la propia conciencia**" como dijo Jung), con el constante retorno de lo semejante y la **repetición** de los **mismos** rasgos faciales, caracteres, **destinos**, actos criminales, aun de los mismos nombres en varias generaciones sucesivas. Veíamos, que hay una especie de sensación de "catástrofe inminente", que se apodera del sujeto (con esa rebaja del estado mental) por **lo siniestro**, se trata de una catástrofe, que nunca pudo ser asimilada en su totalidad por los miembros del clan y queda un **resto, que insiste como retorno de un real sin palabra, que pretende anudarse a una cadena simbólica.**

> *"Si asimilamos la idea **de asesinato del padre a toda forma de catástrofe que de generación en generación va constituyendo la línea genealógica de la civilización humana y además consideramos que la catástrofe no puede ser plenamente inscripta nos encontramos con que cada generación debe procesar la deuda que la generación anterior le transfiere"*[...]*"La pulsión de muerte es la expresión teórica de una fuerza que en el psiquismo pugna por una afiliación primera, sería el esfuerzo por ligar lo que se resiste a ser ligado, asimilar aquello que persiste como exceso por falta de huella que lo sitúe como experiencia inaugural.*[178]

Hemos desarrollado la idea, de que el complejo de Edipo, es un momento de "re-transcripción" de los **"esquemas congénitos", que** recapitulan el desarrollo de la especie (filogénesis); el hecho de horda (el asesinato del padre), inicia la línea genealógica de la civilización humana, y es el resto que insiste como retorno de un real (sin palabra) que pretende anudarse a una cadena simbólica. El principio o impulso canibálico, que se expresó primero

---

[178] Página 12 Luis Vicente Miguélez.

como violencia ante el mundo exterior, será introyectado conjuntamente, con el drama vincular violento; la figura del crimen será incorporada al yo en forma de superyó y, según haya sido la interacción en su constitución, tratará sus experiencias con el mundo exterior, de manera más o menos erotoagresivas, más o menos íntero o exteroceptivas, más o menos canibálicas; es decir, introyectivas, expulsivas y proyectivas.

Las transmisiones intergeneracionales son discursivas y habladas, **las transgeneracionales conforman "el inconsciente del clan"**, no se dicen, son los elididos "indignos". Lo no dicho, inconfesable, **reaparece en traumatismos, pesadillas aterradoras, incluso en enfermedades; son expresión directa las afecciones emocionales o psíquicas, como el pánico y la angustia; y es muy común, encontrarlos en episodios paroxísticos o en los denominados, síndromes de aniversario.**

El secreto, lo elidido

Lo que una generación silencia, la siguiente lo expresa en el cuerpo.

Françoise Dolto.

El secreto, con frecuencia, es un hecho humillante en uno de los padres, abuelos o bisabuelos: una pérdida o una falta imaginaria, una deshonra o una injusticia, también, una enfermedad, un "estigma" vergonzoso, inconfesable, que se convierte en un **"fantasma" transgeneracional**, y de esta manera, como un velo, **encubre y** a la vez **retransmite**, lo "elidido".

Explicamos anteriormente, cómo el principio de **no localidad** interviene en ciertas formas de conexión del inconsciente colectivo, ciertas **conexiones misteriosas**, descritas por Jung como "las **sincro-**

nías"; aparecen, también, como unas formas de "**lo siniestro**", en que se repiten idénticos sucesos, fechas, lugares, personas, circunstancias y nos imponen de esta forma, la idea de lo nefasto, de lo ineludible. Podríamos pensar, que los **sucesos traumáticos**, experimentados por **individuos** o **grupos**, se interrelacionan entre sí, más allá de las fronteras del individuo y más allá del tiempo y del espacio, determinados por el principio de **no localidad**: las **coincidencias transversales significativas o sincronías**, siguen patrones de vinculación, como los descritos por Freud: la **condensación** (similitud atemporal) y el **desplazamiento** (temporal); **contigüidad** o cercanía temporal, o **discontinuidad** (metonimia de lo siniestro). Jung, describió a las sincronías como la "**coincidencia temporal**" de uno o más sucesos con **contenido significativo** o "**similar**", **conectados desde el punto de vista temático**, "simultaneidad y significado."

Josefina Hilgard probó, estadísticamente, que la **activación de "ciertas psicosis"** en la edad adulta: está vinculada a la repetición de las coordenadas espacio temporales, que tuvo un acontecimiento traumatizante, **no dicho o no simbolizado**, vivido por el padre o la madre del sujeto; dicha activación se produce, entonces, en el momento en que el individuo alcanza él mismo, la edad que tenía alguno de sus progenitores o ancestros, ante ese acontecimiento traumático; a este fenómeno lo denominó **síndrome de aniversario.** [179]

El "**síndrome de aniversario**" es una **ley** natural, que nos pone en ciertas coordenadas temporales o espaciales y/o en el color de ciertas emociones fuertes, vividas por nuestros ancestros; es el retorno de lo desmentido, **metonimia de lo siniestro (lo ominoso)**; además, de los patrones de vinculación psíquica, individual y colectiva, la repetición cíclica **sigue líneas fractales o matemáticas de "asociación no local"**, una **matemática inconsciente**. Ancelin investigó, en su práctica analítica, el "**síndrome de aniversario**", escribió: "*frecuentemente se ve al filo de las generaciones: una muerte brutal marcarse luego en*

---

[179] **Desplazamiento "metonímico fractal" de lo siniestro.**

la historia familiar, por un accidente cada vez **menos grave**, *o por un nacimiento* -**en la misma fecha**- *en las generaciones siguientes"*,[180] se ha comprobado, que la gravedad decrece a medida que los descendientes tramitan el legado traumático. Algunos miembros de las generaciones siguientes, a las que experimentaron los hechos arrasadores, serán invadidos por malestares, angustias y pesadillas repetitivas, que *"reaparecen frecuentemente en períodos de conmemoración y/o de aniversario"*.[181] Los aniversarios, o armónicos fractales en que se deslizan las tendencias o impulsos repetitivos, obedecen a la imposición automática de hechos, que han sido callados u ocultados, y que claman por su elaboración.

Algunos hechos, que por haber permanecido en secreto, o porque nunca han sido puestos en palabra, han sido **evitados, elididos, negados o *forcluídos;*** pueden tratarse de hechos conocidos de la historia familiar, pero no hablados, que fueron elididos o murmurados por la familia. Tomaremos como ejemplo un caso del libro "Ay, mis ancestros": una alumna de Ancelin, Cedrine, su madre, ha muerto de cáncer el 12 de mayo; el año siguiente al deceso, su tío (el hermano de su madre) tuvo un accidente mortal un 12 de mayo. Más tarde, va a trabajar en terapia la muerte de su abuela, quien fallece – de muerte natural – también un 12 de mayo. Al buscar en los papeles de familia, descubrió que su abuelo había muerto en un accidente un 12 de mayo, y que su tío en segundo grado (padrino del abuelo) había sido asesinado en la guerra un 12 de mayo. Se "sentía mal", debía ser operada un 12 de mayo, "fecha fijada al azar por el cirujano" (**metonimia de lo ominoso**). Después se aplazó la fecha de la operación, (que salió bien).

Los sucesos, que tienden a repetirse, son atraídos por una lealtad familiar, un magnetismo que sume al sujeto en el retorno de lo siniestro, ya que lo compele, a **identificarse inconscientemente con** un familiar, **trágicamente fallecido.** Estas fidelidades no son solamente una identificación inconsciente con un ancestro conocido, pues ciertos procesos, como comprobamos, "se saltan" las barreras espacio temporales, y dan

---

[180] Ancelin Schützenberger. Ay, Mis Ancestros. 1988.
[181] Ibídem.

como resultado una identificación por **"transferencia de pensamiento" con un familiar desconocido, "Unheimlich"**. Freud lo ubicó dentro de la categoría de lo siniestro, y con relación a lo que él denominó **"el doble"**, quien puede tener **idénticos** rasgos y correr los mismos **destinos** que el fallecido, sea familiar o no. Som**os gobernados por la lealtad al grupo o al inconsciente colectivo**; férreas observancias interreligiosas, interraciales, interétnicas o interculturales, de la cultura de origen o de la que acogió a los ancestros del clan materno o paterno. De tales sobredeterminaciones, puede surgir una sumisión a la neurosis de clase o una neurosis social (una lealtad al colectivo, trabajador, o burgués, etc.), o una formación rebelde, que intenta rechazar el legado haciendo lo contrario pero sin resolver el problema.

Emergencia de lo siniestro: Leyes o mecanismos, en el retorno de lo desmentido, el doble, el fantasma y el yaciente

En, "La Interpretación de los Sueños", Freud introdujo el concepto de **realidad psíquica**, e implica que la división, que se realiza en la fase del autoerotismo, entre pulsiones sexuales y pulsiones de autoconservación, da cuenta del vínculo entre las **pulsiones sexuales** y el **fantasma**. En 1915, en "Lo inconsciente": el fantasma es descripto como lugar y momento de **pasaje desde un registro de la actividad psíquica a otro**, y no es reductible a uno de los sistemas, sea consciente o inconsciente. Veíamos, en los primeros capítulos, que las **fantasías o fantasmas originarios** y algunos otros, fueron descritos por Freud como una herencia filogenética. Por lo tanto, el concepto de **"realidad psíquica", como lugar para situar la causación traumática**, no es sólo una alusión a un proceso consciente o inconsciente, **ni es una fantasía filogenética heredada o una alucinación**, sino que se trata de **"un doble entramado filo y ontogenético"**.

La idea de **fantasma** en Lacan (que sigue a Freud a pie de junti-
llas en este punto), es descrita como una maniobra defensiva, hay una
"detención en la imagen", como **defensa** contra el **fantasma de
castración**. Creemos que allí, también, se puede poner en lugar de la
experiencia propia, la de los ancestros inmediatos o del vivenciar de la
especie, ya que en los descendientes de tragedias familiares, "las **amenazas" se encuentran incrementadas o potenciadas,** (por ejemplo,
la incidencia del factor de cortisol en sangre. C.R.F.). Por lo tanto, el
señalamiento de Lacan sobre **"la Imagen coagulada del fantasma"**
(relacionada con la **fantasía fetichista "de madre fálica", como
modo de defensa contra la castración**) estaría **sobredeterminada
por la genealogía** (es decir, por traumatismos transgeneracionales) y
se podría valer de mecanismos defensivos y proyectivos, que "asedian"
las defensas de la represión, acercando al sujeto a **maniobras negadoras y forclusivas**.

Hemos desarrollado la idea, de que el **secreto inconfesable (lo
no dicho),** puede transmitirse del inconsciente de uno de los padres
al inconsciente de un hijo, de una generación a otra, como describen
Nicolás Abraham y María Török. Esto no acaece sólo en una "suce-
sión temporal", Freud ya había hablado de "el fantasma" o los fantasmas originarios, como parte de la herencia filogenética y, también, del
"salto de procesos psíquicos" de una persona a otra, por medio de
un **mecanismo "vecino" al de la telepatía.**

La información supera las fronteras del individuo y la contigüidad
espacio-temporal. Los **saltos de información de un individuo** a
otro siguen una **lógica-fractal, matemática, cuántico-relativista:
atravesada por la no localidad y la incertidumbre.** En este sentido,
el síndrome de aniversario es la punta del iceberg, que indica una
fecha posible en la que un suceso trágico podría repetirse en sucesivas
generaciones. Vemos en la experiencia que muchos de estos procesos,
pueden saltarse varias **generaciones.**

El **fantasma,** descrito por **Abraham y Török,** sería el retorno siniestro de algunos **rasgos de un ancestro,** después, de **una muerte**

traumática no elaborada; también, puede estar vinculado con un suceso que avergüenza a la familia. Por ejemplo, una muerte sospechosa, las enfermedades estigmatizantes o sexuales, la locura, la prisión, una **quiebra**, algo "**vergonzoso**": un **adulterio**, un **incesto**. **Se intenta olvidar o negar un hecho, o a alguien caído en desdicha, o que ha "desgraciado" a la familia, la cual estaba avergonzada de ello**, y de allí, **el silencio**.

La enfermedad del duelo

La fiestomanía es un proceso descrito por Abraham y Török, como el "**Incremento libidinal en el momento de la muerte del objeto**", excesos, tales como ingestas, sexo desenfrenado, etc., una reacción maníaca que expresa una forma exagerada de duelo, ya sea por una muerte, por una pérdida material o por una ruptura amorosa. La ausencia del objeto provoca como respuesta: la **incorporación en el yo,** que se **identificará**, parcialmente, con el objeto perdido; así, desde el punto de vista económico, el yo intenta recuperar las investiduras que fueron depositadas en el objeto (introversión-retiro), y se identifica, total o parcialmente, con ciertos rasgos del ausente, logrando, de esta manera, un "ensanchamiento" de sí mismo, una recuperación o un refuerzo de las investiduras, de la libido yoica. *"Mientras, que, la introyección de las pulsiones pone fin a la dependencia, la incorporación del objeto, refuerza el vínculo imaginario; el objeto "incrustado" marca el lugar, la fecha, el aniversario y las circunstancias, en que el deseo ha sido proscripto, [...] otras tantas tumbas en la vida del yo".*[182] Visto así, el fantasma será aquello del ancestro, o de los ancestros, que fue enterrado en el yo (de modo oral canibálico-imaginario), ya que en la fantasía de ingestión, se produce **la incorporación del vínculo imaginal (la función o rol en el deseo).**

---

[182] Nicolás **Abraham** y María **Török** La **corteza** y el núcleo, 1975.

Para Melanie Klein, cada pérdida objetal inscripta en el aparato, implica un triunfo sádico, maníaco, sobre el objeto; de allí, de su multiplicidad, deviene el chiquero de identificaciones Lacaniano; el rechazo o la negación del triunfo es lo que bloquea el trabajo del duelo. Para nosotros, la negación del triunfo sádico, se debe a un doble rechazo, (típico del mecanismo renegatorio), se niega el deseo de eliminación del ancestro, para ocupar su lugar (envidia), y se niega la responsabilidad transgeneracional del hecho, que había provocado la desgracia del ancestro u ocasionado la vergüenza para la familia, **muchas veces se trató de una figura idealizada o puesta en lugar de la función del ideal del yo, que cometió una falta o acto grave, prohibido o criminal**.

> *"La incorporación como antimetáfora, lleva implícita la absorción de lo que está faltando en forma de alimento, mientras que el psiquismo está de duelo, implica rechazar el duelo y sus consecuencias".* [183]

Es muy frecuente, que una fiestomanía (la fantasía sádica que implica comerse al objeto del luto), conduzca a una reparación inmediata en lo real (una **gestación**) y el embarazo, estará relacionado con la **incorporación primaria del muerto en el yo**. Por lo tanto, **se come al muerto y luego se parirá al muerto**; el hijo será la **sustitución** del ancestro muerto (un **yaciente, un criptóforo**). Imaginemos que todo esto, además, de ser un proceso psíquico, es un **proceso energético (de transmisión de emociones y sentimientos, mediante el desplazamiento transcerebral de energía psíquica)**.

Los **criptóforos**, según **describen Abraham y Törok**, son **sujetos portadores de un secreto criminal** (un crimen verdadero, una deshonra, la bastardía, el deseo incestuoso, el crimen edípico, seguido de la muerte del progenitor en lo real, etc.) la **cripta** que contiene al yaciente, sería como un inconsciente artificial alojado en **el seno del mismo yo**, así: *"en el vientre de la cripta **se mantienen indecibles palabras**

---

[183] Ibídem.

*enterradas vivas, que han sido **afectadas por una catástrofe, que las puso fuera de circuito**. Todas las escenas que no hayan podido ser rememoradas, **todas las lágrimas, que no hayan podido ser vertidas, serán tragadas al mismo tiempo que el traumatismo".** [184] Si añadimos, este punto de vista, a las conceptualizaciones preexistentes sobre la fantasía y el fantasma, podemos entender que, en términos genealógicos, **el fantasma será la "síntesis" de los conflictos no elaborados sobre la muerte y la sexualidad, e incluye compendios psico-energéticos** (fractales), **que se transmiten mediante un salto cuántico.**

En todo proceso de duelo complicado, se suele producir un "**embarazo fiestomaníaco", un hijo de sustitución** [185]; este hijo reemplaza a un ancestro muerto, a un aborto, o a un hermanito muerto a una corta edad (o quizás condensa todas esas variables). Adicionalmente, un traumatismo puede saltarse varias generaciones, y constituir un **fantasma,** y muchas veces, no se sabe a ciencia cierta, cuál es el ancestro en cuestión, ya que esto se produce por la vía de la transmisión de los impulsos transcerebrales, mediante el proceso descrito por Freud, como vecino a la telepatía, y lo hace siguiendo "el marcaje" de una **matemática fractal inconsciente**, la de los "**aniversarios gestacionales".**

Los patrones geométricos fractales se repiten, según la ley de la autosemejanza creadora de las simetrías en la naturaleza y el cosmos; en la filotaxis de las espirales logarítmicas de los caracoles o en las galaxias, se pueden apreciar las líneas de fuerza, y en las filotaxis vegetales o en los árboles genealógicos, se presentan como patrones áureos, "fracciones armónicas" o sumatorias exponenciales; en la genealogía de los mamíferos, la fractalidad sigue fracciones o múltiplos del ciclo reproductivo de la especie. Ya en el caso de los seres humanos, la fractalidad de los árboles genealógicos, va a marcarse por fracciones, intersecciones o múltiplos de 9 meses, equivalentes a ciertas proporciones o resonancias de los ciclos reproductivos de la especie.

---

[184]   Nicolás Abraham y María Török La corteza y el núcleo, 1975.
[185]   Ancelin Schützenberger. Ay, Mis Ancestros. 1988.

En lo que respecta a la **fractalidad de lo siniestro legado**, los elementos, que se heredan equivalen a un **"grito biológico"**, que intenta transmitir una información que permita "aprender o trascender" el mismo conflicto que sufrió un ancestro, **que todos los ancestros no han podido resolver, es la transmisión de un "armónico fractal aniversario" del suceso. Lo negado tiende a reaparecer como "complemento" para la resolución de lo que el silencio ha congelado en un museo.** En el caso de la línea temporal del síndrome aniversario, que tiende a repetir con mayor intensidad en uno de los descendientes, cierto suceso o ciertas coordenadas, nos encontraremos con que esta simetría fractal nos confronta con la posibilidad de repetir idéntico destino metonímico, pero también, nos permite encontrar un plus metafórico para salir del marco de la "repetición cíclica" o "automatismo de repetición". Si el sujeto se torna consciente de su resistencia, de su no querer saber nada de eso, de la profunda negación que hubo desde antaño, se producirá una crisis, que provocará cambios profundos en su personalidad y en sus vínculos con todo el clan.

Al igual que todas las fantasías o fantasmas filogenéticos, el Edipo y las protofantasías o fantasías de los orígenes, el momento del **nacimiento** y el de la **fecundación**, constituyen **"momentos" "desencadenantes" de las fuerzas heredadas**, o de re-transcripción de las leyes genealógicas. Además, de la experiencia traumática del parto, **el nacimiento** casi siempre constituye un doble **aniversario familiar**; de esta manera, la fecha aparece como relevante para el **campo morfogenético (el inconsciente familiar)** y así, se transmite **información traumática no elaborada de los ancestros inmediatos**. A este **aniversario** particular lo llamamos, **gestacional** (muerte-renacimiento); puente o intersección del inconsciente familiar, social o racial y el colectivo, por **resonancia mórfica o morfogenética**.

El inconsciente de la madre y el niño están vinculados y el hijo sabe, adivina y siente cosas sobre dos o tres generaciones.

Françoise Dolto.

El **aniversario gestacional** es una forma de **reinscripción de un nacimiento en el inconsciente familiar o colectivo, es la re-transcripción de las fuerzas heredadas, al modo de un síndrome aniversario; se produce en idéntica fecha de natalicio, o de gestación en las siguientes generaciones, puede ser tres meses antes o nueve meses después del suceso, lo que marca un período gestacional, (9 meses).** También, **una fecha de defunción puede marcarse luego como fecha de nacimiento** (de un descendiente) **y generalmente anuncia la presencia de un duelo no tramitado, un crimen, un no dicho, un padecimiento psíquico o una enfermedad orgánica, que será heredada.** Estos serían "**síndromes de aniversario gestacionales**" porque marcan **procesos de** nacimiento y también de "**renacimiento**"; pueden no ser el día exacto, se toman en cuenta 10 o 12 días antes o después de la gestación, del nacimiento o del aniversario gestacional.

En términos cuánticos, energético-fractales, los aniversarios serían la **vía de facilitación para saltos de procesos psíquicos** (de impulsos bioeléctricos) de una persona a la otra, siguiendo el principio de no localidad. El modo y la intensidad de la influencia puede verse determinada por la proximidad genealógica, pero también, por ciertas configuraciones del inconsciente colectivo, como pueden ser las profesiones, u otras similitudes como los **nombres,** que ofician de cierta **resonancia repetitiva o resonancia mórfica.**

El **aniversario gestacional** marca el período de gestación de nueve meses y transcribe el síndrome de aniversario de defunción de la generación previa (tanto la fecha de gestación como la de nacimiento, son múltiplos resonantes del aniversario de gestación o de defunción del ancestro del que se es doble y yaciente en la presente generación); si a un aniversario de defunción, le restamos o sumamos, nueve meses suele darnos como resultado un nacimiento u otra muerte en las generaciones anteriores o posteriores, en similares condiciones a las del ancestro "**doble**"; así, una gestación de 9 meses, frecuentemente, es la re-transcripción de una **muerte, la fecha marca de este modo una**

sustitución siniestra, un duelo no elaborado por el clan, **el renacimiento del muerto**. "Renato" o "Renata".

Distintos modos de expresión del síndrome de aniversario:

a. Síndrome de aniversario: repetición cíclica de una fecha familiar
b. Síndrome de aniversario de nacimiento: repetición de la fecha de nacimiento de un familiar.
c. Síndrome de aniversario gestacional **"a"**: repetición de las coordenadas de gestación de un familiar (restándole 9 meses).
d. Síndrome de aniversario gestacional **"b"**: repetición de las coordenadas de gestación de un familiar (sumándole nueve meses).

En el caso de que la repetición sea de la fecha de defunción, se utiliza el mismo esquema de más menos (+/-) 9 meses de los puntos c y d, (y, la **concepción, en este caso, se efectúa para la reparación de la pérdida**).

Cuando el **aniversario gestacional** coincide con la fecha de un familiar **vivo**, actualmente llamamos al que lo secunda, **"doble"** del primero, (recordemos, que Freud utilizaba el concepto de doble indistintamente) y podría tratarse de cierto fantasma o **fantasía** familiar **edípica e incestuosa**, por ejemplo: nacido en la misma fecha que el abuelo o abuela. Cuando el nacimiento, se produce en la **fecha** en al que ha nacido o **fallecido** un familiar se lo llama **"yaciente"**, también, es una forma de doble, pero sería correcto llamarlo de esta manera, gracias a los aportes hechos en este campo por **Salomón Sellam**, quien describe primariamente al yaciente de la siguiente forma: *"El Síndrome del Yacente describe un proceso inconsciente de **reparación transgeneracional** en el momento de una defunción no admitida y cualificada de **injustificada o injustificable,** como la muerte prematura **de un niño".** Sellam habla de una **reparación automática** (mecanismo biológico, morfogenético, de homeostasis que pertenece al inconsciente colectivo transgeneracional), *este duelo, imposible de hacer en el momento del drama, va a ser el principio de un sufrimiento moral familiar que podrá ser **gestionado,*** *metabolizado **a través** de la programación inconsciente **de un niño de sustitución**. En la práctica supone la concepción de otro hijo a más o menos largo plazo. Este último, inconscientemente encargado de representar y de hacer vivir al difunto, presentará totalmente una serie de síntomas -comportamientos orgánicos o psíquicos- en relación con esta imposibilidad de vivir su propia vida y reagrupados en el síndrome del yacente, cuyo discurso se presenta a menudo con esta frase-clave: "no tengo la impresión de vivir mi vida" [...] "cuando un padre no se autoriza a hacer el duelo de un ser querido, tampoco autoriza a sus hijos a hacerlo y terminarlo".*[186] De los ancestros, **heredamos** memorias que nos sirven de "apoyo", recibimos **recursos y también dramas** (lo injustificable), y somos los encargados de reparar automáticamente, una ausencia o una exclusión; al intentar hacer lo opuesto o lo similar repetimos, inconscientemente lo siniestro, porque existe una lógica negadora en el clan que imposibilita avanzar en el duelo. Ante dramas, que excedan la posibilidad de metabolizarse, se produce la reparación automática, y se lo materializa con un hijo de sustitución, en la misma generación (yaciente horizontal), o en las siguientes generaciones, con un yaciente, vertical.

Debemos hacer una distinción sobre la intensidad de la transmisión, ya que hay casos meramente imperceptibles, y otros más graves, debido a que, en todo sistema familiar existe una **"responsabilidad transgeneracional"**, que se impone como imperativo energético infranqueable, tanto en términos cualitativos como cuantitativos. Pensamos que hay distintos mecanismos, creemos que hay **"reparación"** (tratar de hacer otra cosa "reparar", la deuda o las demandas del otro), y que hay o puede haber **reproducción "idéntica"** o **reemplazo del otro,** en ese caso, habría una **responsabilidad** también, se cargaría con ella, sin más.

Para nosotros las cosas se organizan de la siguiente forma:

- **La identificación (clásica, freudiana):** es una forma de tomar rasgos de un ancestro u otra persona.

---

[186] El Síndrome del Yacente - Salomón Sellam. 2013.

- **El fenómeno del "doble":** es tomar idénticos rasgos y destinos que un familiar, descrito por Freud en Lo ominoso, luego Ancelín S. agrega el "síndrome de aniversario", cuando el aniversario del suceso es el que nos va poniendo en ciertas coordenadas de lo sucedido al doble, asimismo puede coincidir con nuestro cumpleaños, lo que nos hará más proclives a recibir mayor información.

- **El síndrome del fantasma o yaciente:** implica tomar idénticos rasgos, destinos y procesos psíquicos que un familiar muerto, por haberlo relevado en la vida intrauterina o por coincidir en fecha de nacimiento, de defunción o en el nombre.

- **El yaciente universal o heredero**: hace referencia a la fecha de cumpleaños exacta en la cual muere un ancestro (actual-horizontal), el cual efectúa una especie de elección inconsciente, de **"ese heredero",** cuando decide morir en su cumpleaños; y así, encarga al sobreviviente una tarea o drama inconcluso, como por ejemplo sobrevivir a la misma enfermedad (**demanda**). Por ejemplo, un padre elige morir inconscientemente en el cumpleaños de su hijo más querido.

- **El hijo de sustitución:** ser hijo a continuación de un hermanito muerto, es "ser **yaciente**" siempre que uno nazca después que él, sin importar las fechas**.**

Entonces, la Identificación inconsciente con un familiar trágicamente fallecido, puede ser un síndrome de yaciente, al igual que la atracción mórfica que ejerce el nombre (al llamarse igual que un difunto), la distinción estriba en que hay una tramitación de ese legado, cuando se ha puesto el nombre, algo se hizo consciente; a diferencia de la fiestomanía, o de la reparación de la pérdida por referencia a las fechas de aniversario- gestacional (la gestación o el nacimiento se produce en la fecha de nacimiento de un miembro del clan fallecido, o en el aniversario de su defunción), que son mecanismos inconscientes y que se vinculan con **el inconsciente del clan, con una matemática totalmente insusceptible de conciencia, "Lo Inconsciente", "Lo Real"**; de esta manera, **lo siniestro se apodera de la consciencia**. En el caso de ser una identificación dirigida a un ancestro vivo, sin coincidencia de nombre ni de fechas, sería sólo, una **identificación clásica Freudiana.**

De acuerdo a como sean las experiencias, tanto el **doble** (la misma fecha de un familiar vivo) como el **yaciente** (la misma fecha de un familiar muerto), recibirán mayor **información genético—mnemónica, o morfogenética de ciertas experiencias traumáticas y de otras placenteras,** a diferencia de otros miembros del clan, que no guarden relación matemática con esas fechas, los cuales recibirán menor información. **Doble** es, entonces, cuando se tiene el mismo **nombre** que el ancestro vivo, y si es un ancestro fallecido, se es **yaciente** (aunque se puede utilizar la palabra doble indistintamente, sería mejor poder diferenciarlos conceptualmente). De la misma manera, cuando hay un **aborto,** o la **pérdida** de un **embarazo**, el hijo que nacerá posteriormente, será **"hijo de sustitución"**, por lo tanto, será también, un **yaciente**. La cantidad de información, que se reciba de ese familiar, dependerá de distintos procesos como: la **identificación a los rasgos psíquicos,** descritos en la teoría psicoanalítica clásica; además, el quántum presente en el campo mórfico, estará marcado por la gravedad e intensidad del suceso que haya vivido el ancestro traumatizado o muerto; también, por las formas adquiridas de un **duelo "no elaborado"** por la madre y, que si es cercano **al momento de la gestación,** será muy fuerte la **"carga-instilada"**, por la presencia de las hormonas de la tristeza, de la **depresión**.

La representación gráfica de la genealogía, el árbol genealógico, se llama genosociograma; es una puesta de manifiesto, por flechas sociométricas, de los diferentes tipos de vínculos del sujeto, con relación a su entorno y a los lazos entre los diferentes personajes, los aniversarios. Principalmente, tratamos de ubicar los aniversarios gestacionales, los que expresan **"leyes de re-transcripción de los traumatismos transgeneracionales,** o leyes de transcripción de lo no dicho en las generaciones pasadas". En la actualidad, elegimos, marcar primeramente los dobles o yacientes, por fecha de nacimiento o defunción, al igual que por aniversario gestacional. También, anotamos los oficios que son considerados una forma de transmisión, que muchas veces supera la barrera de la identificación. A veces, se realizan **profesiones de reparación**: plomería, electricidad, mecánica, como un intento de **reparar los errores** de los ancestros, o como una forma de **"pagar una responsabilidad o culpa transgeneracional"**.

La psicología y la medicina, como vocaciones, generalmente están representando un reflejo de una necesidad familiar, *"en casa de herrero, cuchillo de palo"*. Después de una muerte, habría que preguntarse: ¿y cómo se hacen las reparticiones?, ¿que "injusticias" hubo? , ¿a qué responden las repeticiones de los mismos destinos, ruinas, enfermedades? En general, una de las dos familias se impone, heredamos de una cultura y no de dos: hay una cultura dominante y una cultura (una novela familiar o un clan), excluida y borrada.

Citaremos dos casos citados de Anne Ancelín y luego, desarrollaremos dos genosociogramas de sujetos con diagnósticos de psicosis paranoide, un caso propio y la genealogía de Lucía Joyce.

Míriam tiene trece años cuando resbala en la nieve, sobrepasa el final de una pendiente y cae sobre una de las barras de señalización del camino. Sobrevive al accidente, los únicos daños causados por la barra de metal son la ruptura del himen, la entrada y la salida del duodeno y la perforación diafragmática derecha. Míriam regresa a su casa. Hace un dibujo animado con el accidente, el dibujo en el cual se clava la barra está ilustrado con un farol sumamente fálico, eyaculando rasgos de luz de su prepucio. Cuando se le pregunta a su madre por la causa, no tiene tiempo para responder porque Míriam contesta en su lugar: "¡Siempre se está meciendo!" Y la madre dice: "A Míriam le gustaría conocer mi gran secreto." El secreto de familia. Resulta, que **la madre de la víctima fue violada por dos hombres, exac-**

tamente en la edad en que su hija se clavó la barra de hierro, y nunca habló de esto con nadie. Míriam integra bien este descubrimiento con lo que ella misma ha vivido. Sospechando una desgracia similar en su abuela materna, investiga y ella le revela que también fue violada a los trece años.

Otro caso, un hombre de **39 años** con cáncer de testículos y luego de pulmón, con el antecedente familiar de que su abuelo paterno murió a los **39 años** de un puntapié de camello en los testículos, una **lealtad invisible**; se produce el salto de proceso psíquico por el aniversario de la edad, el miedo a la aproximación de la fecha, genera un estrés y una expectativa angustiante, cuya manifestación somática **transforma el órgano mediante la transmetilación del ADN**.

El traumatismo heredado es tres veces más potente, que el traumatismo recibido, pues, en términos psicofisiológicos, el factor de cortisol en sangre **CRF, (en la tercera generación)** es tres veces superior al desarrollado en la que sufre la amenaza o impacto traumático.

Así pues, la respuesta común a los alérgenos, que va desde el pelo de un gato a un virus (como peligro real), se ve incrementada en los descendientes de un traumatismo no liquidado. La amenaza será puesta en marcha por un suceso personal (pimienta, pelo de gato), o por una fecha aniversario, que desencadena la respuesta inmune paroxística, sobredeterminada, en parte, por el evento actual y porque toma su fuerza del suceso transgeneracional en el Síndrome aniversario, disparando inmunoglobulina para atacar el alérgeno. Los mastocitos, la histamina y las citoquinas atacan todos los tejidos, principalmente, vemos su manifestación en los ojos y las mucosas, y secundariamente en pulmones y tubo digestivo.

En el caso del "cáncer de testículos" o cualquier otro con gran componente hereditario como el mencionado, hay que tener en cuenta, cómo el hecho o las emociones heredadas atraviesan subjetivamente la vida del descendiente y condicionan la resonancia mórfica del órgano que desarrolla la patología, la cual no es más que un intento de curación; resolución psíquica de un conflicto emocional desatendido en todos los casos. Como dijo Jung, la enfermedad es el esfuerzo que hace la naturaleza para curar al hombre, un síntoma.

Un claro ejemplo es Ryke Geerd Hamer, el padre de la medicina germánica, quien desarrolló un cáncer de testículos, luego de que su único hijo, Dirk, muriera trágicamente a los 19 años. Allí, al decir de Lamark, lo que transforma el órgano es la imperiosa **"necesidad" de reparar** (reponer) al **hijo perdido**, en tanto y en cuanto, la persona no lleva a cabo las acciones en lo real (tener otro hijo), **se produce un desplazamiento simbólico y una inervación del órgano que es más "funcional" al síntoma.**

Habíamos visto, al principio, que si la **interdicción psicofisio-lógica** (proceso descrito por Freud como *la represión*) se efectúa con un programa cultural inadecuado, tiende a **suprimir lo instintivo o a liberarlo deliberadamente, en lugar de integrarlo jerárquicamente.** Así, la cultura afecta las funciones interhemisféricas, y otras de nuestro cerebro "trino", separando con antagonismos, reprimiendo o liberando, indiscriminadamente, funciones del cerebro reptil, (instintos arcaicos); en segundo lugar las emociones del sistema límbico, cerebro mamífero y, por último, se separan antagónicamente, los hemisferios del Sapiens en derecha e izquierda, con la consecuente **sinto-matología de la escisión, en donde fuerzas antagónicas están en constante conflicto.**

Uno de los desarrollos actuales en el área que trata las causas emocionales de los síntomas orgánicos es la llamada **Biodescodificación** o "Descodificación Biológica"; la mencionada materia, representa un cúmulo enorme de conocimientos tales como Medicina germánica, Psicoanálisis, Psicogenealogía y Biología, pero también, la Biodesco-dificación aparece como la "hija boba" de la Medicina Germánica, ya que es practicada por principiantes faltos de formación académica, y muchas veces ligados al pensamiento mágico, *infantil-animista* (que pretenden curar con un "pase mágico" o imposición de manos); la visión **"monista"** de la Biodescodificación ve "solamente", la **causa emocional** de las enfermedades, incluso, desconoce y niega otras determinaciones. Anunciándose como holística, cae también en una práctica peligrosa y reduccionista. El hecho concreto es que **los síntomas orgánicos, se originan en los temores arcaicos de conflictos de supervivencia**, o sea del inconsciente arcaico o de la especie, "temores filogenéticos". La Biodescodificación, que se inscribe o se debería inscribir en el paradigma holístico, atiende o debería atender a lo real, lo simbólico y lo imaginario de los conflictos emocionales que generan las enfermedades. Debido a que los síntomas son multicausales y multideterminados, el trabajo es arduo y no para principiantes. La práctica reduccionista direccionada por las mayorías inexpertas es de manual clasificatorio nosográfico, en donde, a cada dolencia, le corresponde una sola causa y un solo tratamiento "miserable". Poco tiempo después de la muerte de Dirk, el Dr. Hamer y su esposa enfermaron de **cáncer**, debido al **shock biológico** del estrés brutal. Hamer lo llamó DHS: "Síndrome de Dirk Hamer" en honor a su hijo. Siendo jefe de una clínica oncológica en la Universidad de Múnich, Hamer analizó los escáneres cerebrales de sus pacientes y los comparó con los registros médicos y psicológicos de archivo, encontrando una conexión entre ciertos "choques de conflicto" (shocks biológicos) y su manifestación en determinados "órgano-diana", que reciben el quántum energético no procesado, no tramitado. En el momento que ocurre un conflicto imprevisto, el choque energético emocional impacta un área específica en el cerebro, causando una lesión (más tarde llamada Foco de Hamer), visible en un escáner cerebral como un grupo de anillos concéntricos. Cuando el conflicto, no es debidamente tramitado a nivel simbólico, el quántum energético que compromete al área neural en conflicto, envía una señal bioquímica a las células del cuerpo correspondientes, provocando el crecimiento de un tumor, la necrosis de un tejido o la pérdida funcional, dependiendo qué capa del cerebro recibió el choque o se encuentre en conflicto activo.

Cada área del cerebro fue programada filogenéticamente para responder a conflictos que pudieran amenazar nuestra supervivencia. Mientras el bulbo raquídeo (la parte más antigua de nuestro cerebro) está programada con cuestiones básicas de supervivencia como respiración, reproducción y alimentación; la parte central, el complejo hipotalámico-amigdalino, rige las emociones básicas y el afecto primario; mientras que, la parte más nueva, el neocórtex, está más relacionada con temas de tipo social y territorial.

A la luz de los descubrimientos hechos por el Dr. Hamer, la lateralidad (hemisferio cerebral y sexo) es de vital importancia para saber la **modalidad perceptiva**, (cómo se percibe emotivamente una situación de conflicto), y así, determinar qué área cerebral está implicada, qué órgano "responde" a una la necesidad de adaptación y, muy importante, con relación a quién o quiénes (vínculos pares o materno/filiales), estoy experimentando un programa biológico de supervivencia.

La medicina tiene un largo camino por recorrer, prestando atención a las distintas enfermedades orgánicas, que se originan en el cerebro. Respecto de Hamer y de los actuales médicos o biodescodificadores, al no ser psicólogos, no discriminan debidamente una cuestión central: hay un número de personas que experimentan los mismos conflictos que ellos tratan y no enferman o no han enfermado. Esto es debido a que -por distintos motivos- hay sujetos que resuelven esos conflictos debidamente, y un número importante de ellos, se cuentan entre los que hacen terapias de lo profundo.

Para la Medicina Germánica, existen **conflictos** que impactan y modifican nuestra biología estructuralmente, por ejemplo las llamadas **depresiones hormonodependientes**: **disputas** de índole **sexual**, de **marcaje territorial** o de la relación al "macho alfa" que, a diferencia de otros mamíferos, en el neocórtex **humano** se encuentran mediatizados por el entramado Simbólico Real e Imaginario del **Complejo de Castración** descrito por el Psicoanálisis (dicho complejo, no fue debidamente incorporado en el cuerpo teórico de la Biodescodificación, ni de la Bioneuroemoción). El conflicto de "disputa territorial", se **expresa real, simbólica o imaginariamente** e impacta siguiendo **la "lateralidad"**: en el hemisferio derecho en los machos y en el izquierdo en las hembras, luego, la neurología y la semiología psiquiátrica observarán la alteración de ciertas sustancias, que partieron en el origen de una depresión hormonal sexual, habiendo disminuido la actividad de ese hemisferio cerebral, según sexo o dominancia hemisférica.

El estado de las hormonas sexuales, (estrógenos, testosterona) está controlado desde el cerebro: con el impacto de un conflicto en el lóbulo temporal derecho, el nivel de testosterona desciende; análogamente, en el caso del izquierdo en relación con los estrógenos. En la zurdera, se desarrolla de manera distinta, y mantiene ventajas funcionales en momentos de conflicto. Hay antagonismos que dependen de las hormonas, e implican una localización y lateralidad, y hay otros, que impactarán en diferentes áreas del neocórtex, del sistema límbico o cerebelo, según el tiempo de conflicto, que se esté experimentando.

Un ejemplo, siguiendo la lateralidad, podría ser: una mujer diestra, luego de un conflicto biológico de frustración con el macho, bloquea su ciclo menstrual (amenorrea), en cambio, una zurda reacciona ante la misma percepción de manera contraria, manteniendo intacta su función reproductiva.

Un paréntesis aparte merece la **zurdera**; la misma se trata de una **adaptación neurofisiológica a conflictos graves entre los sexos, tanto en los progenitores, como también, en las generaciones pasadas**. Una posibilidad podría ser que: una mujer zurda, puede no haber sido deseada, sino que esperaban un varón, o puede ser una solución de compromiso a distintos hechos traumáticos, vividos en la gestación uterina, lo mismo para el caso del varón zurdo. Sea la mujer zurda, una mujer viril, (una mujer con características masculinas marcadas, o con mayor capacidad de gestionar conflictos de manera masculina), o un hombre con características femeninas. Estas **adaptaciones fisiológico-congénitas**, que se dan en gran cantidad de embarazos, intentan resolver **síntomas o conflictos entre los sexos**.

En la base de la zurdera masculina, podemos encontrar un ambiente afectivo en el que se espera el nacimiento de un hombre, para que se comporte como una mujer, que pueda cuidar su la madre y que no se aparte de la casa en búsqueda de mujeres; y esto es así, porque existe un conflicto grave con el otro sexo. Quizás, esta sea una idea muy general, pero sienta las bases para pensar **la zurdera** como **intento de adaptación a conflictos "graves" de género, en las generaciones precedentes y más precisamente, en la vida intrauterina del feto, ya que genéticamente es de un sexo y hormonalmente se empieza a condicionar para que sea del sexo opuesto**.

En cuanto a la identidad homosexual, partimos de la base que, originariamente, somos seres bisexuales y que la especialización psico-fisiológica hace desarrollar la diferenciación sexual, expresándose primariamente en los órganos y caracteres sexuales. No es lo mismo la tendencia homosexual desarrollada, que la expresión congénita de un seudohermafroditismo, o una insensibilidad al andrógeno, tampoco es lo mismo, la expresión genética XXY. Sin embargo, en la distribución de funciones psíquicas hay desarrollos hemisféricos específicos para cada sexo, según la dominancia hormonal, y esto se expresa, en la especialización de determinadas áreas específicas de la bipartición cerebral neocortical. La descripción de la homosexualidad es absolutamente compleja, puede haber determinaciones genéticas, morfogenéticas, hormonales y psíquicas como la identificación [187]; generalmente, hay toda una serie de influencias en ambos extremos de las series, como decía Freud, en lo que se refiere a lo innato y adquirido. En la homosexualidad manifiesta confluyen distintos factores hereditarios y constitutivos, **en distintos grados y proporciones, en tanto, seguimos a Freud en que "la elección de la pubertad"** es un hecho determinante, en muchos casos, pero no es definitivo; sí serían fuertes condicionantes: la incidencia temprana y **recurrente** de la **seducción por parte de un niño mayor o de un adulto del mismo sexo**.

En el caso del varón homosexual inciden, notablemente: una **aversión a los genitales femeninos** (fantasías de la vagina dentada); la identificación con la madre parturienta, hecho que comúnmente se ve incrementado por el padre ausente de la primera infancia, sumado

---

[187] No hay que confundir la identificación con la "autopercepción", promulgada por la ideología de género.

también, a hechos reiterados de seducción a manos de un adulto. Por otra parte, existen fantasías **"entéricas-infantiles"** de embarazo, descritas por Freud como las sensaciones de tener un objeto dentro del cuerpo propio, gravitando en los intestinos; destacamos, que reciben su aporte temprano en el trauma de nacimiento (presión, dolor y excitación anal activada en el canal de parto) y, luego, son resignificadas por posibles constipaciones y fijaciones de la etapa o fase anal (del aprendizaje del control de esfínteres); en la vida adulta aportarán **elementos erotoagresivos (sádico-anales)** a la sexualidad, tanto en varones como en mujeres, por lo que no se circunscriben a una práctica exclusiva de la homosexualidad masculina. En cambio, es de suma importancia el afecto ambivalente sobre las figuras parentales; y es de determinación capital, **la identificación con la madre fálica, tomando al padre como objeto sexual**. Asimismo, pueden adicionarse, en algunos casos muy marcados precozmente: la gestalt o residuo morfogenético de un "feto femenino abortado", o muerto en el útero materno (el que se expresa como campo mórfico potente, en una presente memoria celular, generalmente, de un legrado muy reciente al momento de la fecundación); también, puede estar activo el campo mórfico de una hermanita (yaciente), muerta antes del nacimiento; se podría agregar alguna, información al estilo del doble de una tía, abuela u otras figuras femeninas significativas para el clan, que "murieron" en la concepción, en la gestación o en la infancia temprana.

En los casos de **lesbianismo**, encontramos algunas de las mismas determinaciones que en el varón, y además "fantasías histéricas" relacionadas con el **"horror a la castración y a la penetración"** (incrementadas por hechos de seducción, "reales o fantaseados", cuyos practicantes fueron niños mayores o adultos del sexo opuesto); además, información transgeneracional de **yacientes** y "residuos morfogenéticos fetales". Frecuentemente, se asocian **carencias o excesos afectivos de la madre, que conducen al deseo de contacto con un cuerpo femenino**. Es concomitante, una aversión o envidia a los genitales masculinos, las más de las veces, producto de seducciones o violaciones sufridas por la propia persona, o incluso provenientes de la herencia epigenética o mórfica de los ancestros femeninos inmediatos, madre, abuela, etc.; hechos a los que se suma, de manera recurrente, una figura paterna negativa a la cual se identifica inconscientemente.

Ya que la concepción es un desencadenante exponencial de los traumatismos no liquidados, conjeturamos, que en los casos donde la información morfogenética del doble, es contraria al sexo genético del embrión, ésta contribuye, en gran medida, para la expresión del "pseudohermafroditismo"; incluso, la información "contrariada" podría contribuir en la constitución del síndrome de Klinefelter (posibilidad que se incrementa en los casos de muerte embrionaria previa, yaciente uterino)[188]. En ciertos casos, el efecto retardado del campo morfogenético de un aborto reciente (con sexo genético opuesto) genera, durante el proceso de desarrollo madurativo, una **influencia hormonal prenatal "contrariada"** (sexual-gestacional), arrojando una insensibilidad al andrógeno o a la progesterona. Como todo, lo dicho no es determinante, sólo son influencias y hay una sumatoria, como podría ser, la administración de hormonas-esteroides durante la gestación, etc.

En muchos casos, **el entramado fractal conflictivo** del inconsciente familiar, **se expresa** psicofisiológicamente, **"hormonalmente"**, **en el narcisismo fetal y conduce a una basculación interhemisférica que da como resultado la zurdera psicofisiológica**, en distintos grados, (índice de contradicción entre elementos parciales de la sexualidad biológica y la sexualidad hormonal del proceso gestacional, que no llega a ser tan grave como para expresarse, biológicamente, en síndromes de insensibilidad hormonal: hermafroditismo); de este modo, la zurdera arroja mujeres (con cierta dominancia hormonal más allá de lo habitual del hemisferio cerebral derecho, masculino), que gestionan sus conflictos de manera masculina y no necesariamente conduce a la

---

[188] No son determinaciones absolutas, sin embargo, en estos períodos críticos deben tenerse en cuenta diversos factores, ambientales, emocionales, electromagnéticos y hormonales.

inversión sexual, aunque en muchos casos, la elevada carga de hormonas masculinas y otros accidentes edípicos, van marcando el camino contrario del anatómico. Análogamente, en los sujetos masculinos genéticos, la expresión psicofisiológica contrariada, da como resultado varones histéricos, zurdos que, en muchos casos, gestionan los conflictos de manera femenina (con el hemisferio izquierdo "femenino", hormonalmente dominante), notablemente afeminados en su gran mayoría, y homosexuales en un alto porcentaje.

Las psicosis: un caso propio que suma graves conflictos transgeneracionales y perinatales

Una paciente ingresa al tratamiento en 2015, su historia disparó una serie de ideas en torno a los traumatismos, que predisponen a la psicosis. La llamaremos S.N.N.; es una mujer joven, bellísima, claramente anoréxica, con un diagnóstico psiquiátrico de psicosis paranoide; se establece cierta transferencia por el nombre de un familiar.

Al poco tiempo de comenzar el tratamiento, se confirma un cuadro de paranoia, que no acusa interpretaciones posibles; su obstinación de que alguien la persigue y le quiere hacer daño, no cesa ni admite reinterpretaciones. La manía de persecución, la hace mudarse constantemente; por momentos, demuestra un carácter hostil y por otros, una mirada expectante con movimiento de sus órbitas oculares. Al momento del tratamiento intentaba establecer relaciones afectivas con ciertos hombres, pero se quejó de ser tratada como un objeto.

La paciente se lleva mal con su madre y bien con su padre; dice siempre, que su abuela y su tía la quisieron mucho. En una sesión le pregunto por su parto, y automáticamente, me dice *"mi mamá tomó una pastilla en mi embarazo"* (en referencia a una pastilla abortiva), *"luego se casó con tres meses de gestación"*. Este último dato confirma todas las intuiciones; en el genosociograma se puede apreciar la influencia del **síndrome de aniversario, producto de la muerte de su abuelo materno,** la concepción coincide con la defunción, en una especie de fiestomanía.

Anne Ancelín incluyó, en los estudios psicoanalíticos, la técnica de **análisis sociométrico de los árboles genealógicos** y contiene: el marcaje del orden genealógico, los abortos, las enfermedades, las profesiones, las fechas de nacimiento, de defunción, y recientemente, se han incorporado como, flechas sociométricas, las relaciones con **síndromes de aniversario** y los "dobles".

A modo de ejemplo, mostramos el árbol genealógico de esta paciente, del que hemos borrado los nombres, el apellido y los años de nacimiento, ya que se trata de un caso contemporáneo; más adelante, desarrollaremos, otro caso con la presencia de nombres y otros datos; lo cual es mucho más rico a nivel simbólico. Debemos destacar, que la información morfogenética heredada es siempre, por ley, más fuerte por coincidencia numérica cuántico-fractal, que por nombre.

Las líneas horizontales marcan la unión o la pareja parental, las verticales la ascendencia y la descendencia; los círculos son para las mujeres y los triángulos para los hombres; en el interior colocamos la fecha de nacimiento y en el exterior la de defunción y otros datos (lo que aquí fue borrado). Por último, las flechas sociométricas "**diagonales**" son el marcaje de la resonancia de los "dobles".

El síndrome aniversario, la muerte del abuelo, marcaría el traumatismo para la madre, pero hace años que Anne Ancelín descubrió, que el problema se plantea para los descendientes, porque el traumatismo transmitido es mucho más fuerte que el traumatismo recibido. El "CRF" (Cortico- Releasing- Factor) es tres veces más fuerte en los descendientes, que en los traumatizados. Así, los hijos de los supervivientes del Holocausto padecen tres veces más de síndromes postraumáticos, que sus padres.

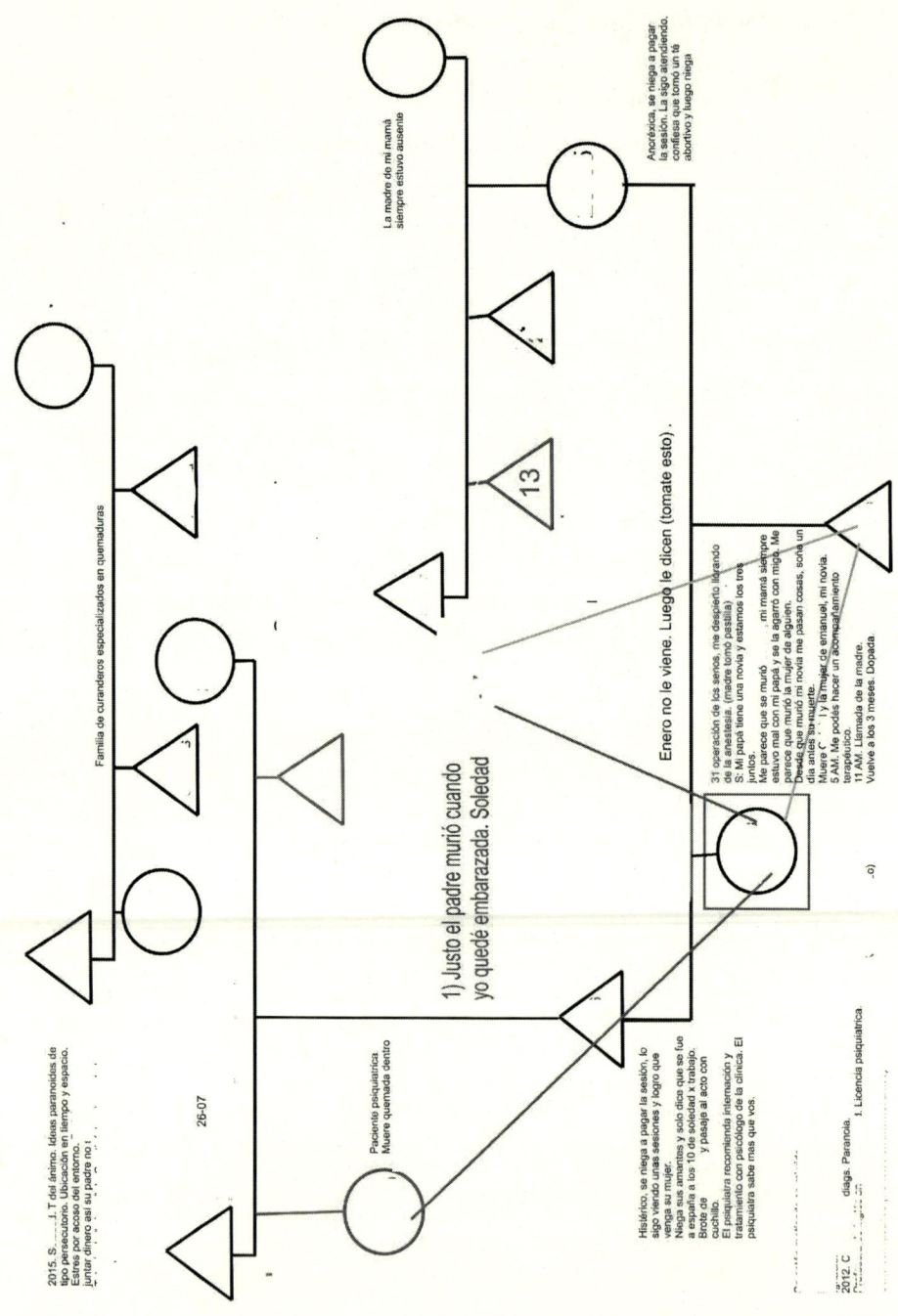

La fecha en que muere el abuelo, coincide con el día en que la madre inicia el embarazo de nuestra paciente. Durante la indagación psicoanalítica, S.N.N. nos comunicó, en **tercera persona**, la muerte de su abuelo, dijo textualmente: ***"justo el padre murió cuando yo quedé embarazada"***, la paciente nunca se embarazó; el dicho, además, confiesa, pero con un giro a la **primera persona**, la identificación con su madre enlutada y embarazada; y por ende, la "re_**incorporación**" del difunto, a través del cuerpo materno. Así, el embarazo es un intento de **sustitución** inmediata de la pérdida, una **fiestomanía**. El estado de estrés y la depresión producto de la muerte, será transmitido hormonalmente durante toda la gestación, asimismo, el **intento fallido de aborto hacia el tercer mes de vida**, será transmitido como "**amenaza química**", "**mecánica**", "**vital**", **brutal**. Se puede pensar en cierta carencia paterna, pero las claves principales están en el intento de aborto, y en las hormonas de la depresión.

La paciente es **yaciente** directa de su abuelo **muerto**, porta la "energía" del abuelo, o del estado de su madre por la muerte del abuelo; de forma clásica: es el sustituto inconsciente de su abuelo en el deseo materno, lo fue en una **fiestomanía**; después, es alcanzada por el deseo de muerte (intento de aborto), quizás, por algún desacuerdo entre sus padres; de esta forma, atraviesa el **luto complicado** de su madre durante su gestación, sufriendo un **intento de asesinato abortivo, la desesperación ansiógena y además, la química de la depresión materna, en un luto complicado.** Por otro lado, tenemos ciertos fantasmas, la diabetes, cierta **resonancia mórfica** de esta paciente con esta **abuela,** de la que es **doble** por aniversario, y también, es doble de una **tía con cuadro de psicosis,** que **murió por quemaduras en un incendio.**

Hay muchas similitudes con otros sujetos estudiados, es frecuente encontrar casos de psicosis en sujetos que sufrieron tentativas de aborto; **un severo trauma intrauterino, puede provocar un estado congénito de psicosis, una psicosis de activación gestacional,** o una **predisposición psicótica**. El psiquismo fetal o el **narcisismo fetal** recibe una **amenaza vital, para la cual no está preparado**.

La paciente recientemente trabajada, recibe **información renegatoria y forclusiva** desde los dobles y del campo mórfico del clan en general. Luego, de su internación definitiva, sus padres se mostraron absolutamente negadores; su madre claramente no quiso tenerla o intentó abortarla, porque su pareja no quería reconocerla; luego del **intento de aborto** fracasado, se generó un "casamiento por embarazo". La paciente s**e quejó de no ser amada**, quizás su padre la quiso, pero no llegó a "amarla"; ninguno de sus novios lo hizo, fueron más que palos y eso completó el cuadro. El otro no me ama, "**el Otro me odia, al modo materno**", lo que explica la **paranoia generalizada**.

Siempre mencionaba la estrofa de una canción:

> *¿Qué otra cosa puedo hacer?* ***Si no olvido, moriré y otro crimen quedará sin resolver.***

> Canción de Gustavo Cerati.

Para recordar y reelaborar, primero debemos poder olvidar.

Lo transgeneracional en las psicosis: el árbol genealógico, Lucía Joyce "entre" Lacan y Jung

*Por lo que se refiere al **niño, psicótico**, eso desemboca en unas leyes, **unas leyes de orden dialéctico**, que de algún modo se resumen en la pertinente observación que ha hecho el Dr. Cooper, esto es, que para obtener un niño psicótico hace falta al menos el trabajo de dos generaciones. **El propio niño es el fruto de ese trabajo en la tercera generación**.* Jacques Lacan. "Discurso de clausura de las Jornadas sobre la psicosis en el niño"(1967)

La tercera generación: Lucía Joyce.

Josefina Hilgard, describió la "**activación**" de psicosis, mediante el síndrome de aniversario, pero este "automatismo de repetición de retorno de lo desmentido", no provoca por sí solo la causación del cuadro psicótico, sino que oficia como "**peligro activador**". Todo indica que las **familias altamente traumatizadas, desarrollan cierta predisposición a la utilización de mecanismos renegatorios y forclusivos**, como modos más "efectivos" de "tramitación" o "defensa" de lo traumático, que la mera represión. Quizás, los **mecanismos forclusivos y renegadores** son **salvoconductos** creados por la especie, para la evitación del dolor psíquico. La tendencia a la repetición cíclica de sucesos desagradables, crearía una predisposición para que estos mecanismos de defensa, estén próximos para su empleo, por parte de los descendientes. Por otro lado, el **aniversario de un suceso** desagradable o la llegada a la misma edad en la que el ancestro sufrió un hecho trágico, es tomado como una **amenaza inminente**, aunque desconocida, por la persona con trastorno psicótico o neurótico. Si bien, **el síndrome de aniversario es una amenaza real (no local) para cualquier estructura**, podría ocasionar un accidente o una enfermedad (relacionada significativamente con el **suceso genealógico**); en el caso de la activación de una psicosis, debe haber una predisposición, como ilustramos anteriormente.

La **repetición del suceso traumático** queda absolutamente clara en la genealogía Joyce. **James, el padre de Lucía, es hijo de sustitución de cuatro hermanitos muertos o abortados (yaciente, 4 veces); su madre atraviesa el Luto de la abuela durante el embarazo, lo que genera un ambiente embriológico plagado de hormonas de la depresión.** No solamente las hormonas de la depresión se ponen en juego aquí, sino que James es gestado en un útero traumatizado, este recibe información del campo morfogenético celular, **tanto del útero** como de los **seres que murieron** en la gestación. Depende como hayan sido las causas, esa información será más o menos pesada, más o menos traumática.

No es lo mismo crecer en un útero traumatizado, que perdió un **bebé** por alguna causa **accidental natural**, que en uno, en donde ha habido un aborto intencional (además, de la **memoria morfogené-tica-traumática, intrauterina-abortiva**, está el proyecto sentido, el "deseo"), tampoco, es lo mismo crecer en un útero en donde habitó por **varios días un feto muerto,** o con restos de un aborto. Esto último equivale a crecer junto a un muerto en descomposición (desde el punto de vista de la memoria celular, o los campos morfogenéti-cos), generalmente se tiene alguna secuela física o enfermedad en los primeros años de vida en esos casos. [189] Tras un aborto provocado, cu-retaje, las complicaciones inmediatas son desgarros cervicales, perfo-ración uterina, sangrado y persistencia de restos del embrión dentro del útero.[190] Para todas las causas mencionadas, comprobamos que hay una memoria celular del trauma, por otra parte, está lo morfogenético, la energía no ligada, que queda liberada en el inconsciente familiar.

[189] Se ha comprobado, ampliamente, la presencia de secuelas orgánicas en un alto porcentaje de pacientes gestados luego de abortos, o de **"no natos"** (muertos en el útero por otras causas); en un alto porcentaje hay una gran perturbación somática "congénita", por ejemplo: un paciente que fue concebido tras un embarazo interrumpido por una operación, debido a que el feto había permane-cido muerto muchos días en el útero, al nacer, mostró secuelas orgánicas en una de sus extremidades inferiores. Durante el tratamiento psicoanalítico, ya en edad adulta, tuvo un sueño en el que se encontraba flotando y cuando quería hacer pie, -"tocar el fondo"-, tocaba huesos humanos.

[190] El riesgo de placenta previa, en el siguiente embarazo y parto prematuro, con posible aborto espontáneo, se presentó en 3 mujeres de cada 4 con historia de aborto: OR 2,9, (95% IC 1,0-8,5), resultados del Fred Hutchinson Cáncer Research Center, Division of Public Health Sciences, Seattle, WA, EEUU (Int J Gynaecol Obstet. 2003, 81:191- 8). Esto se había probado, ya anteriormente, en un estudio de la Universidad de Medicina de New Jersey: OR 1,7 (95% IC 1,0-2,9) (Am J Obstet Gynecol. 1997, 177:1071-1078). Un aborto previo, provo-cado o espontáneo, se ha demostrado que no protege frente a la preeclampsia y la hipertensión gestacional en el siguiente embarazo, sin embargo, un nacimiento a término previo, sí que protege en el siguiente embarazo a la mujer (OR 0.41, 95% CI 0.38-0.44). Estudio cohorte del Dr. Xiong y colegas de la Universidad de Montreal, Québec, Canadá, en colaboración con la Universidad de Tulane, New Orleans, EEUU (Journal of Reproductive Medicine 2004, 11:899-907).

A continuación, desarrollaremos el árbol genealógico de Lucía Joyce. Agregamos en el gráfico todos los abortos (naturales o espontáneos); muertes precoces, prematuras o accidentales, que cuentan con registro en actas de defunciones parroquiales o civiles. Por último, las flechas sociométricas **"diagonales"**, que son el marcaje de la resonancia de los "dobles".

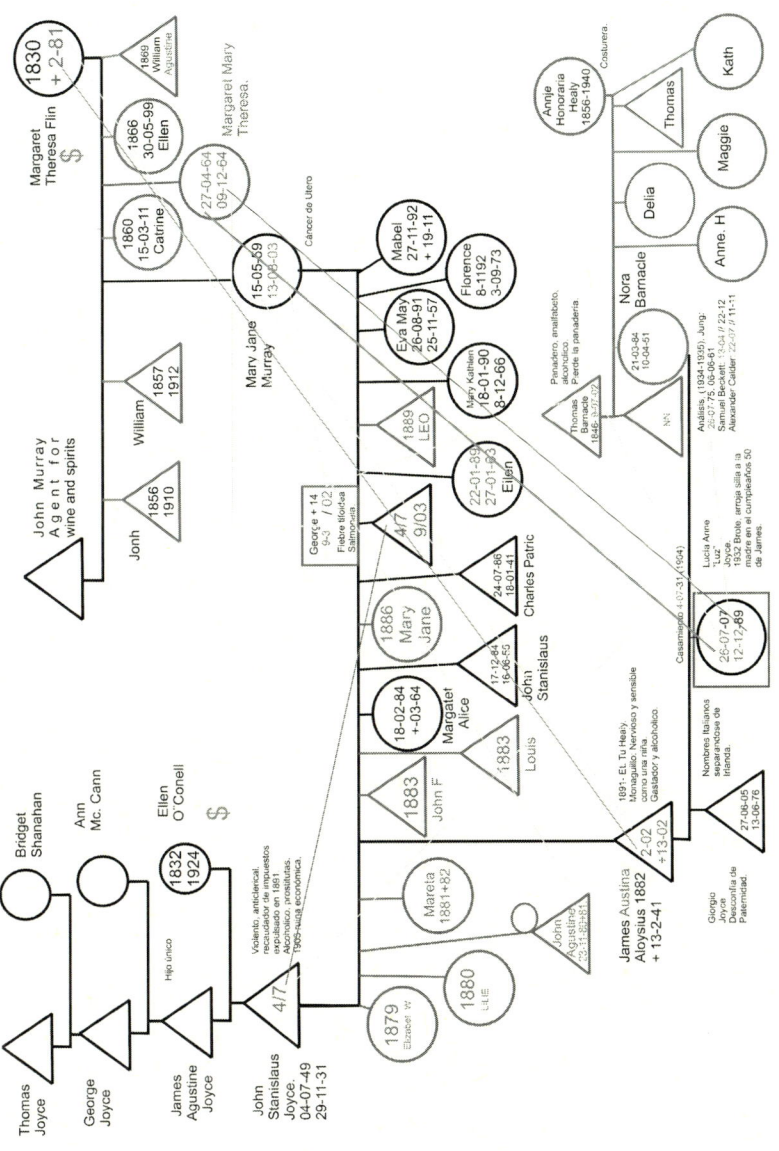

La primera apreciación, que produce impacto en la historia de Joyce, es la cantidad de embarazos perdidos por su madre, Mari Jane Murray, fueron: Elizabeth W. 1879 (año de defunción solamente hallado); Lilie 1880 (año de defunción solamente hallado); John Agustine **23/11/80,** nacimiento, defunción 1881; Mareta 1881/1882. **John Agustine** fue el **primer varón** y llevó el **nombre del padre** y el segundo nombre del abuelo paterno, pero murió con meses de vida. Luego, le siguió Mareta, que parece haber vivido también unos meses.

En **1881**, a los pocos meses de la muerte de Mareta (variante de Margaret), y **exactamente un año después de la muerte de su abuela materna** Margaret Theresa Flin, nace **James "Agustina" Aloysius 1882** (su segundo nombre es anotado "feminizado", en el registro civil). Mari Jane Murray atravesó durante su embarazo el duelo de su madre Margaret Theresa Flin, y venía de perder 4 hijos. A **James "Agustina" Aloysius Joyce,** lo describen en la parroquia donde fue monaguillo como: "sensible y nervioso como una niña".

Luego del nacimiento del escritor, la madre quedó embarazada 13 veces más, de las cuales, quizá, cuatro bebés murieron en situaciones similares a las 4 anteriores a James (John F. Louis, Mary Jane y Leo). Un varón: **George, el número 12, murió a los 14 años, el 9/3 (si le sumamos 9 meses) nos da 9/12, aniversario de la muerte de Margaret Mary Theresa, una hermanita menor de Mary Jane Murray, la madre del famoso escritor.** Este hermano, que murió en 1902, quizá, desató la muerte de su madre, exactamente un año después, de **cáncer de útero.** (Un útero **traumatizado, que quizá ya no podía concebir un hijo de reparación para "George", pero -como veremos-, de esta reparación se encargará James**).

Es llamativa la cantidad de embarazos y la poca diferencia entre ellos, sabiendo que John Stanislaus Joyse, **el padre de James, era violento, alcohólico y afín a las prostitutas, suponemos que muchos de esos embarazos han sido efectuados en hechos violentos, y quizá algunos abortos también.**

Lucía Anne Luz, "la niña de mis ojos", sentenciaba Joyce, casi ciego, **es yaciente, "doble", de esta "tía abuela", Margaret Mary Theresa, muerta a temprana edad. Es doble, tanto por aniversario gestacional, como por aniversario de defunción,** suponemos que de ella heredó morfogenéticamente cierto traumatismo "paranoiqueante" (reforzado además por George), ya que su muerte es **síndrome de aniversario familiar** del clan materno (de Joyce) y de su descendencia. Podemos apreciar cómo el **aniversario** de esa muerte, marcó otras muertes y enfermedades en la familia. Es probable, que **las condiciones en las que murió Margaret Mary Theresa** hayan marcado una desgracia para la familia, habiéndose silenciado cierto secreto, con características de **"crimen",** inconfesable; la **causa** de ese trágico suceso, marcaría también las **responsabilidades que se mantuvieron** "ocultas" o negadas por lealtad a las **figuras parentales que ocuparon el ideal del yo** en aquel entonces. El silencio, la falta de elaboración, las responsabilidades y **lealtades, hacen que el traumatismo se repita en los descendientes,** en Giorgio, primero, provocándole la muerte por "asalto" de una bacteria, y en Lucia, como síndrome de aniversario.

La cronología siguiente permite apreciar los dobles y los síndromes de aniversario del clan Joyce, que fueron ubicados en el árbol genealógico, recientemente graficado. Lo escribimos en número para poder apreciar el efecto espejo en el gráfico.

Margaret Mary Theresa (la tía de Joyce) nació el 27/04 y murió el 9/12. (una bebé de 8 meses)

George, hermano de James, nació el **04/07/** (igual que el padre, John Stanislaus) y murió el **9/03/02.**

Giorgio (hijo de James, un George italianizado) 27/06/05 – 13/06/ (desconfía su paternidad).

Lucía, hija de James, nació el 26/07 y murió el 12/12/ James se casa el **04/07/31.**

La fecha de **concepción** de **Margaret** Mary Theresa fue en **julio,** por eso nació en **abril.** En **julio nacieron Lucía,** su tío muerto George y su abuelo, y es en ese mes, que se casa James Joyce, el escritor, que repara inconscientemente las pérdidas. Lucía nace el día y mes en que su abuela había concebido a Marý Theresa. Joyce "hace nacer en Lucía a su tía"; y también hace nacer en su hijo **Giorgio, a su hermano George,** muerto a los 14 años (**yaciente de segundo orden,** ya que el nombre es elegido conscientemente). La **transmisión morfogené- tica** es un **mecanismo biológico** y aunque, tenga cierta matemática o **lógica-fractal de repetición cíclica,** cuenta con un automatismo para los aniversarios de 9 meses, y sus fractales o resonancias, como las octavas, etc., (no es como el calendario gregoriano). Sabemos, también, que **Margaret murió el 9/12** y que **Lucía Joyce murió a causa de "quemaduras" el 12/12,** en el incendio del psiquiátrico, donde se encontraba internada, con lo cual no queda duda de la gran resonancia mórfica que había entre ellas.

Aquí no queda la cosa, **Carl Jung** el analista de Anna Lucia Joyce, nació el **26/07** (el mismísimo día en que nació Lucia), marcando de manera monumental, la **relación transferencial,** que la sincro- nía del **inconsciente colectivo** puso en este suceso, (léase **resonan- cia mórfica de los clanes, conexión no local de entrelazamiento cuántico por la profesión de Jung, o especularidad de los árboles genealógicos**) además, los novios de Lucia, también resuenan con su fecha: Samuel Beckett **22/4** (doble de Mary y doble por aniversa- rio gestacional de Lucia) y Alexander Calder **22/7** (doble de ambas también). **En el mar de sincronicidades del inconsciente colecti- vo, se dan procesos sincronísticos de atracción y de repulsión de la información opuesta y complementaria, todo es polar, todo es dual y atrae a su opuesto complementario.**

Y en el ámbito de las sincronicidades, la cosa no vuelve a quedar así; quien les está escribiendo, hubiera preferido de mil maneras, no apa- recer referenciado en el contenido, pero es de suma importancia men- cionar los siguientes datos, aunque peligren muchas cosas: mi propia fecha de nacimiento es el **16/07** día de la canonización de **Copérni- co,** quien **murió incinerado** y día de la muerte del hijo de Kennedy;

Manuela (2), mi abuela materna, murió el **26/07; estos hechos se** relacionan por resonancia entre sí, y también, con los natalicios de **Jung, 26/07 y Lucia Joyce, 26/07. Recordemos que Lucia murió a causa de quemaduras;** en tanto **Manuela** 1, una hermana pequeña de mi abuelo "Miguel" (esposo de Manuela 2), **murió por quemaduras en un incendio**. Al momento de escribir este párrafo en 2020, ingresa en tratamiento una paciente, cuyo hijo murió el **26 de julio (26/07/19)**[191]; así, con asombro, caigo en la cuenta de que hay muchas otras sincronicidades en juego para este y otros **fenómenos**, porque son **no-locales y multicausales**.

En los casos mencionados, los hechos sincronísticos se presentan conectados por resonancias fractales numéricas, y por una **similitud temática en las causas de la muerte: "el fuego"**. Además, fue muy significativo que, al comenzar este escrito, ingresaran, en poco tiempo, dos pacientes diagnosticadas con cuadro psicótico, una mujer de nombre "Soledad", que había estado internada luego de haber "**incendiado**" a su novio; y, la segunda paciente con un cuadro de psicosis paranoide, que es la descrita en el capítulo anterior, también llamada "Soledad", (su querida tía murió **quemada** en un incendio). Es llamativo, que las dos sean llamadas, o lleven el significante "**soledad**", quizás, se describe el "proyecto sentido" en el nombre al que apelan las madres. Recordemos las fechas en juego, los muertos por incendios coinciden en todos estos casos fractal y siniestramente.

Como diría Freud, esto todavía rebosa de un montón de incertidumbres, pero no hay motivos para asustarnos, y negar por miedo, las conexiones sincronísticas, *"eso sería anticientífico e indigno para un hombre de estudios".*

---

[191] El 26 de julio de 2023, en pleno aniversario, mientras se realiza la corrección del libro, Mirta nos autoriza a publicar su historia: ella está llevando a cabo su trabajo de duelo, su esposo falleció el **26/07/12** y su hijo Juan Jose Vicini falleció el **26/07/19**, casi a la misma hora. **Juan** José murió de cáncer de pulmón, (fumador/humo). La edad de fallecimiento de **Juan** José, es la misma que la mi abuelo **Juan** Miguel, quien también murió de cáncer de pulmón, Miguel fue el marido de Manuela 1 y hermano de Manuela 2, muerta el **26-07**.

Podríamos argumentar que son puras coincidencias, o decir como Freud: que esto es **siniestro** y producto de una **transferencia de pensamientos**. Hay que pensar, que existen unas **leyes en el inconsciente colectivo** humano, y que estas son **fractales de las leyes cósmicas universales**. La causalidad provoca, que **lo similar atraiga a lo similar, o incluso a su opuesto-complementario**; algunos hablan de **"árboles-espejo"**, (aludiendo a **la resonancia mórfica de los dramas de los inconscientes familiares, o clanes involucrados**). Quizás, por la **profesión de psicólogo**, hay una resonancia en el **inconsciente colectivo**, que genera las sincronías a partir de esta **similitud** (el campo psi) y, la de las fechas aniversarios; las "**coincidencias significativas**" se crean a partir de la **resonancia mórfica de Jung y su paciente Lucia;** cosa que no es casual, ya que **resuenan "entre similares" en el campo mórfico del inconsciente colectivo y en el "campo psi".** Por otro lado, las **muertes por quemazón** se encuentran conectadas, de una u otra manera, en todas las historias, mostrándonos una **conexión transversal significativa**.

Esto mismo sucede con las fechas de aniversario de algunos pacientes o de sus **ancestros**, que coinciden con las nuestras, son **resonancias mórficas, sincronicidades**, por las que se establecen **motivos transferenciales**, o contratransferenciales, de complemento u oposición, especularidad, y algunas otras "coincidencias significativas", que nos van a permitir ya sea progresar o resistir en el tratamiento (positivo o contratransferencial); como decía Jung, **nos sanamos sanando a otros**.

El análisis psicogenealógico de Joyce llevó años, pero más años, hubiera llevado hacer que unas historias tuvieran tantas coincidencias de manera intencional. Solamente, hemos tropezado "**sincronísticamente**" con estos sucesos (no fueron seriados intencionalmente). Veíamos, con Josefina Hilgard, que la repetición de ciertas coordenadas (durante el síndrome de aniversario familiar), podía provocar el desencadenamiento de una psicosis en el descendiente de una tragedia; aquí, podríamos confirmar también, el **desencadenamiento de la psi-**

cosis producto de la herencia, marcada en el aniversario **gestacional**; sin embargo, por la virulencia en las manifestaciones de Lucia y por el particular **encono con su madre**, vemos, que quizás, el cuadro psicótico estuvo condicionado, tempranamente, por cierto **deseo abortivo** o un real intento abortivo, también, seguramente en lo que hace al **"proyecto sentido"**, hubo un **estrés durante todo el embarazo**, ya que no fue buscado intencionalmente. **Nació, en la sala de los pobres** -*"era como nacer en la calle"*- decía Nora, su madre. **James** estaba internado hacía meses, atravesando un **brote artrítico** (conversión sintomática de un estrés de desvalorización, ya que dudaba de su paternidad). Suponemos, que la acogió una madre desesperada y quizás arrepentida de haberse embarazado.

James siempre pensó que Nora era una "mujer fácil" (como las prostitutas de su padre), no la valoró demasiado, aunque la necesitó como "una madre". **El primer brote de Lucía se produjo en el aniversario 50°, de su padre. Arrojó una silla a su madre, Jung comenzó a tratarla luego de la ruptura con Samuel Beckett,** quien a finales de 1928 frecuentaba a los Joyce teniendo un enredo con Lucía; el desencadenante principal habría sido la confesión de **Beckett**, que su interés principal era su padre escritor y no una cuestión sentimental por ella [192]. Probablemente, sucedió como con nuestra paciente Soledad, el cuadro se completó con el **desamor, La psique vuelve a hacer agua frente a lo traumático**, y recurre más fuertemente a esos mecanismos preparados por la especie para la evitación del displacer, como una especie de **diátesis mediada, también, por el campo mórfico**. Dijo Jung: *"Ella se ahoga donde Joyce, bucea"*. Lucia Anna fracasó en el amor y en lo profesional.

Podríamos decir que **el escritor bucea en las aguas de la madre primordial, enlutada.** Nuestro paradigma holístico adhiere al **modelo del umbral multifactorial de vulnerabilidad** y tenemos

---

[192] Teresa del Conde, Instituto de Investigaciones Estéticas, UNAM. James y Lucia Joyce, Samuel Beckett, Carl Gustav Jung y el Wake. An. Inst. Investig. Estét vol.35, no.103, México, nov. 2013.

en cuenta algunos estudios que muestran la **presencia frecuente** de "**anomalías en ciertas estructuras encefálicas en pacientes psicóticos**", una "**anormalidad prenatal**". Estas anomalías se encuentran en la **corteza temporal del hemisferio izquierdo**, también en el **sistema límbico,** y además se comprobó una **anormal utilización de la glucosa** en áreas específicas.

Filogenéticamente, el sistema límbico se origina a partir del **tronco encefálico**, y es un cerebro primitivo que, compartimos con los reptiles, sede de los instintos básicos de supervivencia. Diríase, que el sistema límbico es un **"cerebro emocional"**, y su raíz arcaica está vinculada con el sentido del **olfato**. En otras especies, el olor es el sentido supremo, para la conservación del individuo y la **reproducción de la especie**; porque permite discriminar lo comestible, de lo dañino, lo sexualmente accesible, del peligro o del enemigo, invasor. Basándose, en esta **información filogenética**, el organismo sabe lo que debe hacer: luchar o huir, comer o rendirse y ser devorado.

Sabemos, que Freud destacaba el importante papel que la represión ejercía, en términos filogenéticos, para el **reemplazo del sentido del olfato por el de la vista: el homínido, antepasado del humano, tenía una sexualidad cuadrúpeda feromonal (olfativa) y se organizaba en hordas en las que el macho alfa era violento y privador. A medida que los machos jóvenes lo fueron desplazando, "matándolo y devorándolo", comenzaron a erguirse y a sustituir el sentido del olfato por el de la visión; allí, comienzan a percibir la diferencia sexual "visual" (distinta de la hormonal), a la par, que se instala la represión y, el acceso a la cultura reemplaza, definitivamente, lo olfativo mediante *"el asco, la vergüenza y la moral"* (que así, nacen tanto, de un crimen, como de una atracción y aversión visual).** Entonces, al igual que en la filogénesis, en el desarrollo individual (ontogénesis), se repiten ciertas etapas evolutivas, el sentido del olfato es predominante hasta que la **"represión primaria"** instala ciertos diques como el asco, **conjuntamente con el desarrollo de la visión** como sentido predominante y en un interjuego dialéctico el rostro humano aparecerá como una "imagen totalizadora", que aporta lo que denominamos **identificación primaria**. En este momento es cuando más se ponen en juego las improntas creadas por los **traumatismos ancestrales**, ya que las memorias arcaicas están instaladas en el **tronco encefálico** y deberán ser **relevadas parcialmente por el sistema límbico** que, si bien posee información ancestral, será de segundo orden (**emocional**) y no de supervivencia inmediata. En tanto, los **miedos ancestrales** podrán activar en el niño una **ansiedad** que habrá entrado en un interjuego con el deseo materno. En el caso de las psicosis paranoides, suponemos que la ansiedad, ya fue puesta en marcha por grandes temores intrauterinos, de proyecto sentido o de re-transcripción genética, epigenética o mórfica, de traumatismos ancestrales.

Entonces, existen **traumatismos filogenéticos comunes a la especie, estos y algunos ancestrales se heredan** en forma de **huellas mnemónicas físicas (ADN)**, por otro lado, son legadas influencias filogenéticas y ancestrales desde **"lo real"** del **"campo mórfico"**, como "**atractores**"; en el caso más específico del **"doble"**, hay una alta influencia morfogenética, "energética", "psíquica", como salto de información de una generación a la siguiente y **se heredan esquemas mentales, emociones, animales-fobígenos, dramas y causas de pánico,** y podrían hacerlo mediante los sistemas de experiencia condensada, (COEX), descritos por Stan Grof.

Luego, de algunas de estas determinaciones o producto de las mismas, en muchos casos, los **traumatismos perinatales** serán elementos que aportarán **tensiones,** y de continuar el proceso desestabilizante, durante el desarrollo infantil, se producirá por instilación un **"llenado de jarra"**; por otra parte, en muchos casos, el factor de **cortisol estará incrementado por el trauma transgeneracional, que también amplificará** el mecanismo de la **desmentida**. Todo indica, que un fuerte **traumatismo intrauterino**, como pudiera ser una tentativa de aborto, o un trauma severo en la madre, podría crear las condiciones para que se produzca la **predisposición psicótica ges-**

tacional, este estado, no sería determinante, ya que dependerá de las futuras interacciones, pero hay que tener en cuenta, que nos hallamos ante períodos críticos.

En cuanto al cortisol y las hormonas del estrés, en la actualidad, se está estudiando la gran incidencia que tienen, en la disposición de la base tímica, para un gran número de perturbaciones. Las depresiones maternas, los lutos complicados, instalan una tristeza fetal, debido a la alteración hormonal de la madre, que es la base de futuros cuadros melancólicos; decimos "base": ya que, para desarrollar una melancolía harán falta -además- otros elementos. En los casos de traumatismos intrauterinos, es harto probable que el feto apele, tempranamente, a un mecanismo arcaico o "urbild", de la posterior **desmentida,** para hacer frente al montante de la **excitación que llegue a superar la barrera antiestímulo** (fijada filogenéticamente); quizás, ante el "desborde", el **psiquismo fetal** se procure una **primera escisión o fragmentación**, la cual sería el **molde de una futura forclusión**.

El feto no está preparado para recibir los embates de un traumatismo intrauterino, que provoque la ruptura de la "barrera antiestímulo", incluso a nivel del parto, el narcisismo fetal, tampoco, está del todo preparado; sin embargo, estriban diferencias, ya que en el momento del nacimiento, se libera gran cantidad de dimetiltriptamina, (DMT) por medio de la glándula pineal, elemento que aporta mecanismos, que ayudan a soportar esta difícil tarea.

Podemos decir, que el **parto complicado**, también, es la base de futuros **traumas,** y deja **desórdenes** duraderos; un ejemplo de ello, son los partos prolongados con el uso de fórceps, el ahorcamiento por el cordón umbilical, la anoxemia y la contaminación por presencia de meconio. Hay una riquísima documentación de sucesos y mecanismos, que provocan desórdenes tempranos y duraderos, explicados detalladamente en la obra de Stanislav Grof, "Nacimiento y muerte en psicoterapia". Creemos que todas estas situaciones inauguran una **impronta** (como una base tímica), y es muy probable que en muchos casos, se produzca **una predisposición psicótica**, que podrá agravarse y ser **reforzada**, si las experiencias predominantes de la infancia son traumatizantes; por el contrario, también la predisposición y la gravedad del suceso pueden ser **contrarrestadas**, si se establecen interacciones positivas con el otro significativo.

Tanto el complejo perinatal, como el vínculo de lactancia, se hallan dentro de un período crítico, en el que las **interacciones primarias** de asimilación psicológica del entorno quedan **registradas de modo potente en la amígdala**, (el sistema límbico, sustancia blanca) **como improntas mnémicas rudimentarias "gruesas". Las perturbaciones en este estadío serán duraderas**, y fijarán los aprendizajes sensoperceptivos para constituir la base de la inteligencia emocional, de esta manera, el entramado **preverbal** de esta fase, **no podrá ser "domesticado" en el futuro por instancias superiores;** "el lenguaje sólo rasgará la superficie".

Además, hay que tener en cuenta, que en las "estructuras" psicótico-paranoides habría alteraciones en el área del lenguaje, y en el sistema límbico. Ryke Hamer describe ciertas **constelaciones pseudoesquizofrénicas**, en las que están afectados los **centros corticales de control de la retina y el cuerpo vítreo**. Estas alteraciones funcionales son producto de la respuesta adaptativa, ante la aparición de **peligros arcaicos, gestacionales o morfogenéticos**.

Hemos citado la conclusión freudiana, que en el desarrollo filogenético, el sentido del **olfato** es reemplazado por el de la **vista**, en el momento en que se instala la **represión**. Existen muchos elementos para pensar, que en el mecanismo de la psicosis, se produce una "particular" **conexión amigdalina intrauterina;** que luego, puede ser **reforzada** por dolor físico repetido, o también, por destrato u abandono en el período crítico de la **lactancia,** momento delicado, en el que se da el **relevo** "parcial" de la primacía del **tronco cerebral "arcaico**-reptileano", del sentido del **olfato** (instintos de supervivencia inmediata, lucha-huida, alimentación y reproducción de la especie), **al complejo amigdalino-mamífero, de la supremacía de la visión y la inteligencia emocional**. El refuerzo, que en el período de la lactancia incrementa la predisposición intrauterina, es provocado por la gran necesidad de apelar al **mecanismo alucinatorio**; frente a la gran inermidad en la que se encuentra el infans, ante un gran **peligro, por una carencia real** en el **mundo exterior**. Esta **indefensión**, producto de un "**desamor**", sería la base del **futuro estado de desvalorización** que, ante un fracaso amoroso, o de un ideal, se intentará **compensar con el delirio de grandeza, o con el "grandor del yo"**.

La cuestión del peligro y los ojos, recorren toda la problemática de los traumatismos heredados; es frecuente encontrar **problemas en la visión**: miopía, hipermetropía, divergencia, y otras problemáticas; siguiendo a Hamer, estas alteraciones son la expresión del impacto de **agresiones o peligros**. Podemos agregar, que **los peligros o agresiones** pueden ser **presentes**, o **heredados; reales, simbólicos o imaginarios**, y que, muchas veces, hay que desmentir, por amor: disminuir la visión cercana para no ver los peligros, los depredadores (familiares cercanos), u otras variables.

En la constitución subjetiva, además, de los avatares **transgeneracionales, gestacionales y perinatales** (en un interjuego dialéctico: palingenésico-filogenético-ontogenético), la constitución del narcisismo primario interviene como salida de un **estado autoerótico canibálico**, conjuntamente, con la identificación "al semejante" (que posibilita la salida del estado de desorganización). El narcisismo aquí, es el estado intermedio, en el que la libido localizada en el propio yo, es cedida a los objetos del mundo exterior, *como una ameba a los seudópodos que emite*, transformándose, de esta manera, provisoriamente, en libido objetal.

El **interjuego dialéctico** va a producirse en las experiencias de **satisfacción-horror**, introducidas por el intercambio del *toma y daca de leche y caca,* con el otro significativo. Aquí, se produce la constitución del **narcisismo**, como una **etapa intermedia** entre el autoerotismo y el amor objetal (el niño se encuentra en simbiosis con la madre, como falo imaginario). Luego de esto vendrían: el complejo de castración y la represión, para pasar al narcisismo secundario, que nace como replegamiento de las investiduras de objeto, que contienen las cuatro aspiraciones edípicas.

Volviendo a la estructura psicótica, hemos podido observar, que cierta corriente psicoanalítica propuso la existencia de una inclinación homosexual latente en las psicosis, como si en las neurosis normales y en perversiones no las hubiera. Veíamos, recientemente, que dentro de las predisposiciones a la psicosis había sucesos, que **incrementaban la intensidad de la defensa**, producto de traumatismos tempranos y de toda una progresiva serie. Esta **indefensión acentuada, quizás, genere como modo de respuesta defensiva: una desmentida, que se juega, enérgicamente, desde una primera gran escisión.**

La vertiente ortodoxa, siempre, intentó encontrar, para la **paranoia**, la explicación monista de que, el "último eslabón", en la cadena de los **perseguidores**, era una persona **del propio sexo**, que despertaba alguna fantasía, luego rechazada por el sujeto y proyectada al otro. La **proyección** es un mecanismo del que se vale el paranoico, (pero no es exclusivo) y consiste en imputar a otro la propia tendencia, (el heterosexual proyecta en los homosexuales su tendencia latente "odiándolos", aunque no admita su homofobia) así, la declaración homosexual, es negada de facto por la censura, luego es invertida en su contenido, o desviada de persona por proyección.

Para nosotros, **en el trastorno psicótico, ha quedado alterada la instancia encargada de efectuar una evaluación o examen de la realidad, la que permite discriminar las percepciones internas y externas, para defenderse correctamente de las mismas**; hemos puesto el acento en que cuanto más tempranos sean los traumatismos, mayor será la perturbación del desarrollo; en tanto, cuando el embrión es embargado por sensaciones que no puede eludir, su única reacción se refleja como inervación somática, (en un intento por desplazar el quántum energético) creando una primera "vesícula" a la cual proyectará las futuras perturbaciones: de esta manera, el trauma de nacimiento, y las posteriores sensopercepciones displacenteras, tendrán una vía **facilitada en mayor o menor grado, tanto para la desmentida como para la alucinación; estos mecanismos están** disponibles como salvoconductos fijados por la especie, y se presentan como "defensa" ante **la** sensación de **"inermidad" provocada por la prematuración del nacimiento.**

Para Melanie Klein, los puntos de fijación de la psicosis, se hallan en los primeros meses de la infancia, ella no tiene en cuenta los desarrollos sobre el trauma intrauterino. En su conceptualización, el lactante fantasea que está realmente succionando, o incorporando el seno materno y, se duerme con la alucinación de tener el pecho dentro de sí; luego, hambriento y furioso, grita y patalea, alucinando que está atacando la teta, desgarrándola, vivencia sus propios gritos que lo desgarran y lastiman como el pecho, desgarrándolo, atacándolo, en su propio interior. Así, el miedo original a la muerte (inermidad originaria) se transforma en miedo a un perseguidor que, con las primeras **introyecciones** orales, y la aparición de la represión filogenética (o sentimiento atávico de culpa), iniciará un esbozo del superyó como par antitético de la proyección. Klein sostiene, que la posición esquizoparanoide, con la expulsión de las heces, simboliza un enérgico rechazo del objeto incorporado, y va acompañada de sentimientos de destrucción. El deseo de proyectar la maldad, aumenta por el temor a los estímulos aversivos. **El desarrollo positivo del bebé, va a depender de que las experiencias buenas predominen sobre las malas; es decir, de la incidencia menor de factores "aversivos", tanto internos como externos.** La enfermedad se produce a posteriori por la regresión a este estadío.

Para concluir con la descripción de la psicosis, vamos a incluir los desarrollos de Jacques Lacan, la forclusión del "**Nombre del Padre**", o el fracaso de la metáfora paterna. Decíamos que, en todas las estructuras, hay una defensa contra la homosexualidad, ya sea al modo neurótico, perverso o psicótico; Lacan va a seguir a Freud en este punto, y va a ver al mecanismo psicótico como una defensa ante la tendencia homosexual, a causa del fracaso de la metáfora paterna, o de una regresión tópica al estadio del espejo.

Hay mucho por teorizar, pero tenemos visto y probado, incluso asentido por el mismísimo Jacques Lacan, que hacen falta 3 generaciones para instalar una estructura psicótica; la insistencia "en la metáfora paterna", sólo tiene sentido "en una lógica reduccionista y monista, evolutivo-continuista"; en donde se incrementaría la gravedad, si se procediera desde la neurosis, pasando por la perversión hasta la psicosis, como si el quedar pegado al deseo materno, con una ausencia total de interdicción paterna, arrojara una psicosis de plano, lo cual no compartimos.

Suponemos que la predisposición a la psicosis está complejamente determinada por mecanismos tempranos, innatos: genéticos, epigenéticos o morfogenéticos; gestacionales, perinatales, o incluso nutricionales (como describe M. Klein). Especulamos con que si hay una predisposición genealógica o un severo traumatismo perinatal, que pueda provocar la temprana activación del mecanismo **de la desmentida enérgica** (un modo alucinatorio forclusivo de lo real), sentará un déficit, tanto para el arribo al complejo de castración, como para la maduración sexual, y también para todo proceso traumático, que cuestione la estructura narcisista; **si a las marcas anteriores se le agrega, además, un "fracaso de la metáfora paterna", a lo largo del desarrollo, o en momentos claves, se puede provocar por "llenado de jarra", lo que Lacan llamó: la "forclusión de la castración", una estructura psicótica consumada.**

Sin embargo, por lo que tenemos visto, si no existen **otras predisposiciones**, la ausencia paterna puede dejar profundas secuelas, pero no necesariamente, la contracción de una psicosis; y aquí, no es necesario invocar el supuesto de que la función paterna puede ser cumplida por otro adulto o función simbólica, insistimos en la necesidad de hacer un esfuerzo en tratar de pensar en la **multicausalidad**, en la multiplicidad de elementos, y no en uno solo (como nos exige, el genio maligno cartesiano), ni una sola generación para el desarrollo del cuadro.

Hemos de suponer, que el **desencadenamiento** de los síntomas (el llamado brote), en el caso de la **psicosis paranoide**, se da por efecto de una ruptura **"real"** (en la realidad), una pérdida, o una agresión que producen la sensación de menoscabo, o de desvalorización, de vulnerabilidad o **desamparo (desamor)**. Entonces, ante una pérdida, frustración y/o la presencia de un peligro (un depredador que puede que sea un ser querido, incluso una madre), o una catástrofe inminente (síndrome aniversario próximo), se produce el **retiro** (diferente de la introversión) como un intento de recuperar al objeto perdido y como modo de dotar al yo de una enérgica defensa, que recubra su inermidad; producto de una inteligencia emocional que hace agua. Por algunas de las causas mencionadas, o por todas ellas, se produce una **"desmentida de la realidad"**, ante la cual, no hay solamente un desplazamiento y una escisión del yo, sino una **"fragmentación del principio de realidad y un intento de sobreinvestidura del narcisismo"** (débil de antemano). Todo parece indicar que, en su mayoría, **a los paranoicos, no les falta un padre que frustre la presencia de una madre fálica,** la **que desearía "tener"**; sino que **les hizo falta el amor de un padre, que evitara el deseo de muerte, "de no tener" materno**. Pasándolo en limpio: el germen de la paranoia podría encontrarse, tanto en **un embarazo no deseado**, como en un arrepentimiento paroxístico del mismo, en un deseo abortivo, en perturbaciones, o amenazas mecánicas y químicas (intencionales, o naturales como las hormonas). En segundo lugar, podemos encontrar un vínculo de amamantamiento disfuncional, o una primera infancia altamente traumatizante. En cuanto a su desenlace (el desencadenamiento de los síntomas como **el delirio de grandeza** descrito por Freud), coincidimos en la descripción de la colocación de la libido en el yo, por replegamiento de las investiduras de objeto (fracaso en el amor, en el trabajo o en los ideales), pues como vemos, el yo se siente vulnerable y desvalorizado, y el delirio de grandeza o la sobreinvestidura acuden como intento de compensar la **"fuerte desvalorización a la que fue expuesto desde su inermidad originaria"**.

Hace más de cinco décadas, que se estudian una serie de complicaciones psíquicas y hormonales durante el embarazo, el parto y el postparto o puerperio; es muy conocida la categoría de depresión puerperal. Stan Grof comprueba, que cuando una mujer queda embarazada, tiende a activar el recuerdo de su concepción y además, **durante el desarrollo del feto, éste revive parte de la historia del propio desarrollo embrionario materno.**

Durante el **alumbramiento**, la madre, también, tiene una identificación vivencial simultánea con el bebé, que lucha por nacer y con las fuerzas biológicas de **influencia represiva, introyectadas en el canal de parto**, reflejadas en los espasmos y la contracción hidráulica que presiona al feto. Se dice, que **cada menstruación es un microparto**, a nivel simbólico se trata de "**formaciones de compromiso**", **de fuerzas antagónicas en conflicto: entre el deseo de tener un hijo y el temor a revivir dolor y la sensación del trauma de nacimiento propio.**

Ahora bien, nada ocurre aisladamente, **la comprensión holística, nos revela, que la incidencia de un parto complicado oficiará de traumatismo y predispondrá la activación del repositorio mnemónico, que sentará las bases de futuros desórdenes.** Estas activaciones de repositorios o huellas mnémicas filogenéticas y/o "arquetipos" del inconsciente colectivo, (sea familiar, racial y hasta talasal) no estarán dadas por casualidad, ni por causalidad mecánica, sino por relaciones de similitud, por un tipo de vinculación temática emocional o experiencial "a-causal", de **entrelazamiento cuántico fractal, de determinación múltiple, multicausal.**

Colegimos, que no solamente los sucesos en torno al nacimiento disparan la conexión con los repositorios arquetípicos y filogenéticos [193], también la atmósfera del "**proyecto sentido** [194], predispone a un interjuego dialéctico entre los antecedentes traumáticos, y una serie de

---

[193] Memoria filogenética (inconsciente arcaico).

[194] El **Proyecto Sentido,** es un concepto desarrollado por el psicólogo francés *Marc Fréchet,* que hace referencia a lo que ocurre en torno a la concepción de un hijo, las circunstancias de la vida de los padres del paciente -principalmente de la madre- desde nueve meses antes de la concepción, hasta 3 años después del nacimiento.

situaciones de estrés gestacional, que inducen distintas perturbaciones de la vida fetal y que, a su vez reconectarán, con memorias o antecedentes familiares. Cuando los traumatismos comienzan a sumarse, **las predisposiciones heredadas se agregan a las vivenciadas, y "colorean" una base tímica, que incrementa la expectativa angustiante (ansiedad)**; en estos casos hablamos de **sujetos politraumatizados.**

Los **partos** prematuros, las cesáreas, los fórceps u otras complicaciones mecánicas, **"no"** son **accidentales**, pues se determinan por **traumatismos y predisposiciones del inconsciente familiar y colectivo.** Del inconsciente familiar pueden provenir, entre otros, recuerdos ancestrales de partos complicados, del inconsciente colectivo judeo-cristiano, nos viene la inoculación del mandato martirizador, que sentencia: "parirás con dolor el fruto de tu vientre"; depende de la cultura, de las creencias y de la idiosincrasia, hoy, el mayor estrés puede provenir de la creencia alienante, y desmoralizante de una necesaria presencia médica al llegar el momento de las contracciones. Recientemente, se ha demostrado una interconexión alarmante entre los casos de autismo y los partos por cesárea, el paradigma biologicista intenta vincularlos con una disbiosis intestinal -producto de la falta de contacto del feto con la flora vaginal, que aporta microorganismos faltantes-; esta visión aislada sostiene, que ante al malestar intestinal (por proliferación de patógenos, disbiosis), el niño desarrolla un síndrome autista; sin embargo, teniendo en cuenta lo perinatal, podemos arribar a la conclusión de que **la causa de autismo, está íntimamente relacionada con el ambiente pre y posnatal**, o **estrés intrauterino sufrido por el narcisismo fetal** (Winnicott), y también, con carencias en los **procesos de libidinización posnatales.** No debemos descartar la incidencia de la disbiosis, incluso, la correcta construcción de la flora intestinal, también, tendrá que ver con la **libidinización**: por un lado, en el proceso de amamantamiento, la leche materna aportará los prebióticos benéficos a la colonia intestinal del infans, fundamental para la **interocepción placentera** del proceso de alimentación; y, por otro, el mismo interjuego con el seno y el cuerpo materno, será de importancia crucial, para la construcción del psiquismo, para la "libidinización".

El ambiente que recibe al neonato estará determinado por el estado psíquico de la madre, por la presencia o no del padre en el lugar, por el tipo de relación que tienen, si es amorosa, poco amorosa, más o menos amorosa, en una serie de gradaciones hasta las relaciones patológicas.

La cuestión central es que se heredan **"traumas no resueltos por el clan"**, (por ejemplo, las muertes no asimiladas), que **circulan en forma de energía no ligada en la mente grupal, o "inconsciente familiar"**; o si se quiere -como decía Freud-, se produce un salto de procesos psíquicos: *"la transmisión de los procesos anímicos de una persona a su «doble» -lo que nosotros llamaríamos telepatía...*[195] . En el caso de que se produjera un "doble", por la "reparación" de un ancestro muerto, se estaría recibiendo cierta información mnemónica (cerebro arcaico); pero también, cierta resonancia mórfica (telepática- más allá del tiempo y el espacio); de esta manera, el **síndrome de aniversario** (que se encuentra inscripto en el inconsciente del clan, o en el inconsciente colectivo), **dispara la sensación de catástrofe inminente (presagio de una enfermedad, ruina financiera, accidente), o también, se presenta como "activador" de una psicosis latente,** como sostuvo Josefine Hilgard.

Cuando las impulsiones del estrés son más fuertes que lo habitual, es porque puede coincidir, transversalmente, el aniversario anual del suceso trágico, con la edad actual del paciente y los años que tenía el familiar difunto, o traumatizado, al momento del drama. No sólo en la psicosis, sino también en la activación de estados de ansiedad en general, se "imponen" mecanismos o programaciones del inconsciente familiar y su correlato es la aparición de coincidencias significativas por **similitud**; como podría ser, en un día de verano en las **cercanías de un puente,** tener un estado de ansiedad, primero por estar en cercanía **temporal** de la fecha en que murió un ancestro, segundo, porque fue

---

[195] **Sigmund Freud: Unheimlich 1919.**

también, a **la misma edad,** y tercero porque fue un día de calor, arrojándose de un puente, **(mismo lugar o similar).**

Los procesos que no se cierran tienden a repetirse.

"Si no se sana el árbol genealógico, habrá repetición del suceso malo" dice Ancelín. **Hasta que no se levante el secreto, -y se "reescriba" debidamente- la historia se repite,** "mudarse" o "elaborar el complejo de castración" no incide sobre el campo morfogenético, **el síndrome de aniversario,** seguirá presente, **inscripto en la memoria del clan, afectándonos por entrelazamiento cuántico, superando las fronteras del individuo y las barreras del tiempo y el espacio.**

Más allá de estas **"encrucijadas de lo siniestro",** la cuestión es qué hacer en **"la clínica",** cuando las papas queman. La verdad, **la toma de consciencia** "de eso que fue indecible y causa de repetición", **cura,** al asumir la memoria de la historia familiar falseada. *"No se puede "volver a andar del buen pie" y "girar una página" si, antes, no se ha puesto de manifiesto la página y se ha borrado la pizarra, o bien, se está a punto de hacerlo o de "**metabolizarlo**".* [196] La labor del terapeuta será acompañar a su "paciente", ayudándole a su **reconstruir la historia falseada** para que pueda poner en palabras lo que fue indecible para otros, dilucidando el hilo y el sentido de "lo siniestro". Cuando **en el entorno renegatorio** de una familia, surge alguien que decide bucear en las profundidades, es porque pudo **enfrentar el retorno de lo desmentido,** y puede encarnar con honestidad el deseo de salir de las repeticiones, **de "la sombra familiar".**

Ancelín nos puso en las coordenadas del ritual, cuya potencia simbólica es liberadora: *"la presencia de **las** repeticiones de acontecimientos traumáticos desagradables son indicadores de "una pérdida", o de un duelo no hecho [...] hay que hacer un **duelo simbólico**, o un pedido de perdón y reconstruir la situación en memoria del antepasado y con otro final"* [197]. Hay que hacer un duelo en nombre de las generaciones que nos precedieron; la clínica en cuestión es **la clínica del duelo.**

---

[196] Ay Mis Ancestros" Anne Ancelin Schützenberger 1988
[197] Ejercicios prácticos de psicogenealogía: Anne Ancelin Schützenberger 2011.

Capítulo V.
El Duelo Transgeneracional

Todo duelo es un sufrimiento cruel, y por ello, se busca evitar la realización "del trabajo de duelo", que debiera empezar en la "aceptación" de la pérdida"; ese modo "**evitador**", nos fija más en el sufrimiento, por la "**negación del sufrimiento**"; *"esta actitud arruina una o varias vidas, pues los descendientes, también, sufren y por lealtad familiar, corren el riesgo de revivir, puede que a la misma edad, en su cuerpo, el accidente o la enfermedad gravísima, incluso la muerte de esa persona"*.[198] Todos poseemos, en mayor o menor medida, **duelos** sin realizar; en ellos, las fuerzas tanáticas **se han ido acumulando**, muertes, rupturas amorosas, una parte del cuerpo propio (la castración en lo real), o una mascota.

Los duelos se enquistaron más profundamente, cuanto más indefensos estuvimos, porque lo imprevisto rompe la barrera antiestímulo, (un accidente, una guerra o las desapariciones forzadas), o heredamos traumas de antaño, porque los que estuvieron indefensos fueron **nuestros ancestros,** ante las pérdidas o las irrupciones violentas; luego, y para evitar, o soportar la magnitud del dolor, se activan mecanismos represivos y negadores.

---

[198] Anne Ancelin Schützenberger: Salir del **duelo**.

El retorno de lo desmentido

Si no se levanta el secreto elidido, presente en el "**inconsciente transgeneracional**", la catástrofe se repite. Un **crimen** sucedido varias generaciones atrás, irá cobrando distintas formas de manifestación o padecimiento, una muerte violenta, un accidente grave, una amputación, la ruina, el adulterio, una enfermedad sexual, la bancarrota, una relación incestuosa, o la muerte de un niño. Es necesario hacer un trabajo de duelo, **la sociedad patriarcal occidental** nos pide, que seamos soldados, que acoracemos el carácter, **nos pide silencio**.

Las enfermedades graves, con frecuencia, están vinculadas a un **duelo no realizado**: algunos cánceres, **enfermedades** digestivas o respiratorias, se relacionan con la "**expectativa siniestra**", que provoca el posible retorno de lo desmentido familiar, también, ese pánico puede desencadenarse por temor a la **repetición de un shock** por una **pérdida sufrida en la infancia**, y aparentemente, superada en ese momento. "*La pérdida siempre es un traumatismo, en el caso de la pérdida de un hijo, es la pérdida del futuro, de un proyecto de vida, de un porvenir, del porqué de la vida*".[199] (Del sentido de la vida, de su amabilidad, de la dicha, del paraíso). El trauma provocado por un aborto intencional o espontáneo, puede resurgir, y provocar un traumatismo en otro momento (con efecto retardado), con una nueva pareja, en un aniversario, o resurgir, dolorosamente, durante la menopausia (o también puede reaparecer après-coup en nuestra descendencia por no haberse tramitado).

Dice Anne Ancelin, que *cuando uno comienza a realizar su propio genosociograma, se dispara una **emoción opuesta**, a la que sentiríamos si visitamos nuestra propia historia familiar*, "**optimista**", por la liberación que emerge de la verdad. **La toma de consciencia abre un canal, despierta la lucidez**. A nosotros, nos tocará la difícil labor de hacer hablar aquello, que fue desmentido durante varias generaciones;

---

[199] Anne Ancelin Schützenberger: Salir del duelo.

incluso, durante milenios, lo que ha ido creando **condicionamientos sensoperceptivos**, difíciles de hacer conscientes.

Podemos conjeturar que el drama familiar y sociocultural de **la crisis patriarcal** actual, (que se expresa con relación a las cuestiones de género), está condicionado, "en parte", por las **secuelas de los regímenes totalitarios,** y por los **duelos irresolutos**, devenidos de la inmensa crisis social y humanitaria, provocada por las guerras globales (las muertes, las violaciones, las migraciones, etc.), que sobredimensionaron el factor de estrés, ocasionando, un **aumento en los mecanismos de defensa en las generaciones, que sucedieron a tales catástrofes subjetivas,** incrementando, de esta manera, **el retorno de lo desmentido** sobre la **muerte y la sexualidad.**

Hacer el duelo, permite comenzar a elaborar lo siniestro familiar, las **repeticiones** transgeneracionales: las "**tentativas**" de **reparación**", o intentos siempre fallidos de **recuperación** de ciertos bienes, o de la posición social perdida por los ancestros, y también superar, la nostalgia de querer volver a la Madre Patria, luego de la inmigración.

Debemos poner al muerto en su lugar, primero, **inscribiendo su ausencia en el árbol genealógico, buscando y desenterrando datos e historias; después diagramarlo**, al modo del genosociograma, en un proceso que nos irá transformando, conjuntamente, con la aceptación y elaboración de la historia. Hay un sinnúmero de rituales con potencia simbólica, que pueden transformar "lo real", la memoria del campo mórfico: hacer cartas al difunto, escribir sobre la biografía familiar, visitar las tumbas, viejas ciudades, casas familiares; cuando las cenizas se encuentran en la casa, (es porque el duelo está frizado), hay que realizar la sepultura, o esparcirlas en el río, o al viento.

Hay muchas pseudoterapias con "aires miríficos", que basan el trabajo del duelo solamente en los rituales, si bien la ceremonia, puede tener la potencia necesaria para movilizar energía encapsulada, el trabajo no queda, de ningún modo, allí. **Uno debe decidir dejar de hacerse daño**, la madurez del "**principio de realidad**", debe permitir la **superación de las fantasías negadoras del "*yo de placer purifi-***

cado"; es necesario, **reconstruir** en el proceso terapéutico, una visión global de **las determinaciones emergentes de la catástrofe familiar desmentida**, ya que los mecanismos de negación, que se instalaron sobre los sucesos trágicos, **provocan la repetición de lo siniestro**.

Debemos comprender, cuáles fueron los condicionamientos, que provocaron la evitación de la elaboración del drama, que nos terminó afectando; en algunos casos, necesitamos perdonar al ancestro para **honrar el daño o la afrenta**, renunciar **a la exigencia de reparación para liberarnos del rumiar o del rencor**, y luego, dejar ir, aceptar el cambio, inscribir el vínculo en el pasado, para poder lograr la recomposición del entramado psicoafectivo y social.

Como integrantes del clan, desde que fuimos concebidos, hemos recibido, inconscientemente, fuerzas atávicas ancestrales, registros de vicisitudes familiares, enfermedades y tragedias. El **inconsciente familiar es conservador**; es un subconjunto del inconsciente colectivo; al modo de un programa, **repite ciertos condicionamientos sensoperceptivos**, creencias y prejuicios; algunos propósitos coinciden, o son **sobredeterminados, por los niveles de jerarquía superior** como la **"etnia", o la religión**. El clan castiga las disidencias, recorta las libertades, y **"rebaja" las conciencias individuales**, mediante arcaísmos o **"mandamientos" gregarios, que** se expresan en el **superyó, como "voces de la cultura"**; así, la **creencia inconsciente del clan** es el "legado ominoso", una especie de "karma colectivo", **una cadena de acción y reacción que precede al grupo**; una lealtad invisible que proviene del conjunto de **"la familia"**. Si el **grupo de pertenencia** no cambia, (como sistema de nivel superior jerárquico), sostiene así, unas creencias o mandatos, que ejercen una **influencia sistémica, una sobredeterminación (cuántica-morfogenética), para todos los miembros, aunque estén separados del conjunto, porque se encuentran entrelazados, y de esta manera, conservan la propiedad de la estructura grupal, más allá del tiempo y del espacio, es decir, responden a los principios de no-separabilidad y no-localidad.** *De esta manera, el miembro que quiera **sanar**, deberá* hacerlo **con otros** (*con un grupo*), *es decir*, **con un nivel de jerarquía superior**, *al que pueda entrelazarse, cuánticamente, para* **adquirir las nuevas "propiedades del conjunto"**. Es preciso, que la labor psicoanalítica pueda complementarse con grupos terapéuticos, o colectivos de otra índole, que integren las polaridades emergidas del vínculo patológico, y sostengan en el tiempo, un **"campo cuántico organizador"**, **que permita superar la lealtad familiar**.

De esta forma, a nivel simbólico, algunos terrores arcaicos se ligan a ciertas costumbres familiares, son los miedos a no repetir determinados patrones, porque podría implicar la pérdida de la protección imaginaria, que otorga la pertenencia a la manada; por eso nos aferramos a los vínculos primarios. Lo siniestro familiar, **el retorno de lo desmentido, crea una ansiedad, que es la fuerza inconsciente de la pulsión de muerte**. En nuestro pasado, ser expulsado del grupo, podía ser muy grave, ya que nos exponía a los depredadores. *"El fundamento del superyó no es la conciencia del bien o del mal, sino el miedo al Otro (a sus mandatos) y a su posible sanción en términos de rechazo,*[200] **Eludimos transgredir lo prohibido, pensar diferente que el grupo o la clase social, para no ser penalizados con el alejamiento del clan. Evitamos pensar, de manera diferente a "la ciencia oficial", porque necesitamos la protección de su saber hacer, *"del hacer vivir y del dejar morir"*[201], y esa creencia, alimentada por la sensación de desvalimiento, nos enceguece ante esa autoridad que se plantea como soberana, transformándose así, en una garantía vital; por ello, resulta difícil cambiar cristalizaciones creadas en torno a los paradigmas, pues funcionan como un padre ambivalente, protector y castrador.**

Por lealtad familiar, nos apegamos a los mecanismos primarios de nutrición y protección (fijaciones libidinales y dependencias psicoafectivas primarias), esta posición infantil nos hace sentir, que sin el grupo de pertenencia, estaremos indefensos ante ciertos peligros,

---

[200] La Bio-Lógica del Superego - Laurent Daillie.
[201] Michel Foucault, Genealogía del Racismo.1997.

como los depredadores y la escasez alimenticia; producto de ciertos avatares, se busca repetir la sensación de refugio en la cueva familiar, atándose así, a los placeres arcaicos. Los automatismos de repetición inconsciente, conducen a situaciones, en las que se intenta **buscar el placer y evitar el dolor**, no dando lugar a lo que indica el principio de realidad.

Hemos estudiado que, en los descendientes de catástrofes subjetivas, existen **duelos irresolutos acumulados** que, a su vez, han **incrementado** los mecanismos de defensa: **la represión, la negación y la desmentida**, agregando así, una complicación en el atravesamiento y la elaboración de los complejos de Edipo y de castración; lugares de estructuración, giro y resignificación, que implican **duelos por los objetos parciales (el narcisismo edípico y del falo)**.

En toda terapia hay un duelo, es la muerte del ego

"La gente que llega a la terapia, raras veces quiere cambiar. Quieren que les alivien del sufrimiento, la angustia, el dolor, el fracaso y la incertidumbre que pueblan su vida, pero no quieren cambiar su personalidad, no ven el «cambio» como intercambio, sino más bien como pérdida".

James Fadiman.

El verdadero proceso terapéutico, resolutivo, requiere la realización del duelo por el narcisismo, lo que implica: por un lado, cortar con la fijación incestuosa al clan, y por otro, la superación del estereotipo cultural del ego ilimitado, "incastrado". La elaboración del complejo de castración es dificultada, por la persistencia del síndrome de aniversario familiar, y por los condicionamientos sociales: las cirugías generalizadas, el alquiler de vientres, la elección genética de la descendencia, y otras tendencias, entronizan las posiciones fetichistas, "fálicas" (los niños están en el lugar del falo, o hacen de éste, porque la cultura es falocéntrica); **una mujer debe concebir un hijo como expresión del amor por su hombre, caso contrario, se produce la metonimia por el deseo de falo;** por debajo **del desplazamiento, en la elección fetichista, se desliza por atracción, ominoso, el retorno de lo desmentido, haciendo que los niños sean la sustitución de un ancestro, es decir "yacientes".**

Es necesario comprender cuál es la emoción oculta **¿qué hay detrás del deseo de falo?**, porque para que el sujeto esté fijado al **estadío narcisístico ambivalente**, es porque hay una perturbación emocional que causa una disrupción libidinal; y esto es, porque hay una **lógica "negadora"** en el clan, que no permite la ligazón energética. **La emoción oculta** que **dispara la ansiedad** (y con esta, los mecanismos de "reparación" o de fijación-reproducción), **responde a una causalidad psíquica específica en el inconsciente familiar,** es la **emoción transgeneracional heredada, lo siniestro.** Así, la lealtad inconsciente hará sentir esta emoción, **"desmedida"** de antaño, como propia, **disparando la expectativa angustiante y la ansiedad.**

Por un lado, se necesita cortar con la identidad por pertenencia, con las lealtades al clan, y por el otro, con la identidad social, basada en la identificación a las pautas de consumo masivas; **el deseo propio se encuentra en el proceso de individuación, en el corte, en la elaboración del deseo del otro.** Freud habló de "los que fracasan al triunfar", como si no pudieran tolerar el éxito de constituirse en su deseo, lo postergan indefinidamente, o esperan que alguien los ayude porque piensan que solos no pueden, de esta manera sólo estaría permitido **anhelarlo, no** alcanzarlo. Abraham Maslow, uno de los padres de la Psicología Humanista y Transpersonal, llamó a esa situación de "eterna procrastinación" **"Complejo de Jonás"** (el héroe bíblico tragado por una ballena, que logra salir), para referirse al **miedo al éxito.** Jung, ya había hablado sobre el vientre de la ballena, él pensaba que el retorno a la madre (vientre de la ballena) era un paso a un segundo renacimiento: el espiritual (**muerte-renacimiento**). Este regreso para Jung no tenía relación con la idea del incesto y, estudiándolo, vemos que es considerado en varios mitos; el viaje del Héroe es como un umbral que conduce a una segunda gestación y al renacimiento, por eso la cura implica un proceso de muerte y renacimiento, una **confrontación con lo más temido**; en toda terapia hay un duelo, por el falo, por los ancestros, por el ego-narcisismo, por el edén intrauterino, y esa es la **forma de romper con el legado siniestro para liberarnos del destino familiar, y de la sensación de haber sido expulsados del paraíso.**

El proceso psicoterapéutico de lo profundo, se asemeja a una segunda gestación, lo más difícil es el "miedo a vencer", que se funda en las resistencias a retornar al vientre, ya que, en su entrada, se encuentran "los querubines con espadas flameantes" de los que habló Erich Fromm: el ardiente canal de parto por el que debemos atravesar, sensopercepciones que para el yo-ego, representan "la muerte". El avance del proceso despertará toda una serie de resistencias; sin embargo, si se acepta la muerte del ego, esta conducirá a un segundo nacimiento, a la emergencia espiritual del yo trascendental, que es la integración de la esfera transpersonal; *"aquel que no se sumerge en el infierno de sus pasiones, no las supera nunca".* Carl Jung.

> **Después del renacimiento:** *"la capacidad para disfrutar de la vida suele aumentar considerablemente. El pasado y el futuro parecen ser relativamente menos importantes que el momento presente, la emoción del propio proceso de la vida sustituye a la persecución compulsiva de objetos".* [202]

Hay toda una línea en psicoterapia, que se hace llamar profunda, pero nada quiere saber de superar al ego, sino que lo insufla con su práctica; otros, se hacen llamar psicoanalistas, pero nada quieren saber de Freud; hay de los que se hacen llamar junguianos, pero nada quieren saber de la sombra; los mismos y los otros, dicen curarnos sin

---

[202] Stanislav Grof. PSICOLOGÍA. TRANSPERSONAL. Nacimiento, muerte y trascendencia en psicoterapia.

la necesidad de ir al pasado o, por el contrario, que nuestro padecer es producto de una vida pasada, y que con "pensar en positivo todo se va a solucionar" (restándole importancia a la elaboración de los conflictos); **para** esta línea de **la ego-psychology todo lo que haga "bien" al yo** está bien; es decir, todo lo que esté en la línea de los planes del yo-ego, **será impulsado y autorizado por estas "psicoterapias". El encuentro con la sombra, es absolutamente negado** y sepultado en la cripta del silencio.

> *"En nuestra **sombra**, en lo oscuro y en lo profundo de lo inconsciente, hay verdades que pueden y deben curarnos, **"no son las fuerzas de la oscuridad, sino las de la superficialidad, las que amenazan en todas partes** [...] e irónicamente se anuncian como profundas. En la actualidad hay una superficialidad exuberante y atrevida, que es realmente el peligro, un mundo de exteriores y cáscaras."* [203]

Tampoco se trata de negar la luz, como hacen los "darks", la propuesta del proceso de lo profundo, **integra la luz y la sombra, representadas por las dos serpientes de la vara de Asclepio, enroscar la luz y oscuridad armoniosamente en el caduceo.**

Hemos conceptualizado la **sombra** a nivel **transgeneracional**, esta es "la **emoción heredada**", funciona como una impronta psicofisiológica al estilo de las **vías de facilitación**, conceptualizadas por Freud en el primer esbozo del aparato psíquico; será un **"raíl"**, un camino de facilitación, retomado por un acontecimiento, que hará revivir la situación remota, originada en el traumatismo. La **emoción oculta** es un "grito" biológico del inconsciente arcaico. Son los **traumas congelados**, presentes en mayor o menor grado, emociones asociadas a los mecanismos básicos de supervivencia: **respiración** (miedo a la muerte o al depredador), **alimentación** (inanición/escasez), **reproducción** (supervivencia del clan o de la especie).

---

[203] Ken Wilber. S.E.E.

Como ejemplo de una emoción heredada, podemos tomar la ansiedad alimenticia, que participa en el mecanismo disparador de los síntomas bulímicos, o de los atracones en general. En la base de dichas perturbaciones, se encuentran las interacciones con el alimento, originadas en el interjuego dialéctico con el seno y el deseo materno, ("pecho bueno, pecho malo"). En las **dificultades alimenticias sintomáticas, la comida fue aportada por el adulto como compensación** de ciertas **carencias afectivas** y el síntoma puede ser de **aceptación (bulimia)** o de **rechazo** (asco/**anorexia**); al igual, que en toda formación de compromiso, la bulimia y la anorexia nunca se presentan puras, existen de este modo, grados intermedios en ambos extremos de la serie. Por otra parte, operan, también, con variaciones, memorias transgeneracionales de escasez alimentaria, ya que en el polo bulímico, el mecanismo biológico adaptativo, que se pone en marcha, es la necesidad de acumular grasas, como reserva energética. Otro panorama se presenta en el luto complicado, allí, el síntoma de "incorporación o rechazo", representa la **relación con el ancestro "amado y odiado", temido y venerado; la incorporación, representa la identificación maníaca con el difunto, pudiendo, además, desencadenar** un embarazo en "fiestomanía", transmitiendo al feto en gestación, el compendio de información y energía presente en el campo, y en el inconsciente materno.

Los distintos **traumas de nacimiento** arrojan complicaciones peri y postnatales, que necesitan elaborarse. Para que el **parto no sea traumático**, es necesario, que no exista un alto nivel de defensas narcisistas, (un acorazamiento del carácter); los descendientes de mujeres traumatizadas, muertas o con grandes complicaciones en el trabajo de parto, presentan un alto índice de ansiedad, una coraza defensiva; la descendencia suma un mayor acorazamiento, y viven la proximidad del parto con una gran expectativa angustiante, que disparará los mecanismos de estrés y la cascada hormonal, propulsora de adelantamiento del trabajo de alumbramiento (**parto prematuro**) y, además, otras complicaciones, que podrían derivar en una cesárea, o diversas dificultades por falta de apertura del canal de parto.

El trabajo con las asociaciones libres, no es suficiente y se queda en la superficie; se torna indispensable el trabajo con **técnicas accesorias** para elaborar las fijaciones de la fase **oral**, y d**el** estadío **perinatal, ya que** nuestra **inteligencia emocional** está constituida, en este período, "**sensoperceptivo-preverbal**", de los **apegos primarios**, alimenticios. El avance, con procedimientos combinados, permite, además, la elaboración de los traumatismos, y los **duelos transgeneracionales, en un movimiento dialéctico**, en el que se reformula nuestra inteligencia emocional, y por ende, nuestra identidad. Se comprobó que incluso las profesiones están determinadas por las catástrofes familiares. Vemos contadores en donde hubo ruinas económicas; médicos en donde hubo muertes por carencias materiales (u otro tipo de obstáculos, que imposibilitaron el acceso a la atención de la salud); también, se aprecia, que la mayoría de los psicólogos pertenecemos a familias en donde hubo grandes necesidades de intervención psicoterapéutica, y que no fueron atendidas, quizá, hasta por negación.

El trabajo psicoterapéutico integral, se sumerge en búsqueda de las pasiones, de las emociones arcaicas, o primarias, y luego, las enlaza con el vehículo del lenguaje para, de esta manera, purgarlas y elaborarlas. Cuando podamos empezar a hablar de todo esto, quizá, pongamos en el sitio adecuado lo negado, y lo silenciado en nuestras familias y la sociedad. **Un duelo, no es solamente por el falo, como indica la ortodoxia psicoanalítica; implica siempre, un corte con los traumatismos y pérdidas transgeneracionales; no solamente es la elaboración de un duelo psíquico: las pérdidas materiales, y la falta de amor, fueron compensadas por alimentos u objetos transicionales; las muertes, fueron desplazadas o reemplazadas con otras "personas objeto"** (dobles: hijos, parejas o amigos).

El doble reemplaza al familiar perdido, pues, tiene el mismo nombre, o su cumpleaños coincide con éste, o está en resonancia matemático-fractal con el del ancestro, o si no puede tener la misma profesión, parecido físico, etc.; otros sustitutos, pueden ser las **adicciones** a **sustancias** capaces de obrar como **recompensa** por un logro "**placer**", o como anestesia para el dolor, porque los **circuitos neuronales implicados se encuentran en el bulbo raquídeo, "sede" de la información ancestral heredada**, mantenida en actividad, mediante estos mecanismos de apego; parafraseando a Sellam: "el azúcar se utiliza para mover a los muertos". Los **azúcares**, o los apegos a ciertos alimentos, las drogas, **la dopamina**, la **adrenalina** en el **deporte**, la adicción al **sexo**, o a la **serotonina** del placer inmediato: impiden la producción normal de endorfinas, "del amor"; "**quien realmente ama la vida y el trabajo, no necesita recompensas**". Hay que **soportar la abstinencia. El crecimiento, la libertad y la cura, implican un duelo "material", un "corte transgeneracional".**

Mientras seguimos apegados, seguimos poseídos; y estar poseído significa la existencia de algo más fuerte que uno mismo.

Jung, C. G., *The secret of the golden flower*

Freud no contaba con la teoría del cerebro trino, que porta la "**sombra heredada**" en la parte inferior, no conocía el "**haz de la recompensa**", pero hablaba del **yo de placer purificado**: el yo, en su búsqueda del placer y del apartamiento del dolor, se acerca al "**Más allá del principio del placer**", a la **muerte fijada por el raíl de la memoria ancestral**; esta tendencia natural, homeostática, es agravada por los condicionamientos sociales, que **invitan a desconocer el principio de realidad, mediante el frenesí del consumo masivo.**

El principio de placer, aunque homeostático, es ciego.[204]

El proceso de duelo profundo y real, demanda **la abstinencia** psicofisiológica y emocional, un corte "material", que propicia la caída de la coraza narcisista, de sus anhelos, y aversiones; es el **desprendimien-**

---

[204] Pulsión de muerte y ética del Psicoanálisis. Salomón Derreza.

to de una parte **de la personalidad**, la **negadora**. El duelo es, entonces, por el narcisismo, su superación, no es la realización de los planes del yo, es la completa caída de los anhelos del yo, implica, también, la superación de la **fijación al narcisismo grupal (grupo, facción política, familia o clan); y esto es así porque, las identificaciones por pertenencia polarizan las dualidades, para proyectar en el rival las amenazas y** carencias, **un desplazamiento imaginario, tribal, que** busca el placer irrestricto y la evitación del dolor a toda costa, **negando el principio de realidad.**

La superación del narcisismo exige la renuncia a una forma de satisfacción infantil, "material", no es un sacrificio; es la ofrenda requerida por la curación, la trasmutación del goce arcaico, mediante la constitución del placer adulto. La madurez implica **dar, en lugar de pedir** como niños: tanto objetos para el **placer sensorial,** como el **"reconocimiento en la mirada del otro".** Dejamos, o "entregamos", como expresión de nuestra "potencia" transformadora, elegimos otro destino: salir de la repetición cíclica, para crecer, y dejar llegar lo nuevo que es **"dar amor",** dar **libido sublimada.**

Sólo el amor convierte en milagro, el barro, y **empieza por uno mismo, sin barro no hay loto.**

Capítulo VI.
Un nuevo Paradigma

La creencia en la ciencia es una forma de "condicionamiento social", como lo es la religión; ambas, **producen** una pacificación, una **tranquilización**, y hasta una contención frente al posible advenimiento del "hiperpoder" del destino. Freudianamente hablando, en el fondo, se trata de la función "paterna", delegada al mundo exterior; convertirnos en nuestros propios padres-madres, interiorizando esa función, es la cura propuesta por el Psicoanálisis. Sólo podemos creer en algo, cuando estamos inseguros de nosotros mismos, puesto que, cuando estamos seguros, ya no creemos en un Otro idealizado: tenemos la convicción, "sabemos", en nuestro fuero íntimo, y en ese saber está nuestro gran poder, la fe en nosotros mismos.

La creencia en la religión, por ejemplo, la católica, implica una identificación con el sufrimiento de Cristo; ser cristiano, como dijimos, implica subirse a la Cruz para parir con dolor, el fruto del vientre, en el caso de las mujeres y para ganarse el pan con el sudor de la frente, en el caso de los hombres, es decir para **"ser sacrificado"**. El **crimen originario** provoca la **pérdida** de la **inocencia**, del **paraíso**, e instala un **mandato de "sufrimiento caricaturizado"**, que **sella la imposibilidad de renunciar a las fijaciones infantiles**; así, las **satisfacciones perversas polimorfas** provocan la caída en la **miseria neurótica,** y, se acepta el mandato de sufrimiento, para seguir siendo **leales al clan**, para permanecer en el **incesto**, en la tentación, en la mentira, y de este modo, como consecuencia superyoica, en el no merecimiento. Entonces, la identificación con el Cristo católico, implica una culpa, su aceptación, y la subordinación a ese padre que lo dejó a la buena de "Dios" para su crucifixión (el mandato religioso de automartirio o la necesidad de castigo). Sin embargo, la llamada Conciencia Crística, en las enseñanzas espirituales (no religiosas), se opone al sufrimiento y al sacrificio; y al contrario, implica una liberación, mediante la renuncia: renunciar al yo, y deponer a las identificaciones mesiánicas sacrificiales, hechas "en el nombre del padre", para aceptar la liberación, mediante, la revelación de la verdad inconsciente; sólo la verdad nos hará libres.

Cuando creemos en el Dios de la religión, o en "el Otro" de la ciencia, es para traer comodidad y garantías para, a través de ello, "controlar" el advenimiento de las experiencias de la vida. La fe, aunque se asocia, frecuentemente, a lo religioso, no se funda en apariciones y cuentos de hadas, la fe es una fuerza que habita en cada uno de nosotros. Una vez desenterrado el saber inconsciente, la fe es quedarse en el lugar de no saber, frente al advenimiento de lo real, aceptando lo que surge, confiando en nosotros; la fe es **darle la bienvenida a la incertidumbre**.

En la introducción, veíamos, la necesidad de llevar a cabo cambios en el discurso psicoanalítico, y en el relato de paradigma científico; estamos hace más de cien años, escribiendo en la discontinuidad, intentando poner en palabras, hechos inenarrables, emanados de la visión infinita del universo. Es que hay una grieta abierta por la revolución paradigmática, iniciada por Freud y Einstein (entre otros), en donde, por momentos, estamos en el presente y, por otros, estamos en el pasado, presos de los pensamientos conservadores, de las adherencias deterministas, narcisistas-dualistas. Hablábamos de la crisis y de una crítica mal fundada, que acusa, con **"ligereza"**, el posible agotamiento del discurso psicoanalítico. La **rebelión "naif"**, se debe a que el Psicoanálisis causó una herida al yo, la de no ser el dueño de su propia casa. **Esta afrenta al egocentrismo, es lo que genera el intento de "impugnación" de la invención freudiana; no se quiere saber nada del "saber inconsciente", y esa negación, que partió como un mecanismo de defensa regresivo-tribal, luego se proyectó *aggiornadamente,* como la Psicología del Ego.**

Por otra parte, hay otra negación, la racionalista, ese pensamiento monista, que sigue anquilosado en el parapeto dogmático de las instituciones psicoanalíticas y que da origen a ciertas críticas. La necesidad de sostener una creencia religiosa o un dogma a ultranzas, decía Freud, se debía a la añoranza de un padre protector, frente al hiperpoder del destino, a la necesidad de contar con un Otro como garante. La obstinada cerrazón de no cuestionar el dogma, es para traer pacificación a la experiencia egoica, que cree controlar la ansiedad vital, otorgándole poder a un Otro (a la ciencia); cuando Freud habló del infantilismo, de la creencia religiosa dogmática, supo diferenciarlo del **sentimiento oceánico**: *"Es -me decía- (Romain Rolland) un sentimiento particular, que a él mismo no suele abandonarlo nunca, que le ha sido confirmado por muchos otros y se cree autorizado en suponerlo a millones de seres humanos. Un sentimiento que preferiría llamar sensación de "eternidad";* ***un sentimiento de algo sin límites, sin barreras****, por así decir "oceánico". Este sentimiento -proseguía- es un hecho puramente subjetivo, no un artículo de fe; de él no emana ninguna promesa de pervivencia personal, pero es la fuente de la energía religiosa que las diversas iglesias y sistemas de religión captan, orientan por determinados canales y, sin duda, también agotan. Sólo sobre la base de ese sentimiento oceánico es lícito llamarse religioso,* ***aun cuando uno desautorice toda fe y toda ilusión...".*** Continúa Romain: *"el sentimiento oceánico es "un sentimiento de la* ***atadura indisoluble****, de la copertenencia con el* ***todo"*** [205] Freud confiesa ser incapaz de experimentar esta sensación, aunque reconoce su existencia, ya que el testimonio del literato, no es el único, que afirma haber experimentado este tipo de sensaciones y emociones.

---

[205] Sigmund **Freud**, "El malestar en la cultura" (1930).

El sentimiento oceánico de la **atadura indisoluble**, de la coper-tenencia con el **todo**, se manifiesta como la **percepción de que las fronteras entre el yo y el mundo, se disuelven por momentos**, esta difuminación, permite al individuo, percibir el universo **como totalidad: el espacio Akáshico**, una red "fractal-etérea" simétrica y lumínica, **un océano etéreo iluminado**, no separado, que forma parte del sí mismo, como lo es en la realidad intangible: **"LO REAL", interdependiente e interconectado**. Y, si somos Junguianos, allí, es donde emerge el sentimiento **"numinoso"**, que nos permite superar lo **"ominoso"**. **La captación de esa realidad, nos provee un meta marco para reinterpretar nuestra vida, una "cosmovisión".**

Hemos señalado que **el racional_ismo tomó la parte por el todo**, originando la "dualidad narcisista"; que en lo social separa: Oriente de Occidente, la civilización de la naturaleza, el espíritu y la materia, y una larga lista de dicotomías, que tienen al mundo quebrado en dos. Esta visión fragmentada de la realidad, tiene la intención de dominar al polo excluido, proyectando **la oscuridad en "el espejo"**, para, a partir de allí, definirlo como "opuesto"; la intención de dominación y exclusión del lado malo, de la sombra, se efectúa para hacer brillar la posición propia (rígida), cayendo de esta manera, en la arrogancia del ego, del "saber parcializado"; al excluir metonímicamente una parte, se pierde la visión de la situación global, el ego no puede ver la totalidad, no puede comprender que **todo está vinculado**, y que **la totalidad es interdependiente** y está **interconectada**. Carl Jung nos ha ense-ñado, que "el razonamiento depende de las funciones "irracionales del conocimiento", **"la sensación y la intuición"**, en tanto la fe es la entrega a ese proceso, que abren esas categorías irracionales, y permi-ten la percepción de algo más grande que "el yo", es el "Sí Mismo" o "el Ser", que se percibe como parte indisoluble, y no aislada del mundo o del todo, es decir, el sentimiento oceánico.

Cuando se intenta dominar la experiencia desde el saber egoico ra-cionalista, no se puede **comprender empáticamente,** y esta actitud anula, además, la **intuición**; una antigua sentencia vedanta sostiene, que la mente es buena sirviente, pero mala maestra. Einstein, al hablar de la hegemonía racionalista, decía: *"rendimos honores al sirviente y nos hemos olvidado del regalo de la intuición"*; el libro de Thot, de la cultura egipcia, es depositario del saber de la "intuición", inmanejable para el yo narcisista. Para los egipcios, la sabiduría, conocimiento superior, o arquetipal ("siddhis" en el hinduismo), depende del desprendimiento del saber egoico; pero, podría ser peligroso despertar esas capacidades, sin haber trascendido la visión egocéntrica. La entrega a la **incertidumbre**, nos permite, dejarnos embargar por "la sensación y la intuición", proceso que irá aportando una **"comprensión global"** de la totalidad del universo, y de la existencia humana.

David Bohm, discípulo de Einstein, sostuvo que *"la totalidad del mundo estudiado por la ciencia mecanicista representa sólo un fragmento de la realidad, el orden manifiesto o explicado, lo manifiesto es una forma especial contenida en interior de algo más amplio, una totalidad más general de la existencia, el orden oculto o implicado, que constituye la fuente y matriz generadora"* [206]. Para Bohm, la naturaleza y la conciencia generan, como un "todo", el **holomovimiento**, una totalidad ininterrumpida y coherente en la que, **el universo fluye constantemente**.

> *La ciencia mecanicista tiende a dividir lo indivisible, y a crear estructuras artificiales: nacionales, económicas, políticas y religiosas, cuyo resultado es la crisis emocional, política y ecológica.*
>
> David Bohm.

Nuestra personalidad narcisista ambivalente ha perdido la visión de totalidad, como sociedad, hemos caído en la patológica **dualidad racionalista**, egoico-imperialista, que **niega la existencia de las categorías transracionales necesarias para acceder al orden implicado**. Ese otro orden se encuentra tras el **velo de la razón**. Gottfried Wilhelm von Leibniz, en su Philosophia Perennis, conceptualiza **un**

---

[206] David Böhm "La totalidad y el orden implicado". 1980

sustrato, que trasciende las categorizaciones del discurso separativo racionalista. En el orden implicado, el espacio y el tiempo dejan de ser los factores dominantes, y la totalidad se presenta como un todo inacabado, el "continuo espacio-tiempo". Podríamos pensar en el mundo inteligible de Platón, por oposición al mundo sensible de la experiencia sensorial ordinaria; esta cosmovisión permite la reflexión ontológica sobre el ser inmanente, y trascendente. Aldous Huxley sostiene, que la filosofía perenne es la enseñanza o "sustrato", que regresa una y otra vez en la historia, tomando la forma, del contexto sociocultural, en la que se realiza. Leibniz, en la década del 50, desarrolla el concepto de las mónadas psíquicas, elementos, que están dotados de las mismas características de las Jivas Jainistas; o la red de Joyas de Indra; todo el conocimiento de la totalidad del universo, puede deducirse de la información relacionada con una sola mónada. Es interesante, que Leibniz fuera también el iniciador de la técnica matemática, que ha sido fundamental en el desarrollo de la holografía.

En 1947, Dennis Gabor, usando el cálculo de Leibniz, describió el principio del Holograma: "holo" (total) y "grama" (imagen o mensaje); el holograma tiene la propiedad de que, a partir de un fragmento, es posible reproducir la imagen total del objeto. El Todo está entonces presente en la parte. Los hologramas y la holografía, no pueden ser comprendidos en términos de óptica geométrica, en la que se considera a la luz como constituida por partículas discretas. El método holográfico, depende del principio de superposición de las pautas de interferencia de la luz; exige que la luz se interprete como un fenómeno ondulatorio.

La visión holonómica del universo está, ampliamente, desarrollada en las llamadas disciplinas holísticas, lo que las mayorías, erróneamente, interpretan como "terapias alternativas". Hemos desarrollado algunos de los principios fundamentales del paradigma holístico; la consecuencia ontológica subyacente a esta cosmovisión científica, es que la consciencia, "el ser", a cuyo inconsciente se asomó Freud, es interdependiente, y está interconectado con el inconsciente colectivo, mediante pautas de interferencia ondulatorias en el holograma cuántico universal.

En síntesis, el **paradigma holístico** es la concepción integral del ser humano, de la vida y el cosmos interconectado; se trata del "**paradigma cuántico relativista**" en emergencia; el advenimiento de lo nuevo se produce en el medio de una crisis, el agotamiento del paradigma newtoniano cartesiano, que deja como resultado una catástrofe humana, social y ambiental.

En las crisis, lo nuevo no termina de nacer y lo viejo no termina de morir, actualmente, se tiene acceso a un conocimiento infinito, hemos penetrado en los confines del universo, mediante un desarrollo tecnológico inimaginable para los científicos de los comienzos del siglo XX; llegamos a ver "la partícula de Dios", el bosón de Higgs; mediante la técnica **hemos accedido a un conocimiento superior al de los sentidos**; la razón, y el cálculo infinitesimal nos condujeron hasta aquí; pero **este conocimiento superior se ufana en la mente egoica**, la que, arrogada sobre la imagen narcisista de sí misma, se escinde de la naturaleza y del tejido que la constituye, conjuntamente, con el orden cósmico. La mentalidad egoico-materialista con afanes de superioridad, **se escinde del resto de la vida,** manipulando, de manera perversa, a la naturaleza y a otros humanos, incluso, a sus objetos de "amor"; todo este proceder nos lleva a rivalizar, a destruir lo "humano" y al ecosistema, porque la mente racional es **competitiva**, "la mala maestra". Esta mala consejera nos ha desconectado de la sabiduría y la madurez emocional, que tuvieron otros hombres hace algunos milenios, ha **mermado el bagaje afectivo-emocional**, que permitió la vida "orgánica en comunidad"; el desarrollo extremo racionalista materialista es lo que nos desconecta, cada vez más, de lo humano, de la corriente natural de la vida, de los ritmos circadianos y cósmicos.

La visión racionalista ha matado a Dios y, junto con él, al orden trascendente, **ha dado muerte a las aspiraciones transpersonales-espirituales; la Tierra, ya** no es la Gran Madre Viviente, Gaia, sino que **es concebida como un planetoide, que por azahar, aloja la vida y que se puede descomponer de manera mecanicista, extrayendo y arrancando sus partes a nuestro antojo.** Así, **el ego, gobernado por el principio de placer hedonista, "ve", en los postulados que alientan la sublimación creativa, un atentado contra los principios competitivos** del paradigma mecanicista, encargado de alimentar las expectativas de éxito, promoviendo el consumo permanente.

Freud supo criticar la vida **materialista, que desplazó los valores genuinos de la vida** para trocarlos por la adquisición y ostentación de bienes; **las mayorías consideran de mayor valor, a quien más ostenta. La mala maestra enseña, que hay que ser competitivos en la carrera por el consumo;** por el contrario, **la rendición de la estructura egoica,** permite el surgimiento **de niveles de trascendencia,** el orden implicado, "lo transpersonal". **Al rendir el ego, por un anhelo de conexión con un orden jerárquico superior, se abre el camino a la "sublimación",** una creatividad, que se ofrece a la cultura, a la corriente de la vida. La interacción con esa corriente, con la espiral de la vida, nos pone en contacto con la imaginación radical, y el orden trascendental.

La construcción de un futuro trascendental, se basa en la "rendición" de la imagen corporal, esto sucede en procesos terapéuticos, y de autoexploración profunda, cuando el yo-ego supera la necesidad narcisista de ser reconocido, en la identificación a la imagen especular. La propuesta evolutiva de la psicoterapia integral-holística, no es un sacrificio, pero exige esa "renuncia" a la imagen corporal, a sus hábitos y anhelos condicionados.

La **resistencia** a los procesos psicoterapéuticos, a la transformación profunda, es establecida por **la estrategia egoica competitiva, el yo pretende ser** confirmado en el éxito, permaneciendo **idéntico a sí mismo;** por otro lado, la terapia de lo profundo intenta transitar el camino de la entrega confiada a los **procesos de conexión empática,** el "Wu Wei" del "Tao del no hacer", una danza con la corriente de la vida.[207] El miedo al cambio, se da en las distintas experiencias terapéuticas, individuales y grupales. Se cree más en una píldora, o en un pase mágico, que calme las angustias egoicas, que en el proceso de liberación de atravesar el "segundo parto", "la **tercera metamorfosis**", que conecta con la **creatividad trascendental** de la vida. Nuestro primer antecedente es Wilhelm Reich, él hace más de 100 años, combinó distintas técnicas psicoterapéuticas: Psicoanálisis, respiración profunda y otras; su procedimiento logró la conexión con memorias traumáticas en sus pacientes, y la superación de las mismas, mediante la liberación de la energía encapsulada en la coraza caracterial.

Muchos enfoques actuales han mejorado el legado reichiano, Grof, incorpora nuevos elementos, en lo que denominó: **Respiración Holotrópica**. Hay otras terapias, hay otras técnicas, que combinadas son superadoras de las cárceles demarcatorias. Las psicoterapias de corte dogmático, sea este psicoanalítico, gestáltico, coaching, sistémico "constelador", etc., son celdas, compartimentos estancos, creados para calmar las angustias del ego, que necesita controlar imaginariamente la experiencia, pero no proponen ningún cambio sustancioso; **La psicoterapia del siglo XXI, debe rendir la técnica emergida de la competitividad excluyente, y arribar a una práctica integral, a la Psicología Integral Holística.**

> **Después de la "muerte del ego", aumenta la capacidad para disfrutar de los valores genuinos, que la vida ofrece.**

El simbolismo, que se describe como la muerte del ego, hace referencia a la entrega del yo, a algo superior, y trascendente, a la conformación del "Sí Mismo". La resistencia materialista se aferra a la razón, por miedo a cambiar, por temor a morir; el ego identificado

---

[207] El punto de inflexión en la entrega, dice Grof "se da cuando aceptamos las circunstancias actuales y la total dependencia del orden cósmico subyacente, comparable a la interacción simbiótica entre el niño y un buen útero o buen pecho". Stanislav Grof. PSICOLOGÍA. TRANSPERSONAL. Nacimiento, muerte y trascendencia en psicoterapia.

con el cuerpo, no puede pensarse como algo más grande, como el **"Sí Mismo" que es parte del inconsciente colectivo.** Freud, utilizaba el concepto de *sí mismo* para hablar del yo ideal, en la relación simbiótica con la madre; Jung lo utiliza en otro sentido, para graficar la noción de **yo transpersonal, de "ser en relación";** no se trata del delirio místico de fusión simbiótica prepersonal, sino de una **interconexión vincular con el inconsciente colectivo,** con lo **transpersonal.** Confrontar con las vivencias subyacentes del proceso perinatal, y los traumatismos transgeneracionales, al principio es más doloroso, que el malestar del que se queja el paciente. Recordemos, que cuando Freud sitúa lo hereditario en la formación superyoica, dice *"cuando **el yo extrae del ello la fuerza para su superyó",** [...]* (cuya consecuencia es permanecer atado a los legados familiares), *"quizá no haga, sino **sacar de nuevo a la luz figuras, plasmaciones yoicas más antiguas y procurarles una resurrección.*** Es decir, **los yoes ancestrales antiguos, nos invitan a permanecer leales al narcisismo del clan, idénticos a nosotros mismos,** a que nada cambie, y que busquemos un narcótico paliativo. La propuesta de la **Psicología Integral Holística** ofrece la posibilidad de un cambio radical, y de una **solución definitiva para los politraumatismos;** y no como la psicoterapia de "apoyo", que desplaza las causas reales.

El enfoque integral es diferente a las estrategias alopáticas del modelo médico, porque cualquier intento de enmascarar o de aliviar los síntomas, se considera una negación y una forma de eludir el problema real, una **resistencia.** Es absolutamente corriente, que la **tendencia homeostática** de la actividad orgánica ponga en marcha el **principio del placer,** buscando la **evitación del dolor.** Sin embargo, tal intromisión de las **tendencias restitutivas** del organismo (que pretenden **evitar la angustia** o narcotizar la experiencia), es un intento de volver al precario equilibrio de la búsqueda del placer, y de la evitación del dolor, como un acto reflejo de las redes neuronales, que intentan **retirarse ante el dolor paradójico del acto de curación.** El abordaje "restitutivo o paliativo", solamente, es justificable en una emergencia psíquica, en una tragedia, como lo es una anestesia en una sutura. Pero, si el paciente, se niega a realizar un proceso profundo, o si por falta de tiempo u otro factor se imposibilita, el profesional que decidiera utilizar una terapéutica paliativa-breve, -que no profundice hasta elaborar los avatares edípicos, el complejo de castración, el trauma de nacimiento, lo perinatal y la herencia transgeneracional -, tendría que ser honesto, por ética profesional, debiera informar tanto sobre la verdadera naturaleza del problema, como así también, de los posibles tratamientos existentes; esto es muy difícil en la práctica, por un lado, por la escasa formación de los profesionales y sobre todo por la falta de ética. Las terapias breves generan una gran atracción, aunque constituyan **una triste solución de compromiso**; en síntesis, la psicoterapia, que no es "de lo profundo", es un narcótico.

La mayoría de las personas, que se dedican a prácticas terapéuticas o espirituales, se anuncian como profundas, pero están practicando técnicas que están "socialmente condicionadas", el gurú de moda, dice cuánto tiempo se medita y cuántos chacras se liberan y desbloquean en cada posición devocional; por ende, estas prácticas son modelos identificatorios, construcciones egoicas (del yo narcisista), una respuesta "externa" sin una verdadera conexión interior. Luego, de atravesar la crisis y la elaboración de los politraumatismos, se logra la verdadera reconexión interior; sólo, cuando hay "aceptación" de la crisis, y de la "complejidad de la herida quironiana", se puede comenzar a sanar. La complejidad parte, de las determinaciones múltiples de los traumatismos transgeneracionales, inscriptos en el inconsciente familiar y colectivo: el verdadero karma causante de la sensación de pérdida del paraíso de deleite fetal.[208].

Aceptar la complejidad, permite dimensionar la desgracia. Es que la vivencia del parto traumático, creó en todos nosotros la "experiencia

---

[208] La pérdida del paraíso fetal es interpretada como la pérdida de la unión o participación mística con la naturaleza, y en parte es verdadera, ya que nuestra sociedad competitiva infunde el traumatismo en la madre que luego será inoculado al feto en el canal de parto; lo que equivale a la pérdida del vínculo positivo con el universo entero.

quironiana del rechazo", la herida de haber sido expulsados del paraíso (de la pérdida de la inocencia), **"la pérdida del buen útero"**[209] **y la salida al mundo hostil**; los posteriores avatares edificarán el falso ego, que no es más que una máscara para ocultar el dolor, la pérdida en el ser: la culpabilidad y sus efectos, la insuficiencia, la carencia, la castración, etc. Solamente, cuando hay completa entrega al proceso terapéutico, reconociendo la herida, y rindiendo el falso ego, podremos acceder a la **cura**: *el acto de amor sublime, que otorga la identidad trascendental.*

La posibilidad de experimentar la metamorfosis del segundo nacimiento (o de muerte-renacimiento del ego), nos permite establecer **la conexión con el sentimiento oceánico**, percibir esa unión **restaña la sensación de haber sido expulsados del paraíso, y nos otorga la fe en nosotros mismos**; los distintos procesos transmutadores, que van desmantelando el ego, posibilitan la emergencia de la consciencia transpersonal y la vinculación con ricos procesos sincronísticos e intuiciones verdaderas, solamente cuestionables, desde un paradigma perimido que no termina de morir.

La nueva ciencia de la **"consciencia ampliada"**, se reconoce como parte de una **naturaleza holística interconectada.** El pensamiento **holonómico** permite la **superación de lo ominoso**: del **pecado o crimen originario-familiar**, y de la **pérdida del paraíso intrauterino, (de la inocencia)**; se accede a esta **"expansión" resolutiva de la consciencia**, cuando se desarrolla una sensibilidad, que permite visualizar **"el numen"**[210] **de una imagen de la totalidad indivisa de la naturaleza, el cosmos y el ser humano.** La percepción nouménica o su equivalente, el sentimiento oceánico, encuentra su explicación en los principios universales del entrelazamiento cuántico, y la

---

[209] Cuando la experiencia intrauterina ha sido positiva, se produce esa herida (en el parto). En cambio, cuando la experiencia en la vida uterina ha sido negativa, las cosas son de muy difícil solución porque la fuente de vida se transformó en fuente de muerte (en el origen). Todo dependerá entonces de la medida en que se haya roto el estado simbiótico de deleite fetal; de que la perturbación no haya sobrepasado en duración e intensidad el umbral de soporte fetal.

[210] Ver el sentido que Jung aplica al término cap. III.

no separabilidad; nuestra mente es energía delimitada por el estuche espacio-temporal, en tanto, si se trabaja para la modificación de los condicionamientos sensoperceptivos, podemos acceder a un **destello** de lo eterno e infinito: en el universo, todos los componentes de los distintos sistemas, se determinan, recíprocamente, **porque la naturaleza de la Matriz Cósmica es multicausal**, y se encuentra interconectada, **omnideterminada**.

El universo holístico es una red de relaciones, y no la práctica de un tipo de terapia alternativa que está de moda. En todo caso, la visión holística debe poder integrar las visiones más antagónicas, comprendiendo, que todos somos un complemento dentro del **omniverso fractal**.

Cuando se habla de **disciplinas ortodoxas** y paradigma vigente, **versus disciplinas holísticas** y paradigma alternativo, se hace desde **posiciones antagónicas, y reduccionistas**, en ambas márgenes del campo del saber y proceder. Han pasado más de 100 años, desde que se originó el Psicoanálisis, y todavía la gente no conoce la diferencia entre éste y la psicología. Hay críticas infundadas y terapias breves, también terapias alternativas, (mal llamadas holísticas). Después de todo, hay un paradigma dominante, y paradigmas "alternativos" o en ascenso. Una terapia holística debiera incluir al Psicoanálisis y viceversa.

Lo holístico, (el todo) es el continente, por lo tanto, nada debiera quedar excluido del "todo"; sin embargo, las terapias holísticas excluyen a las terapias clásicas o dominantes, (porque se plantean como "alternativas") y las dominantes (más que nada el modelo médico hegemónico), excluyen a todo lo que no encaja en el paradigma reinante.

Las **terapias alternativas**, por más que se digan holísticas, no lo son, ya que excluyen a otros saberes, los oficiales. Podrían ser verdaderamente holísticas, si no se plantearan como verdades alternativas, y de esta manera, ser acogidas como "complementarias" en el nuevo paradigma, que se encuentra ascendiendo, llamado **"cuántico-relativista u holístico"**.

Lo holístico, comprende una mirada abarcativa sobre la complejidad y es el nuevo paradigma, que se encuentra emergiendo desde las rupturas introducidas en el modelo mecanicista, a principios de siglo. El Psicoanálisis nos dijo que "el yo", no es el dueño de nuestra propia casa, pero, además, la avanzada Freudiana generó la primera ruptura con el modelo médico-hegemónico, **resituando la causalidad psíquica, en el origen de ciertas afecciones somáticas**. Luego, la física de partículas, o física cuántica, propuso la mirada o modelo holístico de funcionamiento del universo, en **donde, no solamente el todo es más que la suma de las partes**, sino que, como un holograma, **cada parte contiene las propiedades del todo**.

Las **leyes de los procesos inconscientes** son análogas a las del funcionamiento del cosmos; "tiempo y espacio" fluyen en distintas magnitudes: se **condensan y se desplazan, según se encuentren o no, con objetos masivos**. Al nacer traumáticamente, o al sufrir carencias afectivas, perdemos la posibilidad de establecer conexiones empáticas, de esta forma, queda anulada **nuestra "esencia energética"**, "el contacto con el ser interior"; luego, el ego desvalorizado, trata de crear sustitutos de los vínculos empáticos-naturales, y así nacen los ap_egos, o sea, lo que se le pega al ego. Las identificaciones narcisistas efectuadas, sobre una base tímica rebajada, son concomitantes con los vínculos simbióticos y tóxicos; la merma psíquica y emocional, es desplazada a la imagen especular en déficit, que queda presa del reconocimiento en la mirada del otro; así, identificados con nuestros cuerpos, la auto-devaluación se expresa en la sensación de que "no tenemos suficiente", no "somos suficientes". *"Esa memoria de quienes somos, en tanto energía, que aparece en el **proceso de renacimiento**, se mantiene como un "meta-marco", y cuando retornamos a la realidad, sabemos quiénes somos".* [211] **El ser**, al que nos asomamos, sabe que "es" **parte inseparable de una red energética**, y comprende, que **rindiendo el yo a ese algo más grande que uno mismo, adquiere un potencial infinito, mas deberá entregarse a la incertidumbre, y a las determinaciones no locales, a la creatividad del cosmos.**

---

[211] Entrevista realizada por Javier Charme a Stan Grof el 18 de julio de 2018. Disponible en https://www.youtube.com/watch?v=R4RpBbEG4io

Capítulo VII.
La Utopía de Freud,
el salto cuántico

La Utopía de Freud era *"El porvenir de una ilusión"*: que la ciencia reemplazara a la creencia religiosa dogmática, y que esa ciencia encontrase el camino para el progreso humano; un "progreso", en la cultura, que permitiera **"regular" la política a partir de la regulación libidinal**; es decir, que la ciencia incluyera al Psicoanálisis.

Freud, el padre del Psicoanálisis, pudo apreciar, que sus propios hijos no fueron permeables al cambio profundo; habría que decir que **las masas psicoanalíticas, se mostraron díscolas y proliferaron a la sombra del padre.** *La Utopía de Freud* es un intento de articulación del legado freudiano, y también, de saldar la deuda con lo posible. El Psicoanálisis se transformó en un imposible, por un sinnúmero de causas; por un lado, descendemos de guerras y violaciones imperialistas, *"somos herederos de un pasado horrible"*[212]; por el otro, tenemos tendencia a la pereza, a la holgazanería. *La Utopía de Freud* nace por la necesidad de **salvar al mundo,** necesitamos salvar la deuda con lo posible, porque **la tendencia generalizada fue neutralizar el efecto del Psicoanálisis, y volverlo inocuo, "imposible".** Uno

---

212 Wilhelm Reich ¡ESCUCHA, PEQUEÑO HOMBRECITO!

de los objetivos del Psicoanálisis era levantar las restricciones sexuales, para alcanzar el amor y la **sublimación**; Freud pensaba, que el Psicoanálisis caía dentro de los "imposibles" de la cultura; según él, porque cierto número de "psicoanalistas", *"siguen siendo como son y pueden sustraerse a la influencia crítica y correctiva del Psicoanálisis".* [213]

Reich fue el primero en denunciar, que muchos "psicoanalistas" mantenían una práctica aviesa, solamente, dedicada a levantar las restricciones sexuales de sus pacientes; de la sublimación, ni noticia. En realidad, el amor requiere de la sublimación, no de la confusión, ni de la realización de los deseos sexuales, muchas veces pregenitales; **el amor es dar libido sublimada.**

***La Utopía de Freud* reclama, por una parte, la regulación libidinal de la política**, a partir de la sublimación, y por otra, dar lugar a lo que le prohibieron a Freud, desde el dogmatismo racionalista: hablar de la transmisión de pensamiento; para de esta forma, quitar a la "telepatía" de las "mancias adivinatorias del ocultismo", y otorgarle el lugar que se merece dentro de la psique y el Psicoanálisis.

Las masas no aman a la renuncia pulsional, el hombre prefiere ignorar que saber, sentenciaba Freud, viendo la avanzada de las ideas eugenésicas y la llegada apocalíptica del nazismo. Hoy, nos encontramos ante una calamidad mayor, una guerra con una amenaza nuclear, en el corazón de Europa, y además, una inminente catástrofe climática global pondrá al hombre, y a muchas especies al borde de la extinción. Este complejo escenario enciende una alarma que reclama un esfuerzo por sanar el alma humana, presa del indolente principio del placer asesino. [214]

> *La tierra está pariendo un corazón, no puede más, se muere de dolor y hay que acudir corriendo, pues se cae, el porvenir -paráfrasis- S.R.*

---

[213] Análisis terminable e interminable: Die endliche und die unendliche Analyse 1937. Sigmund Freud.

[214] Hemos señalado que el principio del placer como tal no es una garantía, pues "el principio de placer" aunque homeostático, es ciego.

Una de las conclusiones más importantes de la psicoterapia, en las últimas décadas del siglo pasado, ha sido la, contundente, comprobación de la incidencia perturbadora del **trauma de nacimiento**; la afección es "inoculada" por el parto doloroso, y tiene condicionamientos sociales: es **producto** del imperialismo tecnocrático beligerante, que ha **desplazado** la **biofilia** de las sociedades antiguas, trocándola por la lucha competitiva **necrofílica**; lógica beligerante, que es reproducida, eufemísticamente, en el discurso de la "competitividad racionalista".[215]

Todo el imperio de la medicina tecnocrática actual, no puede impedir que la vida perinatal y la lactancia reproduzcan las heridas del desamor. Vimos, en el capítulo anterior, que a medida que nos aproximamos al complejo patógeno, se intensifican la tensión y el sufrimiento (resistencia), pero es preciso comprender que, **estableciendo un nuevo contacto con los distintos traumatismos, hasta llegar a la experiencia perinatal, liberaremos la tensión física y emocional acumulada. La energía retenida** en los encapsulamientos vegetativos, psicosexuales, neuromusculares, **está** multideterminada socialmente, arquetípicamente; **sobredeterminada** por las vivencias de los padres, por las prácticas sexuales; en síntesis, **por las** experiencias de la muerte y el nacimiento (pulsiones de vida y muerte), de las **antiguas "plasmaciones yoicas"** ; por cómo fueron los complejos de Edipo y Castración; por cómo fue la vida afectiva y amorosa.

La experiencia del nacimiento estará marcada por: la preconcepción filogenética, las protofantasías, el ambiente vincular socioafectivo, el color de la vida sexual de los padres y por si pudieron o no, llegar al **"orgasmo pleno"**; este último, como observamos, está dificultado por una sociedad de **guerreros "competitivos"**, que solamente ven el acto sexual como una mera descarga de tensiones. La mirada holística transpersonal del legado freudiano, exige pensar que: hay algo más que "una fantasía" detrás de la escena primaria; la preconcepción filogenética de Fuenmayor Rivera, nos permitió, entender esa profun-

---

[215] El par biofilia necrofilia es trabajado en: "Anatomía de la Destructividad humana" de Erich Fromm.

da incidencia de lo previo, que se plasma en el proceso cuanti-cualitativo del coito. El escenario de la preconcepción incluye eso que *Marc Fréchet* supo conceptualizar "gracias" a haber nacido en prisión, la noción de proyecto sentido: "cuál es el proyecto de vida que tendrá la persona, sobre la base de las acciones u omisiones de los padres, en el proceso previo al embarazo y al parto."

Somos campos energéticos, un "producto" de otros campos energéticos de niveles jerárquicos superiores, "nuestros padres": ellos nos conforman desde instancias anteriores a nuestra concepción; luego allí, en ese presente de la escena primaria, se desencadenan las fuerzas heredadas, e incide también, "el acto", si fue afectivo o violento; y qué sucedió durante el embarazo: pueden haber habido discusiones, un deseo de aborto, traumas físicos o enfermedades en la madre. Todo eso impactará sobre el desarrollo y hay que trabajarlo, para integrarlo correctamente en un proceso terapéutico, realmente sanador. Todos los **acontecimientos** de la vida intrauterina, y los que están alrededor del parto, la anestesia, la cesárea o los espasmos uterinos del canal de parto, han **influido**, notablemente, en la construcción de un **esbozo de aparato psíquico**.

Se ha comprobado una muy perjudicial influencia, producto de la presencia de anestesia y de otras intromisiones perturbadoras, como las cesáreas, los fórceps; todos los eventos "fuera del tránsito natural de la vida" serán percibidos como agresiones por el feto, los espasmos uterinos (contracciones) **traumatizan** al bebé, porque viene preparado para empujar libremente por un canal abierto (como lo es en el proceso natural) y, en la actualidad, es constreñido por **espasmos uterinos**. Todas estas complicaciones son debidas al **estrés traumático**, que posee la madre, y esta es la forma de inocularle el trauma originario al neonato; **en las sociedades anteriores a los imperios, los partos eran orgásmicos, y muy pocos eran traumáticos.**

Cabe mencionar, nuevamente, que **un severo trauma de nacimiento puede ser contrarrestado, si se dan una serie de cuidados** tendientes a restablecer ciertas pautas homeostáticas y "cobijadoras", que promuevan cierta "continuidad" del estado de confort intrauterino, luego del parto; colocando al bebé en el pecho materno, cuidando el ambiente para que se restablezca el estado de simbiosis, evitar el corte prematuro del cordón umbilical, intentar que se establezca **el amamantamiento natural**; si todo marcha bien, **lo traumático comienza a ser neutralizado**; si, por el contrario, hay fallas, el traumatismo cobrará mayor repercusión. También, es importante, considerar los **vínculos parentales de la** primera infancia, ya que, además de ser la base de la construcción identitaria del yo, las influencias **disfuncionales** tempranas, hacen emerger las sensaciones y **emociones sufridas en el proceso del parto,** y **las refuerzan,** constituyendo de esta forma, el núcleo duro de la armadura del carácter. Es posible **recuperar el estado de biofilia**, para que nuestras madres lleguen al parto sin niveles de estrés, y allí evitar el sufrimiento fetal; tenemos que cambiar nuestras sociedades, pero antes que nada, debemos elaborar nuestros traumas infantiles, y el de nacimiento, mediante la tercera metamorfosis, es decir, el proceso de muerte y renacimiento, muerte del ego, o transmutación: apertura hacia **lo transpersonal, lo que está detrás de la escena primaria**.

Lo transpersonal implica entender, que no somos seres aislados; **somos con el otro** en **relaciones de polaridades** cuanti-cualitativas. También es importante, la comprensión de que **todos somos idénticos en distintas proporciones**; como dijo Freud, la neurosis es el negativo de la perversión. En el pasaje del estado de naturaleza hacia el desarrollo cultural, quedaron residuos, formaciones de compromiso; entre la sexualidad del homínido "pre-bípedo" y el *Homo sapiens sapiens* hay una **disrupción**, producto de **shocks fisiológicos**, acaecidos en los avatares evolutivos, que implicaron saltos y **discontinuidades**.

En la infancia de nuestra especie (**cuadrúpeda**), nuestra sexualidad era olfativa e instintual; hoy, quedan residuos de esas prácticas, que se manifiestan en la sexualidad infantil, y a las que se suele retornar en los sueños; asimismo, en las perversiones, hay una marcada práctica de esas formas involutivas y arcaicas de la vida sexual y comunitaria.

La sexualidad perversa no se produce, no es un lugar al que se arriba, sino que es un estado en el que se ha permanecido, masivo en la actualidad, y producto de una degradación cultural, que hace permanecer "tales" a las grandes mayorías. En términos universales, las fantasías perversas, se encuentran presentes en todos los seres humanos, más o menos "polarizados", entre las series "neurosis y perversión.

En conclusión, la fantasía de madre fálica, es "universal", no se trata de una formación aislada. **La memoria filogenética de la especie, cuenta tanto con un "esquema mental", para la desmentida de la diferencia sexual, adquirido tempranamente** [216] , **como también, otro (adoptado más recientemente), que predispone para la inscripción a la diferencia sexual "normal"**; y tendremos, entre las dos tendencias, "grises" o soluciones de continuidad, que hablarán tanto del tipo de legado, como de su resolución o no, por parte de los ascendientes inmediatos. ***Todos somos idénticos en distinto grado***.

> *"Tanto nuestra alma como nuestro cuerpo se componen de elementos que todos estuvieron ya presentes en la serie de antepasados. Lo "Nuevo" en el alma individual es la recombinación variada hasta el infinito de los ancestrales componentes".* [217]

Si bien toda **madre** es **fálica**, hay distintos grados, en los que el deseo materno aparece como **metonimia del falo**; generalmente, el niño pequeño aparece imaginariamente ubicado allí, y no como metáfora del amor por el padre, por el amor que la madre debería tener por el padre biológico del niño. Esta posición está muy marcada en nuestro tiempo, ya que la **"sociedad globalizada"**, promueve el **vínculo fetichista, que origina la marcada ambivalencia narcisista**. A ambos extremos de esta serie, nos encontramos con dos polos, el amor por el padre (metáfora), y en el otro extremo el deseo del falo (metonimia); hoy, es una **tendencia universal,** la segunda

---

[216] Momento en que la sexualidad deja de ser, cuadrúpeda y olfativa, para pasar a ser visual.

[217] Carl Gustav Jung. Recuerdos, sueños y pensamientos.

vía, producto del **ensalzamiento social de la protofantasía de la madre fálica.**

Los momentos de encuentro con las leyes del orden dialéctico, inscriptas en los fantasmas filogenéticos del ADN, (Edipo, castración, nacimiento, parto, casamiento, síndromes de aniversario gestacional, entre otros) según se trate el caso, también, marcan el encuentro con la repetición de traumatismos inscriptos en el campo morfogenético del clan, y del inconsciente colectivo todo. Lo que hace posible que el traumatismo se enquiste, es la falta del debido procesamiento, y la **intensidad**, sea individualmente por el "vivenciar accidental", o colectivamente como un legado ante un shock no procesado, vivido por las generaciones previas. Al decir de Freud, "la intensidad **inunda** el psiquismo", o el inconsciente colectivo (por ejemplo, las guerras). Aquí vemos, que es el **montante traumático en extremo liberado, el quántum energético:** lo que genera la imposibilidad de procesamiento psíquico, contribuyendo de esta manera a que la energía quede libre (no ligada); en el caso del inconsciente colectivo, la energía no ligada se irá transmitiendo, mediante ondas electromagnéticas al "campo cuántico", o lo que es análogo, a través del "campo morfogenético del clan", y en las distintas capas, o niveles del inconsciente colectivo, como ya lo indicó Carl Jung.

"Los individuos emanan el bien y el mal, el amor y la discordia".

Wilhelm Stekel.

Hemos desarrollado, detalladamente, los modos de transmisión de la información traumática en los momentos desencadenantes de la evolución filo y ontogenética; resumimos los más importantes:

- **Síndrome de aniversario**: un aniversario trágico **afecta** a una familia, y determina **la fecha de repetición de un suceso en los descendientes** del clan.

- La transmisión epigenética: Las emociones cotidianas impregnan todas las células del cuerpo, inclusive las germinales. **La emoción** participa en los procesos de transmetilación del ADN, se transmite fuera del cuerpo por **el campo morfogenético**, el campo, además, guarda información que supera las barreras espacio temporales. Los aprendizajes de la masa crítica son transmitidos al colectivo.

- A nivel individual, cierta **información** del clan o de algunos miembros del mismo, es **transmitida por resonancia mórfica, como un armónico, que se hace presente en las fechas de aniversarios gestacionales, o en los síndromes de aniversario de un suceso traumático**.

- La herencia transgeneracional: si bien hay transmisión genética, el acento en la propagación es provocado por un proceso epigenético de transmisión de una memoria familiar, como **"información energía", en el que se "transcriben" programas inconscientes de supervivencia. De esta manera, se inducen lealtades a ciertos ancestros por "simpatía", y también se instilan otras emociones, que llevan a determinadas repeticiones, reparaciones y compensaciones funcionales al sistema de creencias o lógica del clan. Si bien, las cargas cualitativas las heredan todos los descendientes, hay diferencias cuantitativas según, se esté más implicado, con uno u otro ancestro**. La transmisión genética es afectada por factores ambientales, la **epigenética** y lo **morfogenético**. Ejemplo: el óvulo que conformará un ser humano habrá experimentado procesos de interrelación con el medioambiente desde su estadía en el útero de su abuela materna; no heredamos solamente rasgos físicos, **se heredan esquemas mentales**, o información mnemónica: **traumatismos** o conflictos, que no se han terminado de elaborar, y que serán la base de un bloqueo psíquico y emocional.

"Toda vida truncada, toda muerte prematura, se asocia al aniversario de otro ancestro, con vida truncada, o deuda traumática, heredada de las anteriores generaciones, y que cumple el requisito de no haber sido elaborada".[218]

- El **proyecto "sentido"**: período que comprende 9 meses antes de la concepción hasta los 3 años de vida. Podemos agregar, también, la unión de los padres: vertientes **conflictivas** como lo son la convivencia de hecho (forzada por la situación económica), el casamiento por embarazo, o el casamiento por interés económico, desacuerdos básicos, y mala forma de relacionarse general. La fecha del casamiento, generalmente, es tomada por un aniversario genealógico. Son conflictos que causaron un malestar previo, o posterior al nacimiento, y que de una u otra manera, le fueron transmitidos al bebé.

- Relaciones traumáticas o **abortos previos (yacientes)**.

- Puede haber muerto alguien 9 meses antes de un nacimiento y nos estaría marcando, no solamente el **yaciente**, sino un **duelo no tramitado**, (este duelo también podría ser un luto complicado de un suceso lejano, y marca el estado emocional de la madre, y el intento de sustitución de la pérdida). El estrés y sus hormonas, la depresión y sus hormonas, etc.

- La escena primaria: el coito como desencadenante exponencial de traumatismos no liquidados, que impactan en las células germinales. ¿Fue buscado o fue accidental?

- La fase intrauterina y perinatal (antes y después del parto) es descrita en las cuatro matrices perinatales de Grof, allí, se describe el comienzo de la vida en la primera matriz, el universo amniótico de

---

[218] *Luces y sombras del árbol genealógico.* Daniel Dancourt Masias.

deleite fetal es la vertiente positiva; en cambio, la negativa, la constituyen los traumatismos maternos que se presentifican en el feto, en las contaminaciones químicas, medicamentosas u hormonales como la "tristeza" o, el "estrés accidental": distintos accidentes, las discusiones, la voz del padre u otros sonidos estridentes; además, el útero puede estar traumatizado por abortos (puede haber células muertas, en descomposición, y además información energética o morfogenética de un embrión muerto); muchas veces también hay meconio del propio feto. El parto, comúnmente, se complica en las otras fases, primariamente por el trauma materno, que no permite la apertura natural del canal; hay complicaciones graves, vuelta de cordón umbilical, placenta previa, desprendimiento de placenta, es muy común el golpe en las nalgas al nacer, la incompatibilidad sanguínea, el parto pelviano o de nalgas, el parto transversal, el parto por cesárea o con fórceps, los partos lentos o rápidos, tardíos o inducidos, la ictericia, etc. Adicionalmente, en la última fase se produce -casi de manera universal- una anoxemia al cortar, prematuramente, el cordón umbilical; uno de los dramas, que necesitará una profunda terapia. Cualquiera de estos puntos puede ser traumático o provocado por un traumatismo previo (no existen los "accidentes"), incluso, de un padecimiento transgeneracional en la madre, que la predispondrá a sufrir estrés durante la gestación, o en la llegada del parto. (por ejemplo: una madre o abuela muerta en el parto).

- Las fases Freudianas: están mediatizadas por el entramado filogenético y morfogenético de las protofantasías de castración, seducción y escena primaria; en los estadíos oral, anal y fálico del narcisismo primario, se **yuxtaponen** las **polaridades ambivalentes innatas**, con las experimentadas en los **vínculos parentales**, coloreando la gradación de los pares antitéticos: autoerotismo-canibalismo, alienación-separación, sadismo-masoquismo, fálico-castrado (complejo de castración). El surgimiento de la defensa filogenética -de los diques contra el incesto-, permite la constitución del narcisismo secundario, el arribo a la pubertad, la asunción de la genitalidad, la construcción de los ideales, y el encuentro con el otro sexo (nosotros, aquí, intercalamos la fase "narcisística ambivalente", entre la salida del Edipo y la fase adulta, la asunción de la genitalidad plena). En cada una de todas estas fases, se da el reencuentro con la experiencia ancestral, (traumática o no), y este efecto de **intersección de lo innato con lo adquirido, es el que determinará la represión o la desmentida de esas polaridades, interrelacionadas, con la muerte y a la sexualidad.** Vimos, que **en los descendientes de individuos que vivieron catástrofes subjetivas** (politraumatizados)**, los mecanismos proyectivos se encuentran incrementados.**

"El niño y el hombre primitivo habitan en los sueños"

Sigmund Freud.

Observamos hasta aquí que de una u otra manera, somos esclavos del inconsciente arcaico, del inconsciente del clan, de esos traumatismos transgeneracionales, que se apoderan de nuestro ser por lo siniestro, movilizando anhelos y aversiones biológicas, que gobiernan nuestras elecciones, poniéndonos al borde de la des_identidad; no estamos en el orden de la demanda del otro, en cuanto a significantes, sino que es una llamada desde lo real, un grito biológico. Estudiando centenares de árboles genealógicos, encontramos **parejas** armadas en torno a los **"dobles" de los ancestros**; es decir, que es harto recurrente que la fecha de nacimiento de la pareja elegida, sea similar o cercana, a la de uno de los componentes de nuestro árbol genealógico, que pueda cumplir los años el mismo día (o aprox.) que uno de los padres, tíos o abuelos o bisabuelos, vivos o muertos, (allí, aparece el reparo, sí, claro es inconsciente, o es una coincidencia casual) la gente dice:

"pero yo no le pregunté la fecha de cumpleaños aquella noche en que lo conocí y nos pusimos de novios..."

No, claro que no, es una elección morfogenética, "telepática", transcerebral. Hemos comprobado, que se hacen elecciones, desde el inconsciente del clan, (para reparar o gestionar un trauma de los padres, o alguna memoria de los muertos), por eso es que somos menos libres de lo que pensábamos, mucho menos libres que cuando pensábamos en la demanda del Otro; se trata de *la demanda de los muertos sobre los vivos*, pero como dijimos, "el Psicoanálisis es una herramienta para salirse del destino".

El Psicoanálisis debe cambiar, para curar al sujeto del siniestro **retorno de lo desmentido,** el psicoanalista debe articular los saberes legados por Freud, y sus discípulos, con los desarrollos actuales. Este escrito es un intento de articulación, para la transmisión en ese mismo sentido. **El sistema social, y el familiar deben cambiar,** la construcción compulsiva (neuropática del ego – yo narcisista), se presentifica como un **impulso a repetir experiencias sensoperceptivas,** que **buscan el placer y la evitación del dolor,** mecanismo descrito por Freud, como "Yo de placer purificado"; éste circuito, que evade la realidad, es intensificado por los condicionamientos sociales perversos, emergidos de la "Ego-Psychology". El yo narcisista tiene que cambiar, el duelo implica la muerte del propio ego (trasmutación-metamorfosis), para arribar a algo más grande que uno mismo, una personalidad ampliada, "el Sí Mismo" que conceptualizó Jung, un yo con apertura a lo transpersonal.

Hemos visto que, en las **psicosis,** el **descentramiento del ego,** puede provocar el desencadenamiento de los **síntomas paranoicos.** El yo-ego es la persona, máscara, que a todos nos protege durante el crecimiento, para poder diferenciarnos del resto; sin embargo, en el sujeto psicótico el mecanismo de diferenciación sensoperceptivo está alterado desde épocas tempranas, y el descentramiento de la personalidad podría traer algunas dificultades para él y su entorno. Decíamos que **el ego** nos protege durante un tiempo para poder diferenciarnos; luego, de la adolescencia, en la **juventud,** es necesario el **descentramiento** para arribar a lo que está más allá de los límites de la "persona", máscara-ego; ese más allá es lo **transpersonal**, su inevitable emergencia, primero nos desorganiza y luego nos permitirá cambiar paulatinamente. El descentramiento es necesario, y es lo que propone el proceso terapéutico de lo profundo; caso contrario, de seguir polarizados, y reclamar la confirmación de la estructura egoica (como mecanismo de defensa), la vida nos traerá, más tarde o más temprano, duras enseñanzas.

El genio freudiano soñaba con un progreso humano guiado por la mano de las ciencias, de unas ciencias, que no fueran dogmáticas y que incluyeran al Psicoanálisis. Por otra parte, su Utopía era otorgarle carácter verosímil a la telepatía, y llamarla **transmisión de pensamiento.** ¿Pero, qué tan importante es lo de la telepatía, o se trata de un asunto tangencial?; Jung sostenía, que la intuición era más valiosa que el pensamiento, Einstein decía que era más relevante la imaginación que el conocimiento. Freud culmina su texto herético y prohibido de, 1921, diciendo: *"El problema de la transmisión del pensamiento quizá parezca nimio comparado con el vasto mundo mágico de lo oculto. Reflexiónese, sin embargo, cuán preñada de consecuencias estaría, con respecto a nuestro actual punto de vista, la sola **admisión de la telepatía**. Confírmase aquí lo que el custodio de Saint-Denis solía agregar a su narración del **martirio del santo**. Después de su **decapitación**, Saint-Denis habría levantado su cabeza del suelo y marchado un buen trecho con ella en la mano. Más el custodio comentaba: "En tales casos, es sólo el primer paso el que cuesta."*[219]

No queda claro por qué le prohibieron a Freud publicar "Psicoanálisis y Telepatía" en 1921, siendo que dos años antes, ya había hablado públicamente del fenómeno telepático en **"Lo siniestro"**. Probablemente, el antecedente encendió las alarmas conservadoras del positivismo, incluso, cuando se trabaja actualmente sobre ese artículo de

---

[219] Psicoanálisis y telepatía -1921 [1941]- Póstumo.

1919, "**Lo ominoso**", se dice, en nuestra comunidad, que Freud no hablaba de telepatía, o que era un tema "tangencial", **elidiéndolo**. Quizás, porque aquí, "Freud se juega la cabeza", si admite la telepatía oficialmente, sería igual a cortarse la cabeza o perder la cabeza, y lo que es peor, seguir adelante sin la cabeza, "sin la razón como premisa", llevándola a un costado y **confiando en la "intuición surrealista"**. Pasaron 10 años y no se habló públicamente del tema. En 1932 el cáncer de lengua ya estaba bastante extendido, y en la "**conferencia impronunciada**" Sueño y Ocultismo (ver nota al pie)[220], se despacha verdaderamente de lo que tenía atravesado en su boca, por lo menos en relación con la admisión de la **telepatía, en los "casos especiales", de transferencia de pensamiento.** Freud ya había perdido a su hija más querida, y muchas otras cosas; estaba en bancarrota, ya no se sostenía con el dinero de sus pacientes; sus principales ingresos venían de los escritos, que enviaba para publicar en los Estados Unidos, donde mucho no importaba lo que se publicaba en Alemania. Además, se intuía que todo empeoraría con el avance del nazismo; si no "decía" al menos escribiendo, lo que le habían silenciado, el cáncer consumiría su rostro más rápidamente de lo que lo estaba haciendo. En 1932, Freud despachándose dice que *"el Psicoanálisis ha descubierto un sumario de sucesos telepáticos, de transmisión de pensamiento".*

Si bien la Primera Guerra Mundial transcurre entre 1914 y 1918, el período siguiente, fue considerado de "entreguerras"; en 1929, se produce el crak económico, y en 1932, el Partido Nazi, (que proponía

---

[220] Freud escribe "Sueño y ocultismo", en la segunda de sus Conferencias de Introducción al Psicoanálisis, las cuales han sido solamente escritas: *"esta nueva serie de conferencias no ha sido nunca pronunciada. En el intervalo, mi edad me ha relevado de la obligación de patentizar mi pertenencia -aunque sólo periférica- a la Universidad por medio de cursos de conferencias, y **una operación quirúrgica, me ha inutilizado para la oratoria.** Así pues, si en la serie de trabajos que siguen me transpongo de nuevo a las aulas y ante un auditorio, ello es tan sólo una ficción imaginaria; ficción, que en todo caso me ayudará a no olvidarme de facilitar la comprensión del lector, al profundizar en los temas propuestos."* CLXVII NUEVAS LECCIONES INTRODUCTORIAS AL PSICOANÁLISIS. 1932 Sigmund Freud.

recuperar lo perdido por la nación en el acuerdo de paz de Versalles), gana las elecciones y prepara a Alemania para satisfacer por la fuerza, las reivindicaciones territoriales, implantando el servicio militar obligatorio, y un rearme masivo a base de fuertes inversiones; en medio del esa siniestra expectativa, **Freud hace público** lo silenciado en 1921, lo asegurado privadamente a Jones, en 1926: **su "conversión a la telepatía"**. Otros psicoanalistas, ya se habían adelantado; Jung y Stekel fueron los primeros, en poner un pie fuera del plato del consenso, de la asociación psicoanalítica. En ese mismo año, 1932, los hombres, que revolucionaron el paradigma científico del siglo XX, intercambiaron misivas, graficando la condición humana que conduce a estas calamidades traumáticas y arrasadoras.

> *"Si realmente deseamos la paz debemos empezar a desmitificar al enemigo, dejar de politizar los fenómenos psicológicos, recuperar nuestra sombra, dedicarnos a estudiar minuciosamente las mil y una formas en que negamos, enajenamos y proyectamos en los demás nuestro egoísmo, nuestra crueldad y nuestros celos y, finalmente, comprender en profundidad cómo hemos creado inconscientemente un psiquismo beligerante y cómo hemos perpetuado las innumerables variedades de la violencia".* Sam Keen. [221]

El texto, conocido de la correspondencia entre Sigmund Freud y Albert Einstein, se titula ¿*Por qué la Guerra?*, el Padre de la Teoría de la Relatividad, ya ha leído los textos sociales de Freud, así, que pregunta e interroga, teniendo conocimiento de algunos conceptos psicoanalíticos. Einstein piensa, que la guerra es producto de la manipulación de poderosos que dirigen sus intereses económicos, primero a la clase política, la cual, luego logra dominar los intereses de las masas incultas, e incluso de los intelectuales, valiéndose de medios de propaganda y de prensa para generar "sugestiones colectivas"; y le pregunta a Freud sobre la agresividad inherente a la condición humana.

---

[221] ENCUENTRO CON LA SOMBRA El poder del lado oculto de la naturaleza humana. Sam Keen.

El Padre del Psicoanálisis responde que: "*los conflictos de intereses que surgen entre los hombres se resuelven, pues, en principio, por la violencia. La evolución cultural ha llevado de la violencia al derecho, varios débiles unidos pueden hacer frente a uno más fuerte, la unión hace la fuerza. Vemos, pues, que* **el derecho** *es la fuerza de una comunidad. Pero sigue siendo violencia,* **una violencia siempre dispuesta a volverse contra todo individuo que se resista a ella. El derecho de la comunidad será entonces la expresión de esas desigualdades de poder, las leyes están hechas para y por los dominadores, y se concederán escasas prerrogativas a los dominados, quienes demandarán igualdad de derechos.*"[222] El ejercicio del **poder instituido,** es el monopolio de la violencia, y está dispuesto a volverse **contra todo individuo que lo resista,** la tolerancia pasiva al mismo, se inscribe bajo la conformidad del rebaño.

Sigmund Freud le explica a Albert Einstein, que hay dos factores generales que garantizan la **cohesión** de una comunidad: el poder de la violencia (enemigo exterior) y las relaciones basadas en los sentimientos, "**las identificaciones**", entre los miembros del grupo.[223] Freud observó, que las **tendencias** psíquicas humanas se encuentran **polarizadas;**[224] las pulsiones que, por una parte, quieren conservar y **unir,** son **eróticas y sexuales,** y, por otra, las que quieren **destruir** y matar, las **pulsiones agresivas,** o pulsiones **destructoras;** afirma Freud: "*En resumen, no es más que la transposición teórica del antagonismo universalmente conocido del amor y del odio, que es tal vez una forma de la* **polaridad, de atracción y de repulsión que desempeña un papel en el terreno que a usted le es familiar...**" *Continúa Freud:* "**Ambas pulsiones** (amor y odio) *son igualmente indispensables,*

---

[222] Correspondencia entre Sigmund Freud y Albert Einstein, titulada ¿Por qué la guerra?

[223] En la citada correspondencia de 1931, Freud no aclara que los lazos sentimentales del segundo tipo y que llevan a la identificación, poseen una **doble ligazón,** una **entre los miembros del grupo y otra del grupo hacia el líder,** conceptos que postuló en 1921.

[224] Más allá del principio del placer. Sigmund Freud.

pues de su acción conjugada o antagónica proceden los fenóme-
nos de la vida [...] **"no es posible que un instinto de una de esas**
categorías pueda afirmarse aisladamente; siempre está ligado
a una cierta proporción de la otra categoría que modifica su
finalidad o, según los casos, es indispensable para su materia-
lización. *Así, por ejemplo, el instinto de conservación* (reproducción
de la especie) *es de naturaleza erótica, pero es justamente ese instinto el*
que ha de recurrir a la agresión (pulsión de apoderamiento, para apropiarse del objeto sexual) *si se desea que triunfen esas intenciones [...] en*
tanto, "cuando se incita a los hombres a la guerra" [...] **"al excitar esas**
inclinaciones a la destrucción valiéndose de las otras tenden-
cias eróticas y espirituales, se les da naturalmente un medio de
manifestarse con mayor libertad" *[...] "muchos móviles idealistas*
han servido de pretexto a apetitos destructores ejemplo la "Santa Inquisi-
ción";[225] décimos, que en estos casos, los ideales "puros" se han situado
en la consciencia, y los destructores se expresaron libremente, (ya que
proyectaron la sombra en el enemigo); Freud concluye, que **el meca-**
nismo bélico se sirve del principio del placer, porque el empleo
de esas fuerzas destructivas, alivia las tensiones internas al com-
batir en "el mal", al peligro (imaginario). En síntesis, y parafraseando
a Jung, decimos que: **creando o "proyectando" la oscuridad en el**
"enemigo", la masa polarizada "hace brillar su propia luz"; asesi-
nándolo, se consagra, mas no por eso, deja de tener sombra.

La respuesta resolutoria de Freud para la guerra, y el conflicto
humano, producto de la pulsión destructora, es la de apelar al Eros:
"Todo lo que engendra, entre los hombres, "lazos sentimentales"
debe reaccionar contra la guerra". Para el Psicoanálisis, esos **lazos**
pueden ser de dos tipos: uno lo constituyen las relaciones como las que
se manifiestan frente a un **objeto de amor, y otro, la identificación.**

En todos los grupos humanos, los lazos sentimentales del segundo
tipo, y que llevan a la **identificación,** poseen una doble ligazón: una

---

[225] Correspondencia entre Sigmund Freud y Albert Einstein, titulada ¿Por qué la
guerra?

entre los **miembros** del grupo y otra del grupo hacia el **líder**; conceptos que Freud postuló en 1921, pero no en la carta con Einstein:

-¿cómo es posible que ya no mencionara este concepto central?-

Suponemos que es un acto logrado, inconsciente; si analizamos la obra posterior a 1921, encontraremos las respuestas; Freud, no confía en las instituciones, y menos en los líderes que lo están llevando a la guerra, ni en los líderes de ningún tipo, ni siquiera en él mismo, ya que ha dejado de ser la figura central en el movimiento psicoanalítico. La **institución,** derivada de la obra y práctica **freudiana** en la tercera década del siglo XX, **responde** a los intereses políticos de los vínculos anglosajones de Ernest **Jones**, y de Eduard **Bernays**, el sobrino político que vive en New York.

> *Jamás verás tiranos crecer en la anarquía, más bien lo harán a la sombra de las leyes, autorizándose en ellas. Marqués Donatien de Sade.*

Volvemos, entonces, al Freud de 1921,[226] allí, sostiene que, en la vida anímica del individuo, el **Otro** cuenta con total regularidad como **modelo**, como **objeto**, como **auxiliar** y a veces como **enemigo**. En la "Psicología de las masas", describe al individuo como miembro de un linaje, de un **clan**, de un pueblo, de una institución, o como integrante de una "**multitud organizada** en forma de **masa**"; en este escrito cita a Gustave Le Bon (1895), quien hace una descripción exacta del sentimiento gregario, de lo que Freud llamó *el ideal rudimentario de la masa*: [...]*"en las masas **desaparecen las adquisiciones de los individuos** y, por tanto, su singularidad. **Aflora el inconsciente racial**, lo heterogéneo, y se hunde en lo homogéneo y **uniforme**. El individuo, ante el número adquiere un sentimiento de poder* (u **om-**

---

[226] PSICOLOGÍA DE LAS MASAS Y ANÁLISIS DEL YO. S. Freud (1921).
- Las identificaciones freudianas y sus operaciones.
- Investidura de objeto e identificaciones.
- La estructura de la masa.
- Recubrimiento del Padre de la Horda por el líder.
- Enamoramiento e hipnosis.

nipotencia), *y se entrega a instintos que, de estar solo, habría sujetado forzosamente"...*[227] (un ejemplo de ello lo constituyen las violaciones y vejaciones a manos de soldados en las guerras); repetimos la cita de Freud de 1932: "a*l excitar esas inclinaciones a la destrucción, valiéndose de las tendencias eróticas"...* (la mujer enemiga, deseada, en su carácter de objeto degradado)"... *"y espirituales"...*(en el Nombre de dios, la madre patria, etc.)... *"se les da naturalmente un medio de manifestarse con mayor libertad".*

En la formación de masa, este contagio homogeneizante, se exterioriza en ciertos caracteres; Freud describió esta actitud con el ejemplo de "la formación del deseo histérico en el internado", un ejemplo visible que en nuestros días se da en los recitales cuando las mujeres lloran, gimen o gritan, en la presencia de un cantante. Por otra parte, Freud atiende a las siguientes descripciones de Le Bon, "*en la multitud **el individuo sacrifica** muy fácilmente **su interés personal** al interés colectivo, inmersos en una fascinación"*[228] (idealización-sugestión)*;* en resumen, **caen hipnotizados** bajo la influencia del hipnotizador, se eclipsan ante la **arenga** de un líder carismático, o permiten ser sugestionados por las persuasiones retóricas del coach de turno; dejando, de esta manera, de ser ellos mismos, se convierten en autómatas carentes de voluntad genuina. La masa solamente es excitada por estímulos desmedidos.

> *"Quien quiera **influir** no necesita presentarle argumentos lógicos: tiene que **pintarle las imágenes** más vivas, **exagerar** y **repetir siempre lo mismo".**[229]*

Podemos sintetizar las ideas sobre las formaciones de masa carentes de liderazgo, allí, **las aspiraciones más bajas salen reforzadas**, el pánico, el miedo y la ira se corroboran veloz y mutuamente, para huir o

---

[227] Gustave Le Bon iPSICOLOGÍA DE LAS MASAS (1895)
[228] Ibídem.
[229] Gustave Le Bon Psicología de las Masas (1895)

luchar; y es que, el rebaño sólo se vuelve obediente, y se subordina ante un **líder** que le ofrezca seguridades materiales y el ahuyentamiento de los peligros, (enemigos imaginarios); este líder puede contar con atributos **racionales y lógicos,** o puede apelar a la **tradición espiritual** para pintarles las imágenes más vivas del paraíso, si lo siguen, o lo contrario, el **miedo** a las **oscuridades** del purgatorio, si vence el enemigo; **crear o generar** un **enemigo o amenaza, (polarizar)** es importante para este tipo de liderazgo; el peligro puede ser la inflación, un virus, o el estado vecino y esto genera que **las masas** se agrupen y **obedezcan,** para liberarse de ese **temor.** Otra vertiente podría ser la carismática, en esta, el líder, simplemente, con repetir un argumento basado en la propia capacidad sentimental y emocional-triunfalista (carisma que lo llevó personalmente al éxito), convence a las masas de que va a llevarlas a un estado de satisfacción irrestricta; por ejemplo, "el consumo sostenido nos llevará a la paz y a la felicidad con la mano mágica del mercado", "síganme que no los voy a defraudar", "juntos venceremos". Estas vertientes fueron muy utilizadas en las últimas décadas; los líderes carismáticos condujeron a las masas hacia experiencias narcotizantes, cuyo efecto fue la producción de subjetividades hedonistas.

Para Freud, en 1921, **los vínculos de amor, constituyen la esencia del alma de las masas:** "el **líder ama a todos** los individuos de la masa **por igual,** y si el líder muere, o si éste deja disipar la **ilusión** de que se los ama a todos por igual, **el grupo se descompone.** No olvidemos que Freud, en 1913, escribe Tótem y Tabú, allí, recurre al llamado "mito de la horda", (no es mito porque no existió el suceso, sino porque **ha sucedido repetidamente** a lo largo de la evolución humana: un hecho de horda); en las distintas manadas, **el "macho alfa" es devorado por una cofradía de machos jóvenes;** los hermanos de la relación polígama, privadora y exclusiva (restrictiva) del alfa, adquieren la culpa por el **crimen** que, además, es seguido de un "**banquete totémico**"; hechos considerados fundacionales de la cultura humana. En el artículo de 1913, nos deja ver a las claras que los sentimientos religiosos, (o la culpa de la religión) surgen como depositarios de la imagen paterna, un **padre temido y odiado, amado y venerado, "un todo ambivalente devorado"**; pero, volviendo a "Psicología de las masas y análisis del yo", vemos que en la religión judeo cristiana, "Jesús, el **Cristo**, se sitúa como un bondadoso hermano mayor", siendo para ellos (para las masas) un **sustituto del padre, por haber corrido la misma suerte**; Jesús secunda al padre en el hecho fatal, es el primer hijo de "ese padre", ahora **asesinado por sus propios hermanos** y, a partir de allí, los creyentes se llaman hermanos de Cristo; en el otro lado del mundo, Ganesha fue decapitado por su padre.

El **crimen** originario, en sus distintas variantes, y reediciones, genera o refuerza los diques anímicos contra los "instintos naturales"; visto así **pareciera que para proteger y respetar la vida, el hombre primero tuviera que eliminarla; el respeto por la vida** y por el prójimo, **provienen del arrepentimiento, no conocemos la bondad, sino a través de una maldad primera**.

En función de lo hallado por los estudios psicogenealógicos en la vida de los clanes, extraemos la conclusión, de que las variaciones y **reediciones** de un hecho "**siniestro** de masa" -la manipulación de los vínculos, la traición, la violencia o el asesinato del líder- **reproducen el deseo expresado en el crimen originario**, "antes del arrepentimiento": la realización del "el incesto" y el **acceso al placer irrestricto, luego de haber devorado al padre**; y obedecen a la necesidad de elaboración del residual traumático, (una energía no ligada) que sigue circulando en el inconsciente colectivo de la especie. La **agresividad** canibálica arcaica, está presta a manifestarse en el **lactante erotoagresivo**, cuando no encuentra consuelo en la realidad; de igual modo, las restricciones y **privaciones** a las que se someten a las masas, inducen un montante agresivo; sin embargo, Freud pudo apreciar que, para que la cultura siga existiendo, es necesario restringir el par "**placer-displacer**" (acotar el placer y soportar la cuota de displacer que implica la vida en comunidad, las rutinas laborales, el respeto por ciertas normas o límites, etc.), aplicando el **principio de realidad** en lugar de los *"delirios de masas antagonizantes"*, que prometen el paraíso: el cielo de las religiones, la gloria del crecimiento sostenido y el consumo ilimitado, prometidas por **el capital_ismo, o el paraíso de una sociedad sin clases ni propiedad privada, promovido por el comun_ismo; el etc_ismo.**

La historia corrobora, que el trauma devenido de guerras, **catástrofes** y siniestros de masa, no sólo contribuye a incrementar los mecanismos de defensa, en algunos descendientes de lo los supervivientes, sino también, propicia **nuevas adquisiciones filogenéticas masivas,** ante la **necesidad** imperiosa **de ajustarse al principio de realidad, como intento de supervivencia, en una cruda realidad material.** Así, también, los aprendizajes emergidos permiten una adaptación, otro modo de tramitación, producto de un renovado **pasaje de "lo instintivo tribal" a lo "pulsional cultural".** El crimen del padre, trasladado al "hermano del pueblo vecino", que devino enemigo y masacramos, emergerá luego del arrepentimiento, (en el mejor de los casos) como **amor al prójimo,** y, a medida que la cultura se permita avanzar, se cimentará toda una **amalgama de ideales internacionalistas, un lazo social fortalecido:** *"la ley de los hermanos".* La instancia psíquica descrita por Freud, encargada de velar por el cumplimiento del programa cultural, es el **"ideal del yo",** el pacto inaugurado por **la ley de los hermanos;** al que se le opone de manera **ambivalente,** y por la introyección-incorporación de la figura paterna, **el conflicto hostil del: "yo ideal",** (satisfacción pulsional irrestricta) **contra el imperativo moral,** es decir, padre_versión (**Superyó** castigador-gozador), producto del **antagonismo pulsional, indebidamente, encauzado** por el programa cultural, o por el drama familiar. **Los ideales** legítimos de la vida en comunidad (libertad igualdad y fraternidad), son cuestionados por la violencia asesina, ya que **las mayorías han sido poco cultivadas en la cooperación, en el respeto por el pensamiento, y por el prójimo**; y, por el contrario, **han sido antagonizadas por los líderes para "competir"** en las adquisiciones (en el tener), en el **éxito** puesto en la riqueza, y en el **consumo desmedido, malbaratando de esta forma los recursos de la madre tierra.**

Si bien el espíritu del capitalismo provocó los altos niveles de contaminación de nuestra era, existen sectores **conservadores de centroderecha, que** atienden a la **necesidad de poner límites, regular la economía y proteger el medio ambiente; por otro lado, hay una extrema derecha negacionista,** que desatiende la necesidad de regulaciones. El panel climático de la ONU, junto a muchos sectores del socialismo, y de la socialdemocracia, han ayudado a tomar verdadera consciencia del problema; otros sectores más radicalizados del socialismo, y del comunismo, han levantado las banderas verdes exagerando ciertos datos con el objetivo de sumar activistas, para entrar en una guerra con el capitalismo. Lo cierto es, que debido a los automóviles y a la utilización combustiones en general (nafta, diesel, bio_diésel, bio_etanol, gas, madera, biomasa, incendios, cocinas, etc.), la humanidad se enfrentará a un **holocausto climático,** proveniente de la acumulación de **CO_2** en la atmósfera; la mayoría de los líderes del mundo (tanto de izquierda como de derecha), prefirieron adoptar el negacionismo y han hecho oídos sordos a las **advertencias,** que crearon los científicos en las últimas tres décadas, las han **descalificado.** Algunos pseudo-progresistas e incluso, ciertos sectores del socialismo, piensan que adoptando el prefijo **bío** se soluciona el problema, por ejemplo: **producto de negociados tramposos y/o por falta de información, estos sectores que levantan las banderas verdes, llevan décadas promocionando** combustibles **"bio" (biodiesel, biomasa o bioetanol),** disimulados tras la fachada de **"lo renovable";** pero en realidad, **no son sustentables ya que son** una **forma** de **combustión y generación de CO_2, igual o superior a la del petróleo, una "contaminación verde", disfrazada de ecológica;** por otra parte, la derecha más **negacionista** tergiversó toda información, y, mediante el mecanismo de la **polarización,** instaló la idea de que toda postura científica, que no acompañe el "consumo ilimitado" es anacrónica y "marxista", (contaminar menos, implicaría consumir menos, y eso no alienta "la competitividad" y "el crecimiento sostenido", del darwinismo social **neoliberal**); pero, el espíritu científico, que busca la verdad, no cree que la polarización en el **comunismo** pueda ser una alternativa, al contrario, veamos sino a China, el país que más contamina al mundo es comunista y se jacta de ser el más competitivo.

El dogma del crecimiento sostenido hace estragos a "diestra y siniestra", las nociones de "crecimiento responsable", o de "economía sustentable" se utilizan de manera demagógica y eufemística, porque en el fondo se sostiene la lógica competitiva, la idea rígida y autocéntrica de **ganarle a la competencia,** (sea esta otra empresa, ideología o estado vecino). Incluso, algunos "líderes" del movimiento espiritual de "**la nueva era**" se suman a la **"contaminación verde"**, pues, terminan **polarizados** y realizan una práctica condicionada socialmente, una **"espiritualidad competitiva"**; según muchos de ellos *se es más espiritual cuando se viaja a la India, se baña en el Ganges y se medita en Arunachala*", aunque, el viaje en avión contamine más, que un incendio forestal de magnitudes bíblicas.

En toda la esfera de la política abundan mansiones y aviones de lujo, la corrupción es transversal a las ideologías, y es justificada por la polarización sectaria, "narcisismo grupal"; muchos presidentes han sido denunciados, e incluso, condenados por corrupción en los últimos años, además hemos asistido al desfile de los ricos "socialistas". El hijo del "**comunista**" Nicolás Maduro, se paseó con las zapatillas más caras del mundo en una Venezuela hambreada, hay 100 causas judiciales que confirman la **corrupción** estructural del PSOE en España, la expresidente de argentina, ("**anticapitalista**"), utilizó en su mandato carteras de la misma marca que empleó el hijo del comunista; y miles de muestras más, de que **somos gobernados por una casta que es parte del problema, aunque diga que viene a solucionarlo.**

La **frivolidad** de muchos líderes denota la falta de conciencia, de su alienación en el "fetichismo de la mercancía", y hemos visto, que no es una cuestión ideológica, sino una parafilia, una **psicopatía**: la "**perversión fetichista**", descrita por Sigmund Freud. Medio Oriente se desangra, se incrementa la amenaza nuclear, los refugiados ambientales, las crisis humanitarias y un sinnúmero de dramas, confirman que hemos sido **guiados** por nuestros "líderes" para entrar en **guerra con el ecosistema**, y la prioridad hoy, no es encontrar la paz. La catástrofe climática podrá quizás ser mitigada, pero, ya no, evitada; y es que **el hombre no ha aprendido a regular su economía a través del** *"principio de realidad",* **y ha sido conducido por los gobiernos a consumar exponencialmente, el** *"principio del placer asesino".*

Habíamos citado ya en los capítulos anteriores, la principal reflexión de Freud sobre las masas: *"... el hombre suele aplicar cánones falsos en sus apreciaciones, pues, mientras, anhela para sí y admira en los demás el poderío, el éxito y la riqueza, menosprecia, en cambio, los valores genuinos que la vida le ofrece...",* luego, continúa desarrollando, la idea de que **la prosecución del deseo individualista** impulsa, como fin principal, el programa del **principio del placer (hedonismo)**, es decir, la persecución de la felicidad (irrestricta), evitando el "**displacer**", que implica **trabajar y obtener recursos genuinos para la subsistencia**. Por eso, la gran mayoría admira y desea imitar a la minoría, que tiene poder, dinero y fama. Freud explica, que existe, además, otra **minoría** diferente, **excepcional**, cuya vida se rige por otros intereses, en la que se destaca su sabiduría, su arte (**el amor por su trabajo**), y su "**mínimo**" **interés en el factor económico**.

Es decir, que la gran mayoría pretende imitar a las pocas personas que logran éxito y poder económico, sin reparar en la forma de obtenerlos, y, de esta manera, no demuestran interés por el otro grupo de personas **cuyos logros son excepcionales**. Como dice Reich, **el pequeño hombrecito imita mal al sabio y bien al ladrón;** las mayorías desean imitar, por ejemplo, a un ingeniero que tiene un buen pasar económico, pero **no quieren dedicar tiempo al estudio** (no **admiran** el logro que lleva al premio Nobel, sino, **al becerro de oro**). Freud concluye que, para las mayorías, la minoría que se destaca por sus logros no representa el modelo a seguir, es sólo una minoría muy selecta, la que se interesa por esa minoría de "individuos **excepcionales**". "*... su grandeza reposa en **cualidades y obras muy ajenas a*** *los objetivos y a los ideales de las masas. [...] Uno de estos hombres excepcionales* (Romain Rolland) *se declara en sus cartas amigo mío. Habiéndole enviado yo mi pequeño trabajo que trata de la religión como una ilusión, me respondió que compartía sin reserva mi juicio sobre la religión, pero lamentaba que yo no hubiera concedido su justo valor a la fuente última de la religiosidad, [...]* **asegura Rolland, que lo que alimenta el sentimiento religioso** es la percepción de la *"sensación de eternidad"*, *"un* **sentimiento** *de algo sin límites ni barreras, en cierto modo* **oceánico***"..."*

Freud no se incluyó entre los que podían experimentar esa sensación de eternidad a la que accedía Romain Rolland, y es que como maestro y líder del movimiento psicoanalítico, intentaba ser riguroso, para que la ciencia acepte, además, de las nociones de "inconsciente" y "sexualidad infantil" propuestas por el Psicoanálisis, a la **"transmisión de pensamiento"** como objeto de estudio. No le hubiera costado mucho interpretar, que el sentimiento de Rolland era parte del fenómeno telepático, si Freud se hubiera "dejado llevar". Para aquellos que se dejan llevar un tanto más adentro, en la **sensación y percepción**, en meditaciones profundas que logran estados de **consciencia expandida**, aparece esa conexión experiencial (el **sentimiento oceánico**) en que **todo está vinculado e interconectado a nivel cuántico**; quizás la idea también podría resumirse con el concepto de **"Sí mismo"** junguiano, pues, es **"el yo con consciencia transpersonal"**, **una consciencia ampliada, que se sabe interconectada.**

Entonces, si bien Freud, por un lado, rompe con el pensamiento mecanicista-racionalista, mediante las conceptualizaciones "claves" **de los procesos psíquicos inconscientes (cargas energéticas, cuánticas, que se condensan y desplazan en un aparato invisible)**, admitiendo, adicionalmente, a la telepatía dentro de su edificio teórico, por otro lado, resta importancia a la existencia de los estados trans-racionales. Podría haberse interesado por el sentimiento oceánico, y por otros fenómenos y no lo hizo, en principio, para lograr la aceptación de la telepatía, pues, ya era demasiado, admitir la sexualidad perversa de los niños, la telepatía y otros fenómenos que no analizaremos aquí.

Los psicoanalistas, que no han completado el proceso de curación, se sitúan, como toda formación de masa, al pie del líder; han puesto a Freud en lugar del ideal del yo, pero **imitan mal al sabio**, *"siguen siendo como son, y pueden sustraerse a la influencia crítica y correctiva del Psicoanálisis"*[230]. La práctica psicoanalítica masiva es un manierismo, emulan mal a Freud, y encima, sostienen a ultranza el principismo racionalista, cosa que el Padre y Maestro supo dejar de lado para construir el edificio psicoanalítico; **la masa**, mal formada en instituciones racionalistas, **niega la reverencia freudiana ante el real de la telepatía**; hecho, que en 1921, supuso la inclusión de un orden transracional superlativo, en el edificio de las ciencias.

La cuestión controversial radica en el yo, el ego psicoanalítico, que permaneció *"díscolo"* ante lo correctivo del Psicoanálisis y sólo emula al espíritu científico impostando un biologicismo aséptico (de bata blanca), ante los acontecimientos misteriosos; **negar "lo oculto"** es en el fondo, como **diría Freud: "indigno y anticientífico"**. Sólo buscando el **prestigio que otorga la práctica, se hace llamar psicoanalista,** para aliviar la angustia ante lo real, pero, en el fondo, **se ciñe a la ciencia materialista ante la que claudica**, porque pretende apartar las determinaciones, que le resultan incontrolables. La **telepatía** es **incontrolable** y nos conecta con un **misterioso real**, que escapa a los principios positivistas materialistas, racionalistas; la transmisión de pensamientos, en términos cuantitativos, es movilizada por la inteligencia emocional y, cualitativamente, por cierta configuración misteriosa, que escapa a la explicación materialista del orden imperante, **el principio de incertidumbre, de física cuántica.**

Para papá Freud, los "psicoanalistas" **díscolos,** en su mayoría, quedaron relegados en una **sexualidad pregenital**, y es reflejada en una práctica, que se remite a **autorizar** las **perversiones** en lugar de

---

[230] Análisis terminable e interminable: Die endliche und die unendliche Analyse 1937. Sigmund Freud.

hacer **madurar** a las **masas**, para que puedan **sublimar**. La maduración genital permite la sublimación y "**el amor**", y este último implica **DAR** LIBIDO SUBLIMADA. **Al acto de AMOR verdadero y a la SUBLIMACIÓN, sólo accede esa otra minoría, que se destaca por su sabiduría, su arte y su mínimo interés en el factor económico;** "*su grandeza reposa en cualidades y obras muy ajenas a los objetivos y a los ideales de las masas [...] la gran mayoría nada quiere saber de ellos*". Sigmund Freud 1921.

Cuatro siglos antes de que Freud se decepcione ante las masas rudimentarias, que nada quieren saber de una vida basada en la creatividad y el amor, pero que admiran y **desean imitar** de "una de las minorías" **el poder, la riqueza y el placer pregenital**, Tomás Moro escribe el libro **Utopía**, "*un lugar en el que los hombres están más firme y fuertemente unidos por la benevolencia, que por los tratados y más por el corazón que por las palabras*". Para Moro, "*La guerra se podría siempre evitar, si es que de verdad se quiere la paz, tesoro más preciado que la guerra*", sin embargo, denuncia las dificultades que crea el materialismo imperante y creciente: "*el interés por el aumento de las posesiones y, con ellas, el aumento del poder, han corrompido las leyes, y nos lo han endosado con el nombre de justicia*"; Sócrates lo había dicho veinte siglos antes, corriendo casi el mismo destino, para el segundo la cicuta, en cambio, Moro fue decapitado el 6 de julio de 1535.

> *Escucha tu pequeño hombrecito, hiciste de tus pequeños hombres tus propios opresores, e hiciste mártires de tus hombres auténticamente grandes; los crucificaste y asesinaste* [231].

En la década del 60, Cornelius Castoriadis sostuvo que, debajo del imaginario social instituido (statu quo), fluye el imaginario social **instituyente**, que modifica las instituciones para lograr una sociedad cada vez más autónoma (más democrática, con menos concentración del poder), lo que equivaldría a una disminución de la **heteronomía** (de la

---

[231] Wilhelm Reich, Escucha tu Pequeño Hombrecito. Reich muere dudosamente en prisión.

plutocracia que se arroga el monopolio de la violencia); diría, Ken Wilber: desarticular esa jerarquía de holones arrogantes del poder.

La ciudad de Auroville en la India, es **la concreción material del legado de Moro**; no tiene religión ni representantes políticos, recibe su nombre en homenaje a Sri Aurobindo, discípulo de Swami Vivekananda. El centro es un modelo de ciudad, creado con el objetivo de demostrar la sostenibilidad, a través de las leyes naturales, la repartición y la gobernanza autónoma.

En 1927, Freud comienza a perfilar **El Porvenir:** "*es imprescindible el gobierno de la masa por parte de una minoría, pues **las masas son indolentes y faltas de inteligencia, no aman la renuncia de lo pulsional**, es imposible convencerlas de su inevitabilidad mediante argumentos y **sus individuos se corroboran unos a otros en la tolerancia de su desenfreno. Sólo mediante el influjo de individuos arquetípicos que las masas admiten como sus conductores es posible moverlas a las prestaciones de trabajo y las abstinencias que la pervivencia de la cultura exige.** Todo anda bien si esos conductores son personas de visión superior en cuanto a las necesidades objetivas de la vida y se han elevado hasta el control de sus propios deseos pulsionales.*" [232] **La Utopía,** su ilusión, su sueño: "*Nuevas generaciones, educadas en el **amor** y en el **respeto por el pensamiento**, que experimenten desde temprano los beneficios de la cultura, mantendrán también otra relación con ella,*"[233] Freud sostiene que las **generaciones** que sucedan a esas: "**utópicas**", sentirán que "*el legado cultural es su posesión más genuina*" y así, estarían dispuestas a "*ofrendar el trabajo, pero esto ya no se hará frente una fascinación externa*" [234], porque la "**producción creativa**" implica, necesariamente, la **renuncia pulsional** (lo que permite la **sublimación**), y de esta manera, poder prescindir de la compulsión (obligación), y también, diferenciarse "apenas" (individuación) de sus conductores. La conclusión de Freud es que

---

[232] "El porvenir de una ilusión", 1927. Sigmund Freud
[233] Ibidem.
[234] Distintas formas de manipulación u obligación sugestiva, hipnoide.

masas de esa cualidad no han existido, porque no se acertó en darse las normas que pudieran ejercer esa influencia, sobre los seres humanos, desde su infancia misma.

> *Cabría señalar, en este orden de ideas, que sería bueno empeñarse en formar, mejor de lo que se ha hecho hasta ahora, una categoría superior de pensadores independientes, de hombres inaccesibles a la intimidación y entregados a la búsqueda de la verdad, que asumirían la dirección de las masas desprovistas de iniciativa.* [235]

El esfuerzo Freudiano alertaba de varias dificultades, en principio dentro de la misma práctica analítica, hay quienes **se sustraen** a la influencia del Psicoanálisis: "**en casa de herrero, cuchillo de palo**"; hay que subrayar, que es una exigencia para el analista la "**maduración genital**", "su ciencia" lo implica, y sólo de esta forma podremos hacer llegar esa maduración a la "**ciencia unificada**", y por ende a la política. Los **conductores** de utopía serán, entonces, personas de visión superior, inaccesibles a la intimidación, y habrán de **elevarse**, por encima de sus **apetitos pulsionales**, diferenciándose apenas de las masas, pues, estas también habrían de *elevar sus apetitos pulsionales* (poder sublimar), y no degradarse. En los últimos cien años desde **la "Psicología del Yo", y sus focus groups al servicio de las políticas populistas**, se ha ensalzado la vía de la degradación (darle acceso a las masas, a ese placer al que no quieren renunciar); han tergiversado, intencionalmente, la capacidad de "**lo pluripotencial**" que es propia del espíritu, para desplazarla **exaltando al "yo ilimitado" (unlimited)**; los extremos ideológicos, en su vertiente populista, han **profundizado la degradación amorosa de la vida de los sexos, en lugar de elevar las aspiraciones sexuales de las masas, hacia el desarrollo espiritual: la sublimación y el privilegio del lazo social**. De la propuesta freudiana: empeñarse en formar una categoría de hombres **inaccesibles a la intimidación**, y entregados a la búsqueda de la verdad, que asuman

---

[235] "El porvenir de una ilusión", 1927. Sigmund Freud.

la dirección de las masas desprovistas de iniciativa, "no hay muchas noticias"; pues, esos individuos ejemplares no pueden ejercer ningún influjo importante, ya que, la política no quiere saber nada de ellos, y a su vez, porque los "dirigentes" han sabido generar esas condiciones de degradación en la sociedad, para que las masas no quieran saber nada del principio de realidad (que no amen la renuncia pulsional), y de esta manera, **voten fascinadas a estos dirigentes, que las engañan prometiéndoles una y otra vez el paraíso: la evitación del dolor, y el acceso al placer irrestricto**. Si los individuos están educados en el amor, aman la cultura, el trabajo y al prójimo, no es necesaria la presencia de conductores idealizados, o quizás sí, solo para una minoría, que quede rezagada; por eso Freud, hablaba de conductores que sirvan de ejemplo y que se diferencien "apenas" (individuación) de las masas.

"El amor, el trabajo y el conocimiento son la fuente de la vida, también deberían gobernarla".

Wilhelm Reich.

Cuando se alcanza la posibilidad de **sublimar**, se alcanza también la posibilidad de crear un tipo de **lazo social no competitivo**, es el lazo **transpersonal**, en él no se compite por los recursos o las pertenencias; "los lazos transpersonales" son **conexiones empáticas** de unión, mediante el **eros sublimado**, uniones a partir de los sentimientos tiernos, que permiten la emergencia de una **sensibilidad compasiva** que no se dirige solamente a otros seres humanos, sino también a otras especies y a Gaia (el planeta viviente). La **compasión** no significa lástima, ese es un uso vulgar del término; la práctica correcta conjuga la "**empatía**" y la "**comprensión**" de los sentimientos del prójimo, no solamente del sufrimiento; es la capacidad de sentir e interactuar, en función de una **sensopercepción recíproca y emotiva**, que no intenta imponerse ni controlar al otro. Este tipo de lazo existía antes del imperialismo egoico en las "**sociedades de afluencia natural**";[236] los vínculos inter-

---

236 Erich Fromm. Anatomía de la destructividad humana.

personales, compasivos y tiernos, biofílicos se gestaron en los albores de la cultura humana, a esos modos vinculares empáticos y emotivos, debemos retornar para salvarnos de la competitividad hedonista.

Para hacer posible la cultura y por ende, la convivencia armónica entre los pueblos y con la madre tierra, los individuos deben tener entre sí **sentimientos solidarios**, su establecimiento requiere una "**restricción del narcisismo y del principio del placer**", como estableció en el pasado "**la ley de los hermanos**"; la **renuncia** individual **a los impulsos arcaicos**, que sólo intentan "evitar el dolor y encontrar el placer" permite el surgimiento **del amor por los demás**, (incluso amor por el vecino y por el del bando contrario).

En estos tiempos beligerantes, la vida clama por volver a la **síntesis**, esa dinámica en la cultura, que se expresaba como **complemento de polaridades intervinculares-empáticas y cooperativas; el equilibrio dinámico tambalea en la lógica competitiva actual**, porque negamos la **muerte** y la **proyectamos en el enemigo**.[237] El posible retorno al modo pretérito de **amalgamar** las **comunidades fraternas**, luego, del auge del pensamiento racionalista (que proyectó lo oscuro y lo irracional al campo de la locura [238]), requiere la comprensión de que: tanto el legado transgeneracional, que comúnmente ha de manifestarse "en el espejo del doble", como ciertas **relaciones interpersonales** (arquetípicas-magnéticas, de atracción y repulsión), "**opuestas y complementarias**", son una expresión de eso **expulsado** por el condicionamiento narcisístico ambivalente (en un intento por negar lo siniestro, la muerte y la sexualidad), y que mediante su **reintroyección-integración** se establece un "**puente**", "**un canal**" entre el **inconsciente individual y** el inconsciente **colectivo** de Jung. Este es el proceso de **individuación**, un puente sobre las aguas del continente desconocido, que permite arribar a la toma de conciencia de los **aspectos transpersonales**, de **lo desmen-**

---

[237] El complemento de polaridades, implica la amalgama de las pulsiones de vida y de muerte en el Sí mismo, pues, como dijo Freud: nunca una pulsión puede afirmarse por sí sola.

[238] Lo negado y desmentido de las sensaciones ambivalentes sobre la muerte y la sexualidad proyectado al semejante.

tido y proyectado por el yo, y por el clan, para poner **fin** a la ambivalencia narcisista, a la **dualidad**.

La dualidad comienza en el hermafrodita que somos, nuestra **bisexualidad es constitutiva**; a nivel hormonal y neuronal existen estructuras y funciones de ambos sexos, en todo ser sexuado; sin embargo, **la anatomía es el destino**: el principio de realidad, que opera desde la biología, señala el camino para la asunción identitaria sexual y reproductiva de los caracteres de uno de los sexos, y deja relegada dinámicamente la otra **polaridad**, como **complemento psicofisiológico funcional**. El camino señalado por la evolución anatómica es la **integración** de la bisexualidad en el proceso madurativo (**en el Sí mismo**); distinta es la vía de la sexualidad perversa polimorfa, promovida por el populismo.

> *Si sacas lo que hay dentro de ti, lo que saques te salvará. Si no sacáis lo que tenéis dentro, lo que no saquéis os destruirá.*[239]

Los estudios antropológicos han demostrado, que nuestra cultura y nuestros sentimientos tiernos, altruistas y cooperativos, emergieron en la familia humana cuando los agrupamientos se dieron en contextos donde no había escasez ni necesidad de luchar para la obtención de recursos, en las "sociedades de afluencia natural", biofílicas. Durante decenas de miles de años, los escenarios fueron cambiando, las áreas superpobladas dieron origen a las luchas territoriales, a la acumulación de granos, a la organización de ciudades y ejércitos, para ahuyentar los fantasmas de escasez; nacen de esta manera los imperios.

En los últimos milenios, las sociedades se han tornado cada vez más tecnocráticas, poniendo como objetivo principal la obtención de recursos materiales, desplazando los intereses biofílicos por los necrofílicos; perdiéndose de esta forma en gran parte, los sentimientos altruistas, la ternura, el amor. En la actualidad, la estructura social competitiva, sobredimensionó el conflicto de ambivalencia afectiva,

---

[239] Adagio antiguo, popularizado por el cristianismo.

por haber generado una **reactividad**, que condiciona nuestra **sensibilidad**; las heridas traumáticas surgidas de las formas vinculares del psiquismo bélico han creado una **susceptibilidad estructural** en la que **reaccionamos para controlar al otro**, al diferente, al del país vecino, al otro sexo.

La cultura beligerante, necesitada de hombres prestos para la guerra, intentó **suprimir**, de mil maneras, sus **características femeninas, y de esta forma, las ubicó exclusiva e imaginariamente en la mujer,** "polarizándolas". El imperialismo creó de esta manera a la madre patriarcal, esas mujeres fueron víctimas del abuso, la violencia y el sometimiento del régimen; de manera traumática, comenzaron a parir con dolor a hombres que salieron a la guerra, a pelear, o los gestaron para se queden en la casa, a protegerlas de su propio marido, o de otros hombres.

Durante milenios, nos hemos hecho profundas heridas entre los pueblos, las culturas y los sexos; **en la actualidad, la "reactividad" encarnada en el "femin_ismo", ve a lo masculino como violento y elide la violencia de "madre patriarcal",** sometiendo a sus hijos mediante una narrativa de **falso efecto de verdad**, manipulándolos para que **desistan** de la necesidad de la **terceridad**, de la función paterna; violencia que en algunos casos, se ve agravada por la asimetría legal obtenida mediante el **forzamiento del rol de víctima**.

Más allá de la dominancia, la fuerza y el apoderamiento que se establecen en el cortejo humano y de muchas especies, el **hombre** y la **mujer** patriarcal son **violentos**, porque se polarizan, hecho que se originó en el régimen social imperialista. Hoy la mujer reclama **igualdad**, pero no como una **"polaridad complementaria",** sino como **identidad**; y no es achacable que antes de los imperios no había polaridades, en realidad, había menor polarización, es decir, que la **dinámica** de polaridad oscilaba más libremente, en búsqueda del **equilibrio de "polaridades"** y no como condicionamiento polarizante del régimen social.

A lo largo de los siglos, la mujer fue dominada y sometida. Sin embargo, después de la Segunda Guerra Mundial, el justo reclamo de **igualdad de derechos** de la mujer dominada y sometida por el sistema patriarcal, derivó en la polarización de la mujer, el **"femin_ismo"**, movimiento instituyente, que comenzó a modificar la estructura jurídica para lograr la **identidad con lo masculino;** de esta forma, **en muchos casos,** se apropió del **poder patriarcal** e "instituyó" un **"garantismo anarquista de aversión a las jerarquías"**, en lugar de ejercer el legítimo reclamo del género para lograr la **"igualdad ante la ley"**. Erich Fromm, en 1959, sostuvo que: *"la polaridad erótica "masculino–femenino" está desapareciendo y con ella el amor genital*; hoy es un hecho consumado, porque el discurso de género ha matado al padre del Psicoanálisis, y sólo concibe la **atracción** de **idénticos hermafroditos incastrados (penisneid)**. La necesaria polaridad, que complementa dinámicamente los sexos, ahora se difumina en lo **indiferenciado**; la manada de machos, antes marginada, practica hoy una homosexualidad como otrora, pero sin la prohibición de las hembras por parte del alfa; por otro lado, aunque el hombre, eternamente inmaduro, acceda a la mujer, la supone fálica por el realce cultural de "la imago" del "hermafrodita incastrado". **La sexualidad del siglo XXI no supone ninguna prohibición, ninguna falta, ninguna diferencia.**

> *... hombres y mujeres son idénticos, porque la igualdad no individualizada los hace funcionar en masa,* ***obedeciendo las mismas órdenes de consumir, convencidos de que siguen su propio deseo*** [240]

La resolución o la **integración dinámica** de la **dualidad**, del **hermafroditismo** originario, es el trabajo de la **maduración psicofisiológica**, de todo un proceso, que llega a su cumbre en la **segunda metamorfosis**: la de la pubertad, o inmediatamente después; el joven deberá integrar **los elementos transpersonales** en el "Sí mismo", a partir de una dinámica de polaridad sincrónica, que se establecerá en

---

[240] Erich Fromm: El arte de amar.

los vínculos interpersonales y más profundamente, en la relación complementaria de atracción por amor erótico. La cultura libertina regresiva, que propone la **renegación de la diferencia sexual**, mediante el **eufemismo** de la **autopercepción de género**,[241] promueve un anacronismo degradante, una sombra que nubla la dinámica de polaridad; ahora, es una minoría de seres "excepcionales", la que logra iluminarse cuando toma consciencia de la falaz propuesta de completud fetichista, e integra "esa tiniebla", en la luz del "Sí mismo".

> *"Una mujer o un hombre atractivo (tanto física o mentalmente) son los premios que se quieren conseguir, cualidades que se consideran populares, habiendo demanda en el mercado de la personalidad".[242]*

En las últimas décadas, la "sombra social" del **Hermafrodito incastrado,** cobró mayor popularidad; exaltada y diseminada en las masas por el **populismo de la ideología de género**, se entronizó la ya existente sensación mercantilista de enamoramiento al "**estereotipo social fetichista**"; el discurso, que se propone como alternativa al patriarcado, elide y toma como propia la principal premisa del amo al que combate, **"la competitividad" (por el fetiche): los géneros que deberían encontrarse como complemento de una polaridad psicofisiológica, compiten por atributos imaginarios para sentirse completos**; hombres y mujeres, se **reducen** así a "**mercaderías humanas**" para entrar dentro de las posibilidades de intercambio valoradas socialmente como exitosas, se "ambiciona" hacer "un buen

---

[241] La **autopercepción** de género es un concepto polémico: a nivel individual, es necesario llevar a cabo un diagnóstico diferencial, "caso por caso", siempre y cuando, se trate de sujetos adultos, "**ya constituidos**". Sin embargo, como discurso, que contraría la anatomía "en lo social", es "degradante", porque se proyecta una construcción cultural, que incide en los menores de edad, es decir, en sujetos "**no constituidos**"; es así, que en el individuo en desarrollo, no hay una autopercepción, sino una "percepción" en espejo, y como respuesta a las identificaciones de un Otro, no-binario o "no-castrado". La ideología de género, quiere hacer de la Ley, "la" **universalización** de "**una**" orientación clínica.

[242] Ibídem.

"negocio", haciendo coincidir al deseo con la valoración de lo deseable, emanada del **valor social** atribuido a ciertos caracteres.

> *"Dos personas se enamoran cuando sienten que han encontrado el mejor objeto en el mercado, el **éxito material** constituye el valor predominante (el objeto idealizado sobre la función). Las relaciones amorosas siguen el mismo esquema de intercambio que gobierna el mercado de los bienes y el trabajo.*[243]

Carl Jung parte de los **"atributos alquímicos polares"**, (del **principio energético** conocido como el "Tao", **generador de la dualidad**), conceptos originados en la Filosofía Oriental China, diferenciados en: lo Luminoso o **Yang (Sol)**, polaridad **"masculina"**, y lo Oscuro o Sombrío, o **Ying (Luna)** polaridad **"femenina"**, opuestos complementarios; en su libro "Mysterium Coniunctionis", desarrolla la **integración** de los opuestos (simbolizados en el casamiento alquímico "**Conjunctio oppositorum**"), de los arquetipos masculino o **animus**, y femenino o ánima; de esta manera, va a conceptualizar los arquetipos del inconsciente colectivo, **polaridades** energéticas, tipos o modelos de **personalidades**, expresadas en relaciones con pares **opositivos-complementarios**: consciente-inconsciente, persona-sombra. De esta manera, el **masculino "animus"** debe **integrar su femenino** inconsciente, ánima-sombra, y el **femenino** "ánima" debe **integrar** su **masculino, icc. animus-sombra**; iniciando, de esta manera, el camino que conduce a la posibilidad de integración dinámica de otros arquetipos, "**opuestos-complementarios**", del alma humana, el denominado **proceso de "individuación"**.

La sociedad fetichista no dice que todo hombre tiene su ánima y toda mujer su animus, pues, la **Psicología del Yo**, sirviendo a los poderes de turno, desarrolló mecanismos de control, mediante la construcción de un **falso consenso** en las masas, partiendo del señalamiento de que **todos somos ilimitados e idénticos**; al contrario, como

---

[243] Ibídem.

demuestra Jung, **el "Sí mismo"** logrado, mediante el proceso de **individuación**, es una síntesis (exclusiva y original), que **incorpora los arquetipos complementarios del "principio dual"** en el interior de cada ser humano, como un "matrimonio sagrado".

Volviendo a la polaridad, excepto en las hienas, en todo el reino de lo viviente, **lo masculino** se expresa como **actividad, "lo que penetra" y activa; y lo femenino es lo receptivo, "lo que responde", la reacción de apertura, de recibimiento**. En los vínculos, o en la atracción erótica humana, se deberían expresar estas cualidades, pero la **competitividad fetichista** transmite la idea de que ambos sexos son "completos e incastrados", abriendo otro escenario en la vida social.

La **sociedad** patriarcal, al polarizar la dualidad originaria, que debía expresarse dinámicamente en cada sexo, creó hombres violentos y mujeres sometidas (**polarizó**); **pero, no se es de un solo sexo, en la totalidad del ser,** la expresión genital de la anatomía responde al programa genético, en el que las **hormonas** guían el **desarrollo en grados variables hacia la dominancia fijada en el ADN**. En el hombre, la **testosterona,** además, de la actividad sexual y reproductiva, es la hormona de la acción, de la **guerra**, de la cacería, (**de la violencia**); por otra parte, desde el punto de vista neuroendócrino, un **macho** con menos niveles de esa hormona, puede tener una mayor sensibilidad, y permitirse pensar con mayor profundidad, tornándose más empático, menos impulsivo, pudiendo expresar de esta forma, además, de la "actividad", su feminidad, **desarrollando su ánima o mujer interna** para amar **incondicionalmente,** (análogamente al punto pequeño del color contrario dentro de cada "polo" del taijitu, del ying y el yang oriental). Sucede lo mismo con **lo masculino en la mujer,** si bien, ella es "lo receptivo", también, debe desarrollar su **animus** o "eterno masculino" para poder "activar" su **reacción**. Desde el punto de vista psicológico, la mujer desciende de una primera posición homosexual con relación al **amor simbiótico** con su madre, y deberá hacer el pasaje por la atracción sexual con su padre, para incorporar, en un interjuego, la "**pasividad**" receptiva femenina.

Los vínculos humanos representan desafíos transformadores, e integradores de los antagonismos; un párrafo aparte, merece la violencia, pues las pulsiones que nos habitan son de vida y de muerte. Las polarizaciones actuales no promueven la integración; la degradación cultural impide la contemplación de los matices particulares, y variables en la constitución subjetiva (la gradación de la dinámica de polaridades); en cambio, el pensamiento integral del paradigma emergente, comprende que los distintos elementos polares se relacionan con lo que Jung llamó *arquetipos,* y que deben ser integrados, persiguiendo el equilibrio dinámico de las polaridades (no de las polarizaciones). Para esclarecer el murmullo de esta época, necesitamos entender, que la sexualidad humana es compleja e "idéntica" pero, en distintas proporciones: el punto negro en el blanco y el punto blanco en el negro, insertados en el taijitu, dejan entrever que la acción, o actividad masculina, no es lo mismo que la reacción, o actividad femenina, si bien son complementarias y se encuentran interpenetradas.

La atracción complementaria no se expresa, únicamente, en el magnetismo erótico, hay masculinidad y feminidad en el carácter, tanto como en la función sexual. Al carácter **masculino**, lo hemos resumido como actividad (**acción**), y posee las cualidades de penetración, conducción (orientación), disciplina, aventura, **razón, sabiduría, significación** y la **diferenciación;** en el ejercicio de la **función** paterna toma la forma de un "**amor condicional**". Al carácter **femenino** lo describimos como receptividad productiva, posee además, las operatorias de protección, (**reacción**), resistencia, y en la "**función materna**" se expresa como "**amor incondicional**".

El amor condicional es apreciable en una sanción, (no es un castigo, sino una "**condición**", un retiro del afecto) por ejemplo: si vas mal en la escuela, no recibirás ningún regalo; en cambio, el amor incondicional, que es expresado, generalmente, en la función materna, se observa en el hecho de dar a todos los hijos por igual (aunque alguno abandone la escuela), incluso, puede llegar al extremo de entregarles dinero para los "vicios". El carácter sano, tanto en el hombre como en la mujer, habrá de equilibrar las funciones de condicionalidad e incondicionalidad en una dinámica en la que puedan expresarse ambas características necesarias. Por otro lado, la disfunción social ha llevado la **acción** a la **reacción**; la posición masculina, que debería expresarse como actividad, se expresa **polarizada** como reacción, en un intento de dominio y control ante la rebelión femenina.

> *"Yo estoy a favor de la emancipación de la mujer, incluso si es violenta [...] Que las mujeres sean escuchadas" (el discurso de género), "se convierte en un arma perfecta de legitimidad social, para destruir a un tipo", [...] "una causa virtuosa, que se convierte en arma, eso también es poder".*[244]

Producto de la lucha, y como intento de defensa, la **activación receptiva**, (acción) en la mujer sufrió un **desplazamiento**, cuyo efecto es proyectar su violencia al macho, situándose en una posición de víctima, para luego manipular y **"quitar" reactivamente** en lugar de recibir. Decir esto es **políticamente incorrecto,** porque en el mundo de la polarización, la víctima tiene buena reputación y el supuesto victimario, siempre, posee mala prensa; sucede, que en la **competencia** imaginaria de la mujer con el varón (por la **completud**) se estableció una disputa que llevó a que ella tome al hijo como metonimia de su deseo de falo, apartándose luego, del macho y quitándole este **hijo objeto** (tomándolo sólo para ella), para quedar "completa" (pues ya tiene el falo). La mujer fálica, a partir de allí, ejerce una violencia **"silenciosa"** contra quien supone castrado, (pues, él perdió su pene dentro de ella, o lo perderá judicialmente, si demuestra algún tipo de actividad rebelde).

---

[244] Pola Oloixarac, autora del libro Bad Hombre: Entrevista con Luis Novaresio. Canal La nación +. Día .9/08/24

A veces en los cuerpos femeninos no nos hacemos cargo de la violencia que generamos, la convertimos en manipulación, en violencia invisible; y generamos esa violencia afuera. Silvia Neira.[245]

La **venganza femenina** contra el patriarcado es una espiral de violencia: cuanto más grande es la "distancia interna" entre lo masculino propio (**animus**) y lo femenino, más se quiere ganar y controlar el lado opuesto en el afuera; porque se teme la dominación.

Desde la primera infancia se establece una distancia abismal entre aquello que acontece y aquello que es contado, el que narra, además de someternos emocionalmente, es la persona de quien depende nuestra supervivencia. Necesitamos creer el cuento que nos cuentan, y nos entrenamos para mentir, manipular o seducir con tal de acomodar las cosas a nuestro favor.[246]

La **manipulación** es una de las formas invisibles de **violencia,** en todo el tejido social, y está constituida por un legado residual traumático, que se encuentra inscripto en las huellas mnémicas de los patrones condicionados (inconscientes), que nos habitan; pautas cíclicas repetitivas que no hacemos conscientes, por eso, las negamos y las **proyectamos** en el otro generando -como contraparte- esa violencia reactiva, física, asesina. Todos nacemos con impulsos agresivos, innatos (ese es el núcleo inconsciente), las artes marciales provienen de Marte, **el dios de la guerra**, **el arquetipo, que la humanidad debe incorporar, en una "dinámica de polaridad"** con su opuesto complementario, (saliendo de esta manera de la **polarización**). Cuando se niegan estas pulsiones erotoagresivas propias, se las proyecta como violencia del bando "contrario"; de esta forma, la mujer, cuya actividad, por excelencia, es la atracción erótica (seducción), debe aceptar sus propios mecanismos inconscien-

---

[245] Silvia Neira. Entrevista realizada por el Psicólogo Juan Carlos Gómez. https://www.youtube.com/watch?v=l0iRoOca5e4
[246] Laura Gutman. Amor o Dominación Los Estragos Del Patriarcado.

tes, que la llevan a ejercer actividades **manipuladoras** (lo cual es una forma de violencia), y no proyectarlas en el **"hombre" para creer, que solamente él es el violento**. Incorporar el arquetipo, implica entender que **todos poseemos los mismos impulsos en distintas proporciones, (polaridades)**, la negación de la pulsión de muerte, es el **silencio asesino**, que provoca el regadío de la misma muerte.

El silencio aprendido nos preserva la vida, el silencio oportuno nos convierte en prudentes, el silencio asesino nos llena la barriga; parafraseando, podríamos preguntarnos:

-¿Qué silencio en nosotros ha colgado inocentes?- [247].

Pudimos apreciar, que en **Freud**, el **"silencio prudente"** (**Vorsicht**), contribuyó a despertarle un **cáncer** de lengua, que luego se extendiera a su mandíbula; hoy en día, **el psicoanálisis sigue silenciando lo de otrora**, pero, además, existe un nuevo **condicionamiento "censor" hacia el interior de la ciencia freudiana, "una caricatura de lo políticamente correcto", que paradójicamente, impulsa, de manera** demagógica a las masas, para que sigan vociferando la falacia *ad populum* de **que todos somos idénticos**, y que quién diga lo contrario es un fascista al que hay que "cancelar y escrachar"[248].

-¿Qué es lo que hay que silenciar?-

Que las masas globalizadas han sido **moldeadas libidinalmente** por la Psicología del Yo, para promover una "identidad de rebaño"; de este modo, la manada **"centinela del sinóptico"**, reproduce como **"autopercepción individual"** el condicionamiento cultural de **aversión a las jerarquías, a las diferencias**. Estas visiones igualitarias y uniformadoras, de "fusión indiferenciada", **"escrachan" violentamente toda "diferencia"**, relativizando los valores y homogeneizando las **identidades para "realzar", la percepción de "libertad" en la realización de "lo pregenital"**.

---

247 Cuántas veces al día. Canción de Silvio Rodríguez.
248 Ariana Harwicz. El ruido de una época.

No hay aplazaos ni escalafón.

Enrique Santos Discépolo.

La **comunidad homosexual, también,** sufre las violencias mudas, el drama del "**doble armario**", que es otra forma de **violencia "invisible**"; dentro de las parejas del mismo sexo, la violencia tiene el mismo origen, la fusión indiferenciada; "es una violencia invisible y un tabú", señaló Paco Ramírez, presidente de la confederación LGBT, en España.[249] Un paciente, al que le costó mucho "salir del closet", declaró luego, que se encontró habitando una "cajita" dentro del mismo mobiliario"...

El **sujeto** adulto **maduro** es "**síntesis**" de las figuras parentales en el interior de su yo, tanto del principio **masculino** como del **femenino, en equilibrio dinámico,** superando de esta forma la dualidad ambivalente-narcisista, que nos polariza. **La práctica psicoanalítica debería estar en manos de sujetos, que han dejado atrás el narcisismo y la dualidad, elevando, de esta forma, por encima de las masas sus apetitos pulsionales.** Quien intenta proponer hoy en día la renuncia pulsional y alcanzar la **sublimación,** sufre el ruido y los avatares una época en la que **gobierna** una **minoría, que no ha renunciado a nada**; diría Freud: "*todo andaría bien si los conductores fueran personas de visión superior en cuanto a las necesidades objetivas de la vida y se hubieran elevado hasta el control de sus propios deseos pulsionales*"; pero esto, no ha sido así; nuestros "líderes pragmáticos" no han querido aprender a "**trocar el placer por la realidad**"; actores y personajes de la farándula, ocupan puestos de presidentes y ministros, **garantizando** "consenso" y gobernabilidad para la política, y **placer sensorial para las masas,** quienes consideran que: el éxito es la realización pregenital irrestricta, "**ser de nuevo como en la infancia perversa polimorfa, es la falaz dicha a la que aspiran los hombres**", paráfrasis de Freud.

La solución no implica la renuncia al placer; la propuesta del análisis es, **que el principio de realidad pueda guiarnos,** en lugar de

---

[249] https://www.bbc.com/mundo/noticias-39725498

los vínculos simbióticos narcisistas que entronizan el confort sensorial, para "no atender" el "principio de realidad". El Psicoanálisis sostiene, como premisa fundamental: la necesidad de mediación de una "terceridad" en el vínculo madre-hijo para que el niño pueda constituirse, como sujeto libre diferenciado y creativo; es que, cuando no opera el tercero, "la metáfora paterna", la madre patriarcal inocula la patología de fusión narcisista, operatoria que crea en los hijos, todas esas formas de vínculo simbiótico pregenital, de placer sensorial purificado, volviéndolos ansiógenos maníacos-manipuladores, (ambivalentes). En la base de estos casos, encontramos que la violencia manipuladora materna tomó al niño como objeto, no permitiendo la acción de un tercero, que frustre esa relación simbiótica.

Hay distintos grados de simbiosis madre-hijo, dentro de la lactancia es necesaria y comprensible, más cuando se prolonga y aleja de distintas formas, la intervención de la terceridad en la célula madre hijo, nos encontramos ante el "abuso materno"[250]. Esa extralimitación de la madre, es esa forma de violencia silenciosa, que luego condiciona a los hijos a vivir futuros vínculos narcisistas de "fusión indiferenciada". Vemos, los efectos en esas patologías de "borde ansiógeno", en las que se lucha a muerte, tanto por la dominación, como por un intento de diferenciación de lo que fue negado y proyectado al otro sexo.

Si queremos lograr una convivencia armónica, tanto el hombre como la mujer deben integrar actividad y pasividad, la ambivalencia sadomasoquista originaria: "pulsión de vida y pulsión de muerte", lo masculino en la mujer y lo femenino en el hombre.

La anatomía ha diferenciado en el hombre ciertos caracteres. Se destaca su "impulsividad", su actividad, fuerza física, acción y vigor; el sujeto masculino es "condicional" en el ejercicio de la ley paterna, si no se cumple con sus expectativas, retira su amor; por lo tanto, para lograr un equilibrio en su carácter, y en su función, el sujeto masculino debe integrar el arquetipo ánima o femenino, que se corresponde con elementos como la sensibilidad, la afectivi-

---

[250] Debemos esta expresión a los desarrollos de Laura Gutman. Amor o Dominación Los Estragos Del Patriarcado. El Poder Del Discurso Materno.

dad, la receptividad, el **afecto**, la **expresión emocional** y el "**amor incondicional**".

La mujer físicamente se destaca por su **atracción erótica** y "resalta" en su carácter, las características "**persuasivas y seductoras**", **su posición** es **receptivo-pasiva, acogedora**, afectuosa, "**organizadora**" y "**protectora** del **entorno-nido**"; posee una gran **sensibilidad y expresión emocional**, a las que suma, frecuentemente, características de **imaginación idealizadora y ensoñación sugestiva**. Su "**amor incondicional**", la lleva al descuido propio y a la sobreprotección simbiótica de sus hijos; para equilibrar su carácter y la **función materna** necesita incorporar en el "Sí mismo" al **animus** o arquetipo masculino: la **razón**, la **sabiduría**, la **significación**, y la **diferenciación**; debe separarse de sus hijos, (de la simbiosis como organismo diferente, tratarlos de manera distinta según el sexo, edad, etc.), ponerles límites, **ser**, **también**, **condicional** en el amor que les brinda.

Lo no integrado es proyectado al exterior por el yo de placer purificado, y retorna ominoso como todo lo siniestro desmentido; cuando integramos el arquetipo sexual del opuesto complementario, uno se ama a "sí mismo", y eso se transforma en el plus sublime de Eros y Tánatos, verdadera fuente de la creatividad y amor al prójimo.

El equilibrio de los dos principios universales fue expresado por las filosofías más antiguas, como la danza de Shiva y Shakty, el primero masculino (lo que penetra con fuerza), creador de vida, Yang, el Sol calienta y fecunda la Tierra; y el segundo, **lo femenino**, en su carácter de "lo receptivo", la Luna o la Tierra, Ying que recibe los rayos del sol y protege, (reacción) la vida que gesta con **amor incondicional**:

> *Ma Amba Lalitha Devi,*
> *Parashakti Sundari*
> *Namastasyai Namastasyai Namastasyai*
>
> *Namo Namah.* [251]

---

[251] Himno a lo femenino, a la Madre Divina, a la Madre Tierra. Devi Prayer by Ananda Devi, Craig Pruess.

Ane Ancelín sostuvo, que la "Psicogenealogía, teje un puente entre el inconsciente individual Freudiano, y el inconsciente colectivo junguiano". Decía Jung, "el ánima se vuelve un puente", la función del ánima en el hombre es la de **"guía interior"**, que empuja a aceptar los mensajes inconscientes y construir un **puente** hacia el Sí-mismo. El ánima es una plataforma de enlace entre el mundo visible y el invisible; a través, de lo femenino, se trae vida al mundo, es tanto el alimento como el cascarón del huevo, (lo que nutre y protege a la vez); este principio, es lo que nos permite, tanto a hombres como a mujeres, conectar a través de lo sensible como un nexo: a la imaginación y a la sublimación. Este puente proporciona la sublimación de todos los impulsos parciales, lanzándolos a la verdadera forma de creatividad artística, que permite la participación armoniosa, (no competitiva), en grupos y proyectos colectivos.

El desarrollo implica el pasaje por **metamorfosis** o transformaciones profundas, la **primera** es la **separación** del estado de fusión indiferenciada con el **organismo materno**; la **segunda,** se iniciará con la aparición de los caracteres sexuales de la **pubertad,** (la diferenciación sexual hormonal y anatómica) y demandará la partida del seno familiar y el inicio de la vida **sexual; la tercera metamorfosis, la integración de las polaridades anímicas y sexuales**, está obturada por el condicionamiento social polarizante, y demanda el proceso propuesto de la psicoterapia de lo profundo, para **integrar la sombra proyectada al polo opuesto** y transmutarla, alquímicamente, en oro. **El trabajo psicoterapéutico, que cala hondo, integra las distintas antinomias que se encuentran polarizadas en toda la vida social**; en la antigüedad se lo conocía como el Viaje del Héroe, el recorrido demandará sumergirse en el infierno de las pasiones para luego superarlas, es un proceso de **"muerte y renacimiento"**, de **transmutación.**

La sociedad ha condicionado al hombre para "autopercibirse" centrado en el yo, y recibir el reconocimiento de ese "yo" por sus cualidades físicas o competitivas, empobreciendo de esta manera la puesta en marcha de mecanismos para **privilegiar el vínculo por sobre el interés material**, lo que tarde o temprano será conflictivo. El proceso terapéutico, verdaderamente transformador, tiene para proponerle al yo que deje de buscar su identidad en las posesiones, o en el reconocimiento y en la confirmación de su personalidad por el amor, (idealizado como completud); si el yo cede, allí se abre el proceso de individuación, que es "la invitación" a **integrar "lo proyectado en el otro"** en ese algo "mayor", que **es el "Sí mismo"**. Este ser vincular privilegia el lazo social y se permite incorporar lo expulsado, participando en relaciones de complementariedad recíproca; y, en los vínculos eróticos con la "otra polaridad", se fusiona para una mutua transformación; no crea una simbiosis, porque no se vincula a la manera egoica, para tener o poseer como un algo que se le "agrega" al yo, sino que lo hace en "reciprocidad", en comunión.

Cuando uno logra **abrirse** a los opuestos complementarios, se procura relaciones de cooperación y no de competencia; esos **vínculos** nos proponen **nuevas formas de percepción, y nos empezamos a encontrar en "la diferencia"**; de esta manera, se comienza a privilegiar la empatía, y así, el "Sí mismo", puede **integrar la persona** y la **sombra "personal"** y **familiar**, en la unidad superior del **"lazo transpersonal", en el inconsciente colectivo**.

> *Nace una flor, todos los días sale el sol de vez en cuando escuchas aquella voz como de pan, gustosa de cantar*
> *en los aleros de la mente con las chicharras.*[252]

El progreso psicoterapéutico de lo profundo acompaña el tránsito por un camino de autoconocimiento, cuyo progreso es la individuación, amalgamando las pulsiones de vida y muerte en una síntesis superadora, que acompaña la salida del tanático **principio del placer, haciendo primar el principio de realidad**. La "filosofía" política

---

[252] Inconsciente Colectivo - Charly García.

competitiva del **crecimiento ilimitado**,[253] **niega** la muerte, lo real, (**el principio de realidad**) y promueve el **placer irrestricto**, mediante, el consumo sostenido e ilimitado, que destruye al planeta (porque los recursos son limitados), pero además, crea esa espiral de violencia "competitiva" entre individuos y comunidades. Todos los grupos humanos, que compiten con otros, son "narcisístico-ambivalentes" y, **para negar la muerte, la proyectan como sombra al bando contrario**. Es necesario renunciar a las lealtades al clan, al equipo de fútbol y a la ideología política, para crear verdaderos vínculos solidarios con toda la humanidad; **los sentimientos "internacionalistas"** emergen de moral postconvencional y posibilitan la comunión en la **confraternidad global**, luego de haber accedido a la función psíquica, denominada **individuo social**.

Hemos descrito la forma en que, al pasar por las distintas etapas madurativas, el individuo constituye su personalidad sobre la base de distintas experiencias, frustrantes o gratificantes, que partieron del proto-ego autoerótico, pasando luego, por la fase narcisística ambivalente y las identificaciones parentales; allí, tenemos al ego imaginario, pero la siguiente función, "**el individuo social**", **requiere de un descentramiento; si antes la experiencia fue la de armarse de un ego, ahora será la de desarmarlo:**

-¿Por qué desarmar algo que se armó?-

Porque en cada etapa evolutiva **se requiere desorganizar lo adquirido para que ingrese lo nuevo: el salto significativo requiere de una "discontinuidad", no se evoluciona sumando o agregando elementos, linealmente, a lo que ya estaba** (zona de confort); **cada nueva etapa demanda una metamorfosis y solicita la "renuncia" a ciertos elementos de la fase anterior**; sin embargo, al igual que en toda refundación, otros elementos serán superpuestos, como en los ci-

---

[253] El crecimiento sostenido es una categoría de la economía política, al igual que la competitividad, ambas se basan en el Darwinismo biologicista y social; lo ilimitado proviene de una tergiversación espiritual, ya que dicho concepto es atribuible al "Alma" en la Filosofía Oriental, y no un atributo del ego consumista, como provocó la "ideología" dominante.

mientos de las ciudades; así, el yo se transforma en la tierra, de donde brota la nueva vida: es **el amanecer del alma, el alumbramiento del "Sí mismo".**

Si el personaje que se construyó sobre la base del principio del placer, poco a poco, fue aprendiendo a establecer el principio de realidad, aprende a elegir el amor antes, que al placer irrestricto. El **individuo social**, ya no establece relaciones por interés narcisista con el otro, si todo marcha bien, el ego comienza a privilegiar el vínculo por sobre el interés, propio o ajeno. Para el **yo adulto**, la escena comienza a estar centrada en la relación que aporta el **"lazo transpersonal"**, mediatizado por el pensamiento posformal, producto del descentramiento definitivo de la personalidad, de la individuación. Entonces, para el desarrollo del individuo social, no es suficiente con la maduración de las operaciones racionales; es necesario ampliar la conciencia, y arribar al pensamiento **posformal** o **transracional** mediante, la **muerte del ego racionalista**; es un **proceso de transformación profunda de la personalidad**, es un devenir "alquímico transmutador".

La actual **cultura consumista** hace difícil la creación de colectivos basados en la **solidaridad, y la cooperación**; el sistema "cultural" globalizado degradó los genuinos valores de la vida, y esta humanidad se rige por la **competitividad** individualista-**necrofílica, (metonimia,** materialismo). La biofilia [254] se inició en las sociedades de afluencia natural, mientras que la necrofilia nació con el imperialismo racionalista; **la transmutación del ego restaña** las operaciones de **reciprocidad** y **mutualidad**, la **cooperación**, la **empatía** y otras funciones, que son **propias de todos los mamíferos**, y no solamente del ego racionalista.

Para el modelo de Wilber, lo **pre-racional**, es una etapa ligada al **pensamiento mágico**, y es necesario pasar por la etapa formal operativa **(racional)** de la **moral convencional**, para arribar luego mediante una ampliación de la consciencia, al estadío de la moral **postconven-**

---

[254] El concepto biofilia es descrito por Erich Fromm y se refiere al amor por la vida experimentado en las sociedades de afluencia natural, sociedades, que no competían por los recursos y amaban todo lo viviente.

cional del individuo-social, **posracional** o transracional, transegoico, de donde surge la visión global y la verdadera **ecología: la** "nueva" **biofilia.** No es una nueva habilidad superhumana, es la **empatía por lo viviente** "reactualizada", es el amor que perdimos, cuando nos hicimos beligerantes y tecnócratas. Sin embargo, son necesarios, tanto el crecimiento como la adquisición de lo racional primero, para luego, descentrarlo y reconectarnos con la **biofilia** (ese humano compasivo que llevamos dentro), porque hay un peligro: confundir los estados **pre-racionales**, de **consciencia "alterada"** o fusión indiferenciada, (como lo hacen algunos "New Age" u ocultistas del lodo negro) con lo **transracional**, que es el verdadero estadío de la **consciencia "ampliada"**.

Desde el ego, tendemos a ver la transformación como lucha de voluntades, no dejamos que el otro nos transforme en el vínculo; el soldado racionalista se defiende para no cambiar, en lugar de bajar la armadura y dejar que el otro pueda ver en su interior a ese cachorro que, clamando por atención emocional, se aferró a la teta a falta de miel, (ternura). Cuando se rinde el ego, y se aquietan las pasiones, permitimos la aparición de **mecanismos de expresión no racionales**, sensibles y emotivos, que posibilitan la conexión neuronal con formas de empatizar, inscriptas en nuestra **memoria arcaica. Gracias a esas "reminiscencias", se producen nuevos enlaces en las redes neurales, necesarios para superar el condicionamiento mecánico al que ha sido sometida nuestra sensibilidad perceptiva.** Es que el Imperialismo ha creado una sociedad de guerreros competitivos, racionalistas, tecnócratas que **se aferran a las posesiones materiales como sustituto de la teta** materna, porque fueron **privados de la sensibilidad armónica**, quedando de esta forma desconectados del **amor**, y de la **ternura** empática por lo viviente. El descentramiento de la supremacía egoica permite el acceso a la **visión global**, cosmocéntrica o mundicéntrica del individuo social, nos sensibilizamos, reconectándonos con el "**pensamiento sensitivo biofílico**" de las sociedades de afluencia natural, una **empatía no antropocéntrica** que permite vivir en un estado de **reciprocidad, mutualidad** y **cooperación** con todo el reino de lo viviente; un estado de **amor incondicional, de la** Ética-postconvencional [255].

Para Freud, la herencia arcaica constituye el núcleo de lo inconsciente, por un lado, se trata de un conjunto de esquemas formales, que permiten organizar las escenas y vivencias como las protofantasías, los complejos de Edipo-castración, y otras **memorias filogenéticas del inconsciente colectivo,** pertenecientes a la **infancia de nuestra cultura, del Homo sapiens;** por el otro, hay esquemas heredados anteriores, como por ejemplo, los impulsos **"canibálicos reptilianos",** que forman parte de nuestra **herencia palingenésica, (común con otras especies), que "busca el placer y evita el dolor".** Cuando, en nuestro desarrollo individual, nos encontramos con una conflictiva, que el mundo de los adultos no puede resolver, el niño llena las lagunas de la memoria individual con la experiencia, y con la **memoria** de los **ancestros inmediatos,** en términos **filogenéticos;** en cambio, la herencia palingenésica se encuentra en nuestros instintos básicos, reptilianos, de respuesta inmediata ante el peligro: inanición-alimentación, lucha-huida y reproducción-supervivencia.

El lazo social transpersonal permite superar la necrofilia racionalista, mediante la recuperación de memorias **filogenéticas sensoperceptivas tiernas, (sistema límbico cerebro mamífero),** la reconexión con esas huellas harán posible la evolución, ya que colaborarán, para que podamos **renunciar a la herencia "palingenésica reptiliana";** esta segunda, si bien está presente en todos nosotros, se encuentra sepultada bajo los cimientos del bulbo raquídeo; sin embargo, cuando el bebé no recibe el cariño suficiente, el amor, se aferra a la teta con **apetitos canibálicos,** lo que da como resultado, un adulto desequili-

---

[255] Escribimos "Ética-postconvencional" por primera vez, **Kohlberg lo denominaba "Moral postconvencional",** creemos que lo correcto es ética, pues, el término moral en psicoanálisis alude a algo impuesto, y para esta "moral superior", autorreflexiva, corresponde el término Ética.

brado del que, hoy, hay superabundancia,[256], pero en el fondo, es un cachorro que reclama la presencia materna, una **madre** que, además de la leche, pudiera haberle dado la **miel**, el amor, la sensación de sentirse amado.

En la memoria de mi cuerpo hay un río que muere y nace cada vez que sale el sol, guarda el secreto de lo que un día fuimos, antes de haber perdido el amor. [257]

En los albores del Psicoanálisis, la atmósfera darwiniana, hacía pensar que la herencia participaba en la etiología de los **síntomas**, como un legado genético (del ADN); hoy en día, la epigenética nos permite entender que hay otras formas de transmisión de la información **ancestral, elementos que pasan a ser parte de la herencia morfogenética en la formación de síntoma,** y que permiten comprender algunas de las intuiciones junguianas. Freud aceptó la idea de inconsciente colectivo como patrimonio de la especie, pero no dijo lo mismo que Jung en relación con los "**arquetipos del inconsciente colectivo**", y de las "**sincronicidades**"; conceptos que diferenciaron al maestro y al discípulo, y principal legado del segundo. El modelo de la clínica analítica, y sus postulados, son definiciones claves para la comprensión que adquiere la **resonancia mórfica** en la **formación de síntoma**, mediante la **transmisión de la información transcerebral-transgeneracional**, o transmisión de la información dentro de campos mórficos, cuánticos. Cuando aparece una resonancia mórfica, expresada como fecha en espejo en nuestro árbol genealógico, podemos apreciar que la historia de un ancestro teje algo de su destino o de una de sus vivencias con la nuestra; también, se ve expresada esa resonancia cuando se forma una pareja, o se establece una amistad, en la que una fecha de nuestro árbol coincide con la del par. Lo mismo sucede en los vínculos terapéuticos, el analista ocupa un lugar central

---

[256] Un caníbal, "reptiliano" que quiere eliminar el principio de realidad o cualquier terceridad que intente representarlo.

[257] Agua de río. Gustavo Corbera.

en la genealogía del paciente, y eso se comprueba con una fecha que resuena en el árbol genealógico; si uno hace lugar al acontecimiento, la observación confirma toda intuición, de esta manera lo vivió Freud, con la transmisión de pensamiento de sus pacientes (ver: Psicoanálisis y telepatía), y así lo vivió Carl Jung, quien lo llamó sincronicidad.

Estudiando la genealogía de Lucía Joyce, la hija del famoso escritor, observamos que cumplía los años el mismo día que su psicoanalista, Jung; este hecho se confirma con cada caso que recibe quien, además de la oreja, tiene abierto el corazón; entonces, llamamos "**transferencia**", a esa **resonancia mórfica, magnetismo** que atrae al paciente y resuena con el natalicio del analista, u otro punto de su árbol genealógico. (ver nota al pie)[258] Los sucesos sincronísticos, (la **telepatía** o la resonancia mórfica), aparecen frecuentemente en todos los **vínculos estrechos**, como podría ser madre hijo, la pareja, también, ante sucesos que movilizan la energía emocional de grupos o naciones; no sucede a voluntad como en las películas de ciencia ficción, o en las "ensoñaciones hipnoides", es -según Freud- una vía de comunicación arcaica relegada por la especie.

Hemos comprobado que, en los momentos en que irrumpen o se manifiestan los **sucesos telepáticos**, hay un aumento de **eventos sincronísticos**. El incremento de **conexiones significativas**, también, acaece en otros hechos que tienen **vinculación "acausal, no-local"** como: los **síndromes de aniversario**, en sus cercanías aparecen en

---

[258] Recordemos, que la física de partículas, ha demostrado que unos sistemas que fueron, en otro tiempo, parte de un conjunto más grande, conservan una "misteriosa interconexión", incluso estando separados por muchos kilómetros; es decir, que *los sistemas están entrelazados e interconectados cuánticamente"*; el orden se produce en diferentes "escalas" y capas fractales, "holográficas", organizadas jerárquicamente en distintas dimensiones témporo-espaciales, cada nivel o capa de información holofractal representa una totalidad en sí misma (por ejemplo: inconsciente personal), que está interconectada cuánticamente con otras capas, o sistemas de entrelazamiento sincrónico, por lo tanto, se producen saltos cuánticos de información atemporal, no local, de otros sistemas con los cuales estamos interconectados, mediante entrelazamientos cuánticos; la propiedad física de entrelazamiento es la llamada **no-separabilidad**.

nuestra vida cifras o personas con el mismo nombre, "dobles", y pueden significar hechos que confirman, tanto una acción o evitación opuesta-complementaria, con gran intención o carga energética movilizadora; además, en el inicio de relaciones amorosas, o, profundas y transformadoras, suelen manifestarse ciertas sincronicidades; también, con determinadas personas con quienes mantenemos o mantuvimos **relaciones estrechas**, puede suceder que estemos pensando en ellas y recibamos una llamada luego de años sin haber mantenido comunicación; con nuestros familiares en ocasiones movilizadoras o emotivas; irrumpen también, ante ciertas **circunstancias vitales** de **peligro,** o con **emociones intensas,** y en número considerablemente mayor, en los días previos, durante y posteriores a la realización de eventos grupales dinámicos, y quizás mucho más, cuando con fines terapéuticos, participan un número importante de sujetos entrenados, ya que hay presente gran **cantidad de energía psíquica colectiva, entrelazada,** y de manera sorprendente, ante el inicio o el cambio decisivo en los **procesos terapéuticos profundos**, se produce un incremento considerable, en la manifestación de coincidencias significativas.

Los últimos años han movilizado mucha energía psíquica individual y colectiva; la **pandemia**, las **guerras** y las **incertidumbres** sobre el futuro del **ecosistema**, han provocado una **invasión cuantitativa traumática**, que, actualmente, sigue circulando libre en el **inconsciente colectivo**, buscando formas de **representarse**. La humanidad se encuentra convocada a sanar los traumatismos, que nos conectan intensamente con lo siniestro transgeneracional-colectivo.

La Utopía de Freud, Psicoanálisis y Física Cuántica es un intento de articulación teórica de las dos disciplinas, que revolucionaron el paradigma científico mecanicista; la cosmovisión que nos ofrece el nuevo paradigma, permite pensar, que la **matriz del espacio-tiempo**, posee una **inteligencia** propia, inconsciente, no local, que funciona de una manera **compleja**, y diferente a lo que la media humana comprende en la actualidad. La revolución paradigmática provocó la aparición de nuevas disciplinas como la Psicogenealogía y la informática cuántica, entre otras, que ya no basan sus formulaciones en el viejo paradigma mecanicista, sino en el cuántico relativista. Los postulados de la nueva biología han facilitado el desarrollo de la inteligibilidad holística de la naturaleza, ya que comprendimos que mediante la **resonancia mórfica**, interactuamos con esa otra inteligencia, que podemos llamar "Conciencia Planetaria", y que funciona como **superestructura** compleja, incorporando en interacción a otras especies, a otros inconscientes colectivos y otras resonancias; hemos visto, que una expresión de esa interacción es la manifestación de conexiones no locales, mediante, el entrelazamiento cuántico. Por otra parte, **los procesos inconscientes operan con elementos "opositivos" locales, y no locales, interconectados fractalmente por una causalidad psíquica energética, sincronizada con un orden oculto del universo, la llamada "Consciencia Cósmica", o Principio de Entrelazamiento Cuántico Universal**, La Ley de **"No-Separabilidad".** [259] (ver nota al pie)

> *Vivimos en un universo fractal, un campo de energía infinito y nuestra mente existe como energía más allá de las limitadas identificaciones que tenemos con nuestro cuerpo físico [...]* **nuestra mente es energía conectada con todas las otras mentes en el colectivo**, *un campo, que intercambia información y energía correlacionada en términos subatómicos cuánticos, las cosas sólo están separadas en el tiempo y el espacio de manera aparente [...] Las ideas creativas se basan en saltos cuánticos e incertidumbre, debemos rendirnos a la incertidumbre, las ideas nuevas no se originan en el individuo, sino en particulares sincronías entre la consciencia colectiva y el individuo.* [260]

---

[259] En el mundo subatómico, las partículas no se encuentran separadas, todo está interconectado a nivel cuántico energético; **la propiedad física de entrelazamiento es** llamada **no-separabilidad.**
[260] Deepak Chopra. Sincrodestino. 2009

La **palabra escrita** es una forma cristalizada de transmitir información, el **lenguaje** es en cierta medida **separativo**; en cambio, **la enunciación permite la emergencia de procesos inconscientes, que pulsan por la conexión empática**, más aún, **la telepatía es una conexión inconsciente instantánea, al unísono** con el acontecimiento interpersonal y colectivo, mediante una **expresión** y una **sensibilidad no racional, "no-separativa"**; cuando resonamos con una historia, no necesitamos pasarlo a palabras, es un **mecanismo de sensibilidad emotiva especular, transcerebral, de conexión empática** con el otro.

Para el Psicoanálisis clásico, la resolución del conflicto entre el Ello el Yo, y el Superyó, se resuelve encontrando el equilibrio entre esas tres instancias, haciendo que lo Simbólico (inaugurado por la ley de los hermanos), enlace de otra forma, a lo Real y a lo Imaginario "SIR"; sin embargo, hay acontecimientos que no se integran en el discurso corriente, y debemos hacerlos conscientes, mediante la incorporación de las **técnicas** expuestas anteriormente, creando además, situaciones **que le permitan al paciente sanar vincularmente**, (un ejemplo es la terapia grupal), **descentrando al yo en relaciones opositivas complementarias**. Lo transpersonal es un campo de información en el que se encuentran presentes, entre otras, esas "fuerzas heredadas epigenéticas", regidas por una resonancia mórfica, una "matemática-fractal", que transmite "telepáticamente", una lógica inscripta en el inconsciente del clan, en el inconsciente racial y en el colectivo; diría Jung: debemos integrar las instancias psíquicas **en algo más amplio, "el Sí-Mismo"**, dando de esta manera, lugar al proceso de **individuación, al trans-egoísmo**.

En la actualidad, la mayoría de los agrupamientos son disfuncionales, la mente competitiva es binaria, se polariza en "el yo o el otro" y, al quedar presa de la dualidad, no puede integrar lo que proyecta en el polo "opuesto-complementario", e impide de esta forma, la **emergencia del vínculo transpersonal, fraternal**; en cambio, los **colectivos dinámicos** son los que permiten la **transformación mutua inte-**

grando "polaridades" para la elaboración de las "polarizaciones", mediante la **síntesis en la unidad abarcadora superior del Sí-Mismo, el Transegoísmo, la Confraternidad Global.**

La Utopía de Freud, el Porvenir de su Ilusión, es que el humano viva en armonía y cooperación, sanando vincularmente, dejándose transformar en el lazo transpersonal.

El **Transegoísmo** se logra, mediante, un proceso de transformación profunda de la personalidad, de **dilución de las "fronteras"- del ego racionalista** y de **"reintroyección"** de lo **irracional**, que fue expulsado, "proyectado", al campo de la locura por la polarización; es un proceso de **Transmutación**, de "Muerte-Renacimiento" en el que surge la **Sensibilidad Compasiva**, una **Nueva Subjetividad**, el **"Sí-Mismo"**. Esta nueva forma de ser **"menos polar"**, buscará una **homeostasis dinámica** entre polaridades, lo que permitirá interaccionar con otros humanos y con otras formas de vida, a través, de una **Sensibilidad Empática de Reciprocidad Compasiva, que es la** experimentación del **Amor por lo Viviente**, la **Biofilia del Lazo Transpersonal**; se sana así, junto a otros y con la **Tierra**, a través de ese **"Sentimiento Oceánico de Atadura Indisoluble con el Todo"**. (ver nota al pie) [261]

Luego de **diluir las fronteras del ego** racionalista, la amalgama que aporta el lazo transpersonal del Sí-Mismo, **permite** la emergencia del **pensamiento sensitivo biofílico**, a través del cual **interaccionamos** con todas las formas de vida, haciendo primar una sensibilidad tierna y compasiva, empática, **el transegoísmo**. Debemos **sanar culturalmente**, sanando **emocionalmente**, para que la **dualidad** pulsional de Eros y Tánatos se **equilibre dinámicamente** en la su-

---

[261] El sentimiento oceánico, comunicado inicialmente por R. Rolland a Freud, halla su explicación en la física de partículas, pues, desde el punto de vista del micromundo de los elementos subatómicos, **nada se encuentra separado**; los sistemas y sus partes se encuentran entrelazados cuánticamente, en un tiempo y espacio relativos; a nivel energético, estamos unidos con otras mentes, con todo lo que existe: el universo es una danza de interpenetraciones vibratorias, por ello, un eco de nuestros pensamientos.

blimación; de este modo, **lo que salvará nuestra especie serán los logros culturales que amalgamen las almas de los hombres, señal de que la creación humana es un acto de amor.**

Los logros culturales del **Lazo Transpersonal Compasivo** son propios del **estadío de la Ética-Postconvencional**; el arribo de un mayor número de **colectivos humanos** a esa forma de **vincularidad cooperativa, permitirá, que la especie se adapte al cambio climático, mediante la amalgama de comunidades fraternas. Así, a través de la empatía, la reciprocidad, la mutualidad y la cooperación, cultivaremos la interacción armónica con todas las formas de vida del planeta.**

La **lógica trans-egoica, mundicéntrica e internacionalista** del "**Sí-Mismo**", nos permite abrazarnos en una **Confraternidad Global, un marco representacional, que visualiza** la confluencia de todos los pueblos de la humanidad en "la Hermandad Terrestre", superando, de esta manera, la identificación fragmentaria de naciones que pelean, unas contra otras; esta lógica global, jerárquicamente superior al racionalismo, (al orgullo racionalista egoico) y a los narcisismos de las diferencias, nos hace ver al **planeta** como nuestra casa, para que dejemos de contaminarla, nos permite ver a todas las **formas de vida como interconectadas** e interdependientes con la nuestra. La visión universalista trans-egoica, nos lleva a la **creación sinérgica**, a la creatividad como herramienta para **resolver en grupos, "entre hermanos", lo que no pueda resolverse de manera individual.**

Concluimos, entonces, en que el individuo accede a la **Confraternidad Global**, a partir de un necesario **descentramiento de la cosmovisión racionalista**, ya que dicha representación fragmentada y polarizada del mundo, al intentar comprender la realidad común, parte de las **categorías racionales (tiempo y espacio)**, y expulsa del campo de acción e interpretación toda **percepción "irracional", no lineal** "del tiempo y del espacio", (**relativa**). En cambio, si observamos al otro lado del mundo: la Filosofía Occidental parte de la premisa de que la comprensión de la realidad, depende de la **sensación y de la**

intuición, que se desarrollan a partir de una profunda **conexión interior**, (**tiempo sincronístico**, relativo, no lineal); por eso, decía Carl Jung: *"quien mira hacia afuera sueña, quien mira hacia adentro despierta"*; despertar es desarrollar la **intuición**, la inteligencia del alma, el **pensamiento sensitivo biofílico**, que nos permitirá encontrar el amor al sentirnos conectados con **"El Todo"**, mediante el **lazo transpersonal**. Dice Fromm, que esa **intuición** constituirá la **base de la fe en la propia capacidad** para lograr la construcción de algo nuevo, la orientación o el **carácter productivo**, el **amor al arte**, la **creatividad**.

> *El amor es un arte, sólo llegaré a dominarlo después de mucha práctica, hasta que los resultados de mi conocimiento teórico y los de mi práctica se fundan en uno, **"mi intuición"** esencia del dominio de cualquier arte. Erich Fromm.*

La sensación de merecer una vida digna emerge de la **autopercepción de la capacidad creativa**, la fe en el propio amor reside en la capacidad de **producir amor** en los demás; el **arte transpersonal del "Sí mismo"**, que une mediante el **amor**, **permite el** desarrollo de **la inteligencia del alma, la intuición**; para ello, el sujeto ha debido pasar de la orientación receptiva infantil, a la orientación productiva, confiando en la propia fe que despertó en el alma la fuerza creadora, a través de la cual, se produce amor en los demás.

Una de las máximas conclusiones freudianas, relacionadas con el amor, fue la siguiente: **"aquellos que aman, renuncian a una parte de su narcisismo"**. En nuestro tiempo, la polarización competitiva impide toda renuncia, todo el mundo **"quiere más"**; el equilibrio, el sendero del medio, no puede verse ni buscarse, porque **la orientación basada en el principio del placer es ciega**. Debido a que el acceso al placer "irrestricto", requiere la eliminación de la ley, ya sea del padre, o de cualquier terceridad, las políticas populistas, alientan la declinación de la instancia mediadora, además, el darwinismo social justifica la beligerancia o la competencia con los hermanos para disputarse a la madre (o a sus sustitutos aportantes de placer), y poder ostentar el lugar de un padre violento y gozador (abuso de poder, sustancias, excesos); es mediante la renuncia a esa exigencia narcisista, que se accede al proceso de individuación y a la interacción social, para elaborar "la ley de los hermanos", la **confraternidad**.

Hemos descrito la clasificación masiva que se hace como consecuencia de la falta de tonos, matices y gradaciones; decíamos, que **el narcisista polariza prejuiciosamente a la humildad**, y así no puede apreciar objetivamente a la persona que no ostenta brillos; la polarización le hace desconocer los grados intermedios, y enjuiciar perceptivamente como **"pobre", a quien se presenta como "humilde"**. Guiarse por el principio del placer es el polo hedonista narcisista, y el antónimo es descrito común, y erróneamente, como austero, modesto, sobrio, pobre, incluso "humilde". Volviendo a Freud, **"el que ama se hace humilde"**, pues, deja de ser narcisista. Guiarse por el principio del placer es narcisista, hedonista y también masoquista, porque se desconoce el **principio de realidad;** y, esa posición, en un intento de evitar el dolor y el displacer, lleva ciegamente al más allá del principio del placer, a la pulsión de muerte.

Como en todo par antitético, los opuestos se unen, en consecuencia, **las pulsiones de vida y muerte, solamente pueden ser equilibradas por el "principio de realidad", "la humildad"**: asumir la verdad como guía para lograr la transposición de las pulsiones "genitales", dirigiéndolas a la meta de la sublimación, permite desarrollar la autopercepción de la capacidad creativa, para de esta manera, poder dar amor, dar libido sublimada.

La evolución de la conciencia transpersonal permanece obturada, si el ego predomina; al trascender la identificación narcisista con el cuerpo, ampliamos la conciencia, **modificando los condicionamientos neurales sensoperceptivos, (que se anclaron en el placer sensorial)**, lo que nos permitirá "sincronizamos" **con la espiral de la vida, pasando** del pienso luego existo al siguiente orden: primero **intuyo, luego siento, pienso y existo;** así, accedemos, finalmente, al proceso de individuación, en el que la dilución de las fronteras del ego nos permite experimentar el "sentimiento oceánico", la percepción de una profunda unidad con el resto del mundo; este **lazo trans-personal,** de superioridad jerárquica, nos abre el camino para una apreciación auténtica de la diversidad, e **integración dinámica de las diferencias**.

Decíamos, que **las pulsiones de vida y muerte solamente pueden ser equilibradas por el "principio de realidad", "la humildad";** **por el contrario,** nuestra cultura ha ensalzado el ideal imaginario de perfección y completud, antagonizando en extremo el dualismo pulsional, negando la muerte y con ella la locura, la diferencia sexual y la violencia entre otros elementos, que son proyectados como sombra en el otro (sexo, estado, ideología, etc.). El arte de la sanación consiste en equilibrar dinámicamente las polaridades, (negadas y antagonizadas desde muchas generaciones atrás) para que conformen nuestro "Sí mismo", como "complemento polar"; esta síntesis se logra mediante el despertar de la sensación y de la intuición, del amor, que abraza la vida, e integra a la muerte mediante la **sublimación. Los conductores de utopía deben ser hombres que hayan logrado ese equilibrio de sus deseos pulsionales para amar a otros y sanar con otros, y no líderes narcisistas autorreferenciados, que empujan a las masas a polarizarse en la guerra, en el exitismo competitivo y en la satisfacción irrestricta de los deseos individuales.**

La unidad es lo que trasciende la polaridad.

El Salto cuántico

No hay supervivencia de la especie sin "supervivencia del planeta". El sentido común sentencia que el hombre no aprende, si no es a los golpes, sabemos que las masas **no aman la renuncia pulsional** y que tarde, va llegando el desengaño de las promesas **políticas exitistas del crecimiento ilimitado; el cambio climático, ya es más que palpable** en la alteración de las corrientes oceánicas reguladoras del clima; sequías devastadoras y récords de temperaturas fueron registradas en los últimos años a nivel global, en cada movimiento de la **termohalina** se extrema más el clima; las pérdidas en la agricultura, nos muestran un horizonte de necesaria frugalidad.

Isaac Newton y Gottfried Leibniz sostenían, que "la naturaleza no procede por saltos", en cambio, Einstein comprobó que "la naturaleza, sí procede por saltos"; la ley $E=mc^2$ demostró que la radiación o emisión de energía, se produce cuando **el electrón salta de una órbita de un nivel energético bajo, a otro de mayor energía, instantáneamente y sin transitar el espacio existente entre las órbitas o niveles energéticos**; en este movimiento, la partícula subatómica en cuestión, genera la emisión de energía (radiación) y completa el proceso denominado: "**salto cuántico**". En todos los sistemas energéticos, como lo son los sistemas vivos, el salto cuántico se produce cuando un sistema A, pasa al sistema C, sin pasar por B, lo que equivale a decir, que se produce sin sucesos intermedios, "**discontinuidad**"; al igual que el electrón al pasar de una órbita a la sucesiva, para producir el salto cuántico.

En la dinámica entre los estratos del inconsciente colectivo (de todas las especies), se dan saltos en los que todos los individuos adquieren nuevas funciones psíquicas, sin transitar un proceso, que de manera lineal, podría involucrar varias generaciones. Cuando un número significativo de individuos (masa crítica), alcanza una nueva habilidad, esta es transmitida (a nivel energético) por un salto cuántico al resto del colectivo. Una nueva masa crítica, que es consciente de la necesidad de enlazar los antagonismos, con la "amalgama" que aporta la sublimación (para lograr la síntesis y arribar a la Ética-postconvencional, a la Confraternidad-global), se encuentra pronta a alcanzar el número de sujetos necesarios, para que el cambio se exprese en todo el colectivo. Los individuos más sensibles a las perturbaciones planetarias, se agregan progresivamente al conjunto, que alcanzará el nivel de consciencia necesario para producir el llamado "**salto cuántico**"; y, de esta manera, el lazo social fortalecido, permitirá, en un futuro cercano, la adaptación al cambio climático.

La transposición de la energía psíquica fijada en lo pregenital: logrará "saltar cuánticamente" y se transmutará en el "arte de amar", la amalgama del Eros que aporta la sublimación; así, la nueva humanidad, superará la persecución de las fijaciones pulsionales pregenitales, ancladas en el principio del placer, trocando este último, por el necesario: "principio de realidad", hasta ahora, sólo observado por una **"minoría excepcional"**, que lo legará como **"masa crítica"** a las mayorías para que puedan abrazar a la humanidad con "pulsiones creativas", innovadoras, que sanen la ecología; poniendo, de esta forma, por encima de las lógicas narcisistas individuales, **la lógica global** (no podemos seguir destruyendo el planeta para satisfacer deseos individuales e ilimitados).

Los que se adentraron en el proceso de individuación, han madurado la fe en el propio amor y cosechan la capacidad de producir amor en los demás como masa crítica. Cuando se produzca el **salto cuántico**, el conjunto de pensamientos, sentimientos y representaciones, emanados de esa "amalgama del Eros" y sus sublimaciones creativas, alcanzarán el montante energético (quantum) necesario para investir a las mayorías en la **"Confraternidad Global"** y superaremos la posición necrofílica generalizada, mediante el **amor: la creación sinérgica, emanada de un sentir al unísono con el colectivo humanidad**. Al recuperar la capacidad de amar, nos reconectaremos creativamente con la trama de lo viviente, **integrando** en **equilibrio dinámico las polaridades** "progreso económico" y "cuidado por el medioambiente": expresión final del amor por nuestra Casa, el ecosistema Gaia.

Epílogo

El libro podría enseñar a interpretar todos los detalles de un árbol genealógico, o profundizar en la coherencia cuántica de la masa crítica, pero superaría el enfoque y la síntesis general, que intentamos abordar. La utilidad de la física cuántica en el campo "psi", no requiere del estudio de ecuaciones matemáticas, sino que el punto central es entender que el universo es el eco de nuestras emociones y acciones, y que: las reverberaciones de los actos de nuestros ancestros, retornan sobre nosotros a través del tiempo y el espacio, de manera energético-cuántica, siguiendo ciertos patrones que hemos detallado.

No hay soluciones mágicas, ni sanadores miríficos que puedan resolverlo con imposición de manos, el trabajo debe ser sostenido en el tiempo, lo desmentido retorna desde el pasado inmemorial, intentamos esclarecer el proceso y brindar herramientas para abordarlo a consciencia, pues el futuro lo reclama.

Por comentarios o consultas:
miguelangelvaqueromartin@gmail.com
https://x.com/Miguel_A_Vaque